Flow Chart와 함께하는

실험조리과학

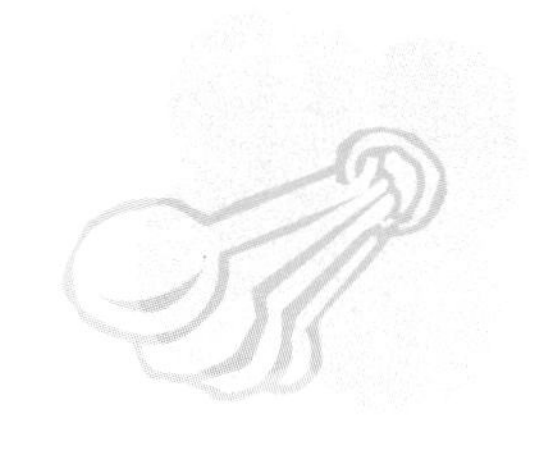

Flow Chart와 함께하는

실험조리과학

조경련 · 조신호 · 김영순 · 주난영 · 정현숙 · 송미란 지음

(주)교 문 사

머리말

현대 산업사회는 인간의 정신과 육체를 건강하게 보존하며 삶의 질을 높이는 웰빙(wellbeing) 개념의 도입으로 음식과 식생활에 대한 관심이 고조되고 있다.

인간의 먹거리로 만드는 조리과정은 식품의 물리적 · 화학적 · 영양학적 변화뿐만 아니라 텍스처에도 영향을 주어 음식의 외관, 색, 맛, 풍미 및 기호성과도 밀접한 관계를 갖는다. 특히 실험조리는 식품으로 음식을 만들기까지 재료의 전처리, 조리조건 등 조리와 관련된 전(全) 과정을 연구하는 분야로 조리된 음식을 객관적 · 주관적으로 평가하여 조리과정 중의 여러 변화 원인을 규명하고 보다 합리적인 조리방법을 확립하게 한다.

《Flow Chart와 함께하는 실험조리과학》에서는 조리과학의 이론으로 실험 시 갖추어야 할 자세, 보고서 작성, 관능검사방법 등을 제시하고, 이를 바탕으로 곡류와 콩류 및 감자류, 당류, 육류와 어패류, 유지류, 채소와 과일, 우유, 달걀, 한천 및 젤라틴의 조리로 구분하여 여러 실험을 할 수 있도록 하였다. 이 실험에서 사용된 식품의 재료와 분량, 필요한 기구 및 기기, 방법 등의 조건을 다르게 하여 실험하고 그 결과를 비교 · 고찰하도록 구성하였다.

이 책의 가장 큰 특징은 실험마다 플로 차트를 만들어 실험의 목적이나 순서 및 방법을 한눈에 쉽게 볼 수 있도록 한 것이다. 각 장마다 실험과 관련된 이론을 서술하고 플로 차트를 제시하여 이론서와 실습서를 겸하도록 하였으며, 뿐만 아니라 환경보전 차원에서 실험에 이용된 재료를 활용할 수 있도록 응용조리 편을 제시하여 조리와 조리원리의 이해를 더욱 쉽게 하였다. 《Flow Chart와 함께하는 실험조리과학》은 한국영양사교육협의회의 영양사 관련 대학 학과목 학습목표에 맞추어 보다 쉽고 체계적으로 기술한 책으로 식품영양학, 조리학, 식품과학 등 식품 관련 학문을 연구하는 전공자들에게 조리과학 연구를 위한 실험서로서 중요한 지침서가 될 것이다.

이외에 미비한 부분은 많은 독자 여러분들의 조언과 지도편달로 계속 연구 · 보완하려고 한다.

끝으로 이 책이 출간되기까지 격려와 조언을 아끼지 않은 동료 교수님들과 많은 자료들을 실을 수 있도록 허락해 주신 분들께도 감사드린다. 무엇보다도 이 책이 출간되기까지 물심양면으로 도와주신 (주)교문사 류제동 사장님을 비롯한 편집부 여러분에게도 진심으로 감사드린다.

2009년 8월

저자 일동

차 례

Chapter 3 당류의 조리

Chapter 4 육류와 어패류의 조리

Chapter 5 유지류의 조리

Chapter 6 채소와 과일의 조리

Chapter 1

실험조리의 기초

Chapter 1

실험조리의 기초

실험조리의 기초

실험 시 주의사항

실험 전 준비사항

- 실험에 대한 목적과 내용, 관찰할 요점, 실험할 순서 등을 확인한다.
- 실험결과 및 내용을 기입할 수 있도록 실험서와 필기도구를 준비한다.
- 청결한 실험복을 착용하고 긴 머리는 뒤로 묶는다.
- 손은 깨끗이 씻고 손톱은 짧게 하며 반지, 시계 등은 착용하지 않는다.
- 실험에 필요한 기구 및 기기를 사용하기 편리하도록 준비한다.

실험 시 주의사항

- 실험순서에 맞도록 역할 분담을 하고, 각자 맡은 일을 책임 있게 수행한다.
- 상해나 화재, 약물 취급에 주의하고, 약품, 기구, 전기, 가스 등은 조심스럽게 다룬다.
- 실험조건(온도, 시간, 시료의 양, 농도 등)을 정확히 지킨다.
- 실험결과는 정확하고 상세하게 '결과 및 고찰' 란에 기록한다.

실험 후 정리사항

- 사용한 모든 기구 및 기기는 깨끗이 씻어 건조시킨 후 제자리에 정리한다.
- 실험대와 개수대는 깨끗이 닦고, 쓰레기는 물기를 꼭 짜서 지정된 장소에 버린다.

■ 수도, 가스, 전원 등 소등한 것을 최종 확인한다.

실험보고서 형식

올바른 실험을 실시하여 실험한 결과를 정확하고 상세하게 정리하도록 한다. 실험이 끝난 후 실험내용 보고서는 다음과 같은 방법으로 작성한다.

■ 제목 : 실험내용을 정확히 알 수 있도록 한다.

■ 실험목적 : 실험을 통하여 알고자 하는 내용을 간단하게 기록한다.

■ 재료 및 분량 : 실험재료와 분량을 기록한다.

■ 기구 및 기기 : 사용기구 및 기기 등을 기록한다.

■ 실험방법 : 실험방법을 기록하고, 주의할 점 등은 상세하게 서술한다.

■ 결과 및 고찰 : 실험결과는 그림이나 표 등으로 이해하기 쉽도록 기록하고 표의 제목은 위에 그림의 제목은 밑에 적는다. 결과를 요약하여 설명하고 결과에 대한 이유와 가능한 추론을 고찰한다.

■ 참고문헌 기재 순서

- 학술지의 경우 : 저자명, 제목, 학술지명, 권(호)수, 면수, 연도
- 단행본의 경우 : 저자명, 책명, 출판사명, 면수, 연도

조리의 목적

식품 조리 시 기호성, 소화의 흡수율, 유해성분 제거로 안정성은 물론 식품의 저장성까지 향상된다.

물의 성질

물은 조리에 있어서 중요한 역할을 한다. 물은 식품에 함유되어 있는 수용성 성분과 색소를 용해시키고 건조된 식품을 수화시켜 원상태로 회복시키며, 식품에 열을 전달하는 매체로 작

용하고 콜로이드의 분산매로서 삼투압을 조절한다. 또한 전분의 호화와 밀가루의 글루텐 형성을 돕는다. 그 밖에 식품의 성질, 모양과 맛에 영향을 미친다.

비점 상승과 빙점 강하

물의 끓는 온도를 비점이라 하고 물의 어는 온도를 빙점이라 한다. 순수한 물은 1기압 때 100℃에서 끓고 0℃에서 얼게 된다. 그러나 용액에서는 그 농도가 높아질수록 비점이 상승하고, 빙점은 강하된다. 즉, 순수한 물보다도 소금물이나 설탕물의 비점이 높아지므로 수프는 물보다 높은 온도에서 비등한다. 소금과 같은 전해질은 설탕과 같은 비전해질에 비해서 비점의 상승이 커진다. 따라서 설탕을 고농도로 녹여서 만든 물엿, 캐러멜, 조청 등의 조리에는 온도가 중요하다.

빙점의 강하도 비점 상승 때와 같이 같은 양의 용질이 녹아도 비점 상승 때보다 빙점 강하 때의 온도 차이가 더 크므로 설탕이나 우유 등이 함유된 용액을 얼려서 아이스캔디나 아이스크림을 만들 경우 매우 낮은 온도에서 냉각시켜야 한다.

삼투와 침투

삼 투

용질은 통과시키지 않고 용매는 통과시키는 반투막을 고정시키고 그 양쪽에 용액과 순용매를 따로 넣었을 때 일정량의 용매가 용액 속으로 침투하여 평형을 이루는데, 이때 반투막의 양쪽에서 생기는 압력차를 삼투압(osmotic pressure)이라 한다.

채소나 생선을 소금에 절여 두면 수분이 밖으로 빠져나오고 소금은 안으로 들어간다. 이것은 삼투압에 의해 탈수가 생긴 것으로 농도가 같아지려는 성질 때문에 일어나는 현상이다.

침 투

분자량이 다른 조미료는 침투 속도도 다르다. 즉, 분자량이 작은 것이 빨리 침투(penetration)된다. 분자량은 소금(Nacl)이 58.5, 설탕($C_{12}H_{22}O_{11}$)이 342.2이므로 소금과 설탕을 동시에 조미하면 분자량이 작은 소금이 먼저 침투되고 분자량이 큰 설탕이 나중에 침투되어 소금 맛이 강해진다. 그러므로 설탕을 먼저 넣은 뒤에 소금을 나중에 넣는 것이 좋다.

경수와 연수

물은 경도에 따라 경수와 연수로 구분하는데, 센물이라고도 하는 경수는 칼슘이온(Ca^{++})이나 마그네슘이온(Mg^{++})을 비교적 많이 함유하고 있다. 이들 이온이 적게 함유되어 있는 것을 단물 또는 연수라고 한다.

지하수는 경수이고 빗물과 수돗물은 연수이다. 경수에 함유되어 있는 무기염은 조리를 할 때 영향을 미치는데, 말린 콩을 불릴 때 경수에 함유되어 있던 칼슘은 콩의 수화를 지연시키는 역할을 하며, 알칼리성인 경수는 채소를 조리할 때 채소의 색에도 영향을 미치게 된다.

또한 경수는 단백질과 결합하여 단단하게 변성시키기 때문에 특히 콩이나 육류 등 단백질을 많이 함유한 식품의 조리에는 적합하지 않으며, 차나 국 국물 등의 침출도 좋지 않으므로 조리에 경수를 사용할 때는 이러한 염류를 제거해야 된다.

그러나 감자류를 삶을 때 형태를 유지하기 위하여 경수를 사용하는데, 이것은 이온이 세포막의 펙틴(pectin)과 결합하여 불용성인 염을 형성하기 때문이다.

물의 맛

우리가 마시는 물은 13~70℃에서 맛이 있고 연수이어야 한다. 또한 미량의 이산화탄소(CO_2)를 함유하고 약간 산성을 나타낸다.

담아 둔 물의 맛이 나쁜 것은 탄산가스가 날아가 버리고, pH가 높아지기 때문이다. 또 살균용 염소가 함유되어 있는 수돗물은 염소의 냄새가 음식에 영향을 줄 뿐 아니라 홍차나 커피를 끓일 때 침출을 방해하므로 수돗물은 충분히 끓여서 조리에 사용하는 것이 좋다.

철분은 영양상 유익하나 0.3ppm 이상 혼입되면 좋지 않다. 물속에서의 철분은 산화되어 적색을 띠므로 조리에 사용하면 식품의 외관을 상하게 한다. 또 철분이 많은 물을 사용하면 차 속의 탄닌은 흑변되며 채소나 과일 등의 외관을 나쁘게 하고 비타민 C의 파괴율도 높아진다.

좋은 음료수의 조건은 무기질이 적당량 함유되어 있어 맛도 좋고 무기질의 급원이 되는 것이다. 물의 맛은 음식의 맛에 영향을 미치므로 조리 시 좋은 물을 사용해야 한다.

팽윤과 용출

팽 윤

물질이 용매를 흡수하여 부푸는 것을 팽윤(swelling)이라 하며, 고분자 물질이 용해할 때 나타나는 현상이다. 쌀이나 콩과 같은 곡물, 혹은 표고나 다시마와 같이 건조된 식품을 물에 담갔을 때 몇 배로 불어나는 것에서 볼 수 있다.

조리에서는 식품을 팽윤시켜 수분이 함유되면, 이 함유된 수분에 열을 전하는 등의 조작을 하는 경우가 많다.

용 출

조리에서는 물과 같은 액체에 의해 식품재료에 함유되어 있는 성분을 녹여 내는 경우도 있다. 재료 중의 성분이 용매(물) 속에 녹아 나오는 현상을 용출(extraction)이라 하고, 얻고자 하는 성분을 녹여 내는 조작을 추출이라고 한다. 이때 사용되는 액체는 되도록 순수한 것이 좋다. 재료의 성분을 단단하게 하는 성분, 즉 단백질을 변성시켜서 딱딱하게 하는 칼슘, 마그네슘 등의 염류가 물에 함유되어 있으면 콩과 같은 성분의 것은 용출이 어렵다. 그리고 용액 속에 용출되어 나오는 물질의 농도는 낮을수록 용출이 빠르므로, 떫은맛을 뺄 경우에는 물을 자주 갈아주는 것이 좋다.

또 온도가 높은 쪽이 용출이 좋다. 맛있는 수프를 끓일 때 끓기 직전의 온도에서 성분을 용출시키는 것은 이 때문이다. 그러나 재료를 너무 오래 씻거나 물속에 담가 두면 맛있는 성분이나 영양성분이 용출되어 영양소의 손실이 커지므로 용출된 가용성 성분의 액체는 버리지 말고 될 수 있는 한 조리에 이용하는 것이 바람직하다.

용매로서의 물

식품은 둘 또는 그 이상의 물질로 이루어진 혼합물 또는 분산된 상태인데, 이 물질들은 여러 방법으로 서로 결합될 수 있다. 식품의 분산 형태를 결정하는 데 중요한 것은 분산되는 분자 또는 입자의 크기로서 이에 따라 진용액, 교질용액, 현탁액으로 나눌 수 있다.

진용액

진용액은 1nm 이하의 크기가 작은 분자나 이온이 용해된 용액으로 가장 안정한 상태이다.

표 1-1 식품의 분산형태와 예

종 류		크 기	분산매	분산질	예
진용액		1 이하	액체	고체	설탕물, 소금물, 간장
교질용액	졸	1~100	액체	고체	우유, 사골국, 젤라틴용액, 그레이비
	겔		고체	액체	달걀찜, 족편, 구운 커스터드
	유화		액체	액체	마요네즈, 샐러드드레싱
	거품		액체	기체	난백 거품, 맥주, 사이다
현탁액		100 이상	액체	고체	전분액, 된장국

소금, 설탕, 수용성 비타민, 무기질 등 분자량이 적은 용질 물질이 용매인 물에 용해된 상태이다. 그 예로는 소금물, 설탕물, 간장, 꿀, 설탕시럽 등이 있으며 조리적 특성으로는 삼투압, 확산, 비점 상승, 빙점 강하, 증기압 저하 (증발 억제) 등이 있다.

교질용액

교질용액은 용액에 산포된 물질의 크기가 진용액의 것보다는 크지만 침전되지는 않는 상태이다. 1~100nm 분자로 분산매와 분산질의 두 개의 상으로 이루어지며 고체, 액체 또는 기체로 구성되어 있다. 단백질은 주로 교질용액을 형성하는데, 그 예로는 우유, 두유, 생선조림 등을 들 수 있으며 조리적 특성으로는 졸(sol)과 겔(gel)로 흡착성, 점성 등이 있다.

현탁액

현탁액은 분산되어 있는 물질의 크기가 지름 10nm 이상으로 물에 용해 또는 산포되어 있지 않고 뿌옇게 부유되어 있는 상태이다. 그 예로는 물에 전분 가루나 밀가루를 풀어놓은 것이나 된장국을 들 수 있으며 조리적 특성으로는 가열하면 콜로이드 상태로 바뀌는 성질이 있다.

열의 성질

열에 의해 식품은 고유의 성질과 질감이 변하게 되는데, 단백질의 변성, 지질의 용해, 전분의 팽윤과 호화, 색과 향의 변화 등을 그 예로 들 수 있다.

열은 위생적으로 안전하게 살균기능을 하여 식품의 저장기간을 연장시켜 주며, 조직을 연하게 하여 소화율을 높여 영양효율도 증진시킨다. 또한 좋은 냄새, 색, 맛을 향상시킨다.

열의 전달에는 전도, 대류, 복사 등 세 가지가 있으며 열의 전달형태에 따라 식품에 미치는 영향이 다르다.

전 도

열이 물체를 따라 이동하는 것을 전도(conduction)라 하며 금속으로 만들어진 솥을 불에 대면 열이 전해져 솥의 전체가 데워지는 것을 말한다.

열전도율이 큰 구리나 알루미늄 등의 금속은 빨리 데워지고 빨리 식으나, 유리나 도자기류 등은 열전도율이 적어 천천히 데워지고 쉽게 식지 않는 특성을 지닌다. 국을 빨리 끓이기 위해서는 열전도율이 좋은 금속 용기를 쓰는 것이 좋고, 반대로 보온을 필요로 하는 데는 열전도율이 낮은 도자기가 좋다. 열의 전달방법 중 가장 속도가 느리다.

대 류

액체나 기체를 밑에서 가열하면 부피가 팽창하고 밀도가 작아지기 때문에 위로 올라가고 위의 찬 액체나 기체는 무거워 아래로 내려오게 된다. 이와 같이 물질이 상하로 이동되면서 열이 전달되는 것을 대류(convection)라 한다. 대류가 잘 되면 열의 이동이 활발해져 빨리 끓고 빨리 식게 되지만 점도가 높은 것은 대류가 잘 일어나지 않아 표면이 식어도 오랫동안 온도를 유지시킬 수 있다. 점도가 높은 수프나 전분을 이용한 중국음식의 걸쭉한 소스는 보온성을 유지하여 잘 식지 않는다.

복 사

복사(radiation)는 열원에서 중간매개 없이 직접 식품을 덥게 하는 상태이며 열전달 속도가 가장 빠르다. 복사열에는 숯불, 전기, 가스 등과 같이 불꽃을 직접 이용하는 것과 토스터나 오븐 등과 같이 전열을 이용하는 것이 있다. 불고기를 구울 경우 직접 불꽃이 닿으면 그 부분만 타므로 도자기, 금속 등에 일단 열을 흡수 반사시켜 거기에서 나오는 복사열로 구우면 잘 구워진다. 복사를 이용하여 조리를 하기 위해서는 희고 매끄러운 것보다 표면이 검고 거친 것이 열을 잘 흡수하여 온도를 빨리 올려 주므로 적당하다. 특히 오븐에 사용할 수 있는 파이렉스 용기는 효과적으로 복사열을 흡수한다.

열효율

열효율(thermal efficiency)이란 연료 중에 함유되어 있는 전체의 열량과 가열에 쓰이는 열량의 비이다.

연료의 열이 100% 모두 이용되면 열효율은 100이다. 그러나 잃어버리는 열량이 있으므로 연료와 열량과의 사이에는 차이가 있다.

열효율은 연료의 종류에 따라 다르고, 연소기구나 태우는 방법 등에 따라서도 큰 차이가 생긴다.

계 량

과학적인 조리를 하기 위해 식품을 정확히 계량하는 것은 실험조리의 기본이다. 즉, 식품을 낭비 없이 항상 일정한 맛을 낼 수 있도록 조리하려면 재료의 분량이나 배합, 조리온도, 조리시간 등이 일정해야 한다. 그러므로 조리과정에 사용되는 기기 및 기구, 재료의 계량방법, 조리순서 등은 일정해야 한다.

계량기구

용량 측정

식품의 부피를 재는 기구로는 계량스푼과 계량컵, 메스실린더, 피펫, 메스플라스크 등이 있다. 미국 등 서구에서는 1컵(Cup)을 240cc(16Ts)로 하고 우리나라와 일본의 경우는 200cc($13^{1}/_{3}$Ts)로 사용한다. 이외에 계량컵은 1/2, 1/3, 1/4컵이 있다. 계량스푼은 1Ts(1테이블스푼, 1큰술, 15mL), 1ts(1티스푼, 1작은술, 5mL), 1/2ts, 1/4ts, 1/8ts가 함께 사용된다. 서구의 부피를 측정하는 방법은 1C = 240cc = 8온스 = 1/2파인트 = 1/4쿼터 = 1/16갤론이다.

액체식품은 표면장력이 있으므로 계량컵에 가득 담아 움직여도 흘러넘치지 않을 정도로

표 1-2 여러 가지 식품에 대한 계량도구의 표준량 (1ts = 5cc, 1Ts = 15cc, 1Cup = 200cc, 단위: g)

식품명 \ 계량도구	1ts	1Ts	1C	식품명 \ 계량도구	1ts	1Ts	1C
물, 식초, 술	5	15	200	홍차	2	6	70
된장, 고추장, 간장	6	17	230	엽차	1	3	40
잼, 마멀레이드	7	22	270	설탕	3	9	150
밀가루	3	8	100	꿀	7	12	290
파우더 또는 중조	3	9	135	다진 고기			200
녹말가루	3	9	110	깐 모시조개			200
찹쌀가루	3	9	120	깐 굴			200
빵가루	1	4	45	물에 불린 당면			180
카레 가루	2	7	85	말린 포도			180
후춧가루	3	8	100	완두콩			155
겨잣가루 또는 고추냉이	2	6	80	팥			150
소금(식염)	6	18	210	콩			130
화학조미료	3	9	160	낙화생			120
가루 젤라틴	3	10	130	냉면 국수가루			120
탈지분유	2	6	95	밥			120
토마토케첩	6	18	240	말린 새우			60
토마토퓌레	5	16	210	톳			50
마요네즈 소스	5	14	190	무말랭이			40
깨	3	9	120	멸치			40
기름, 버터, 라드	4	13	180	쌀			160
커피	2	6	70	납작보리			150
코코아	2	6	80				

한다. 기름이나 물엿과 같이 점성이 높은 끈끈한 식품은 눈금으로 표시된 계량컵보다는 투명한 파이렉스 계량컵이나 1/4, 1/3, 1/2C 등의 계량컵을 사용하는 것이 오차를 적게 할 수 있다.

계량컵 사용상의 주의 사항

액체의 눈금을 읽을 때 용기는 수평상태로 놓고 눈높이를 액체표면의 밑선과 일치하여 읽도록 해야 한다.

중량 측정

식품의 중량은 조리용 저울을 사용하여 측정한다.

저울 사용상의 주의 사항

- 저울은 수평인 평면 위에 놓는다.
- 바늘의 위치를 '0' 에 맞춘다.
- 접시 중앙에 식품을 놓고 정면에서 눈금을 읽는다.
- 최대 허용치 이상의 무게는 계량하지 않는다.

온도 측정

온도계에는 수은 온도계, 알코올 온도계, 적외선 온도계, 디지털 온도계가 사용되고 있으며, 용도에 따라 육류용 온도계, 오븐용 온도계, 튀김용 온도계, 캔디용 온도계 등으로 구분하여 사용된다.

온도계 사용상의 주의 사항

- 온도를 표시하는 눈금의 높이와 눈높이를 일치시킨다.
- 온도의 변화가 심할 때는 시료의 온도 부근까지 온도계의 온도를 올리거나 내려놓는다.
- 튀김 기름의 온도를 측정할 때는 200~300℃ 온도계 또는 튀김용 온도계를 사용한다.
- 대류나 전도가 완만한 용액의 온도를 잴 때에는 온도계를 가볍게 움직이면서 측정한다.

시간 측정

조리시간을 측정할 때에는 스톱 워치(stop watch)나 타이머(timer)를 사용한다.

타이머 사용상의 주의 사항

- 초침을 읽기 쉬운 디지털 시계가 편리하다.
- 예정된 시간에 벨이 울리는 타이머가 편리하다.

계량방법

액 체

액체 재료는 측정하기가 가장 쉽다. 액체용 계량기구는 유리와 같이 투명한 것으로 만들어진 것이 좋다. 그림 1-1에서 보는 바와 같이 액체용 계량컵은 주로 파이렉스 유리제이며, 이는 눈금이 부분적으로 분할 표시되어 있다. 용량을 잴 때에는 정확성을 기하기 위해 눈금과 액체의 메니스커스(meniscus)의 밑선과 동일하게 맞도록 읽어야 한다.

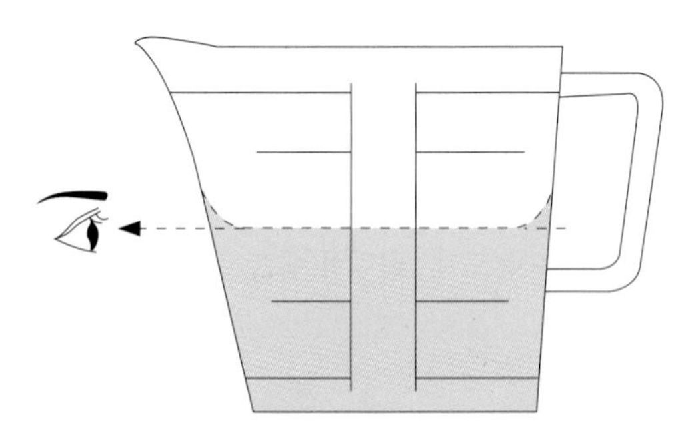

그림 1-1 액체 시료가 담긴 계량컵 읽는 법

고체 지방

고체 지방인 버터나 마가린, 쇼트닝을 계량할 때에는 무게로 측정하는 것이 더 정확하고 간편하다. 그러나 고체 지방의 부피를 재야 할 경우에는 1/4, 1/3, 1/2C 중 적당한 크기의 계량컵을 선택하여 사용하는 것이 좋다. 고체 지방을 잴 때에는 냉장고에서 바로 꺼내서 하는 것보다 실온에 내놓아 충분히 부드러워진 후 계량컵에 꾹꾹 눌러 담아 스패튤러(spatula)로 수평으로 깎아 측정하며, 다른 그릇에 옮길 때에는 부드러운 스패튤러로 잘 긁어 옮겨야 오차를 줄일 수 있다.

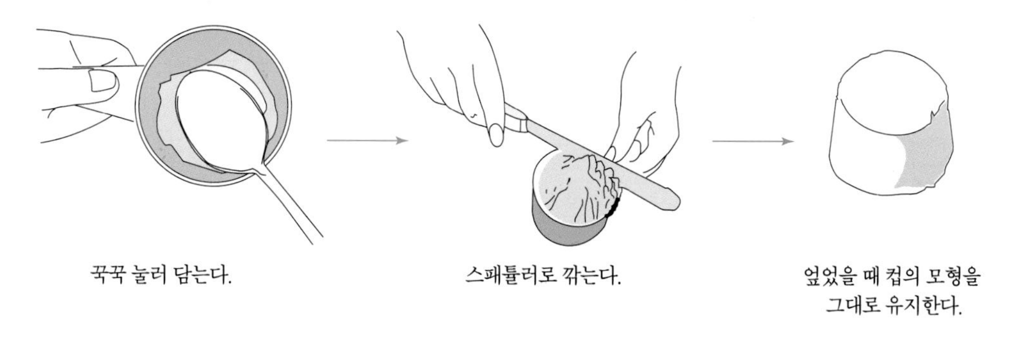

그림 1-2 버터나 쇼트닝 계량법

설 탕

설탕을 계량할 때에는 덩어리진 것을 모두 부수고 계량컵에 수북이 담은 뒤 스패튤러를 사용하여 수평으로 깎아 측정한다. 황설탕이나 흑설탕은 백설탕과는 달리 시럽이 표면에 씌어 있어 끈끈하게 서로 달라붙기 때문에 계량에 오차가 생기므로, 컵을 거꾸로 쏟아 컵 모양이 생길 정도로 꾹꾹 눌러 담은 뒤 스패튤러로 깎아 계량한다.

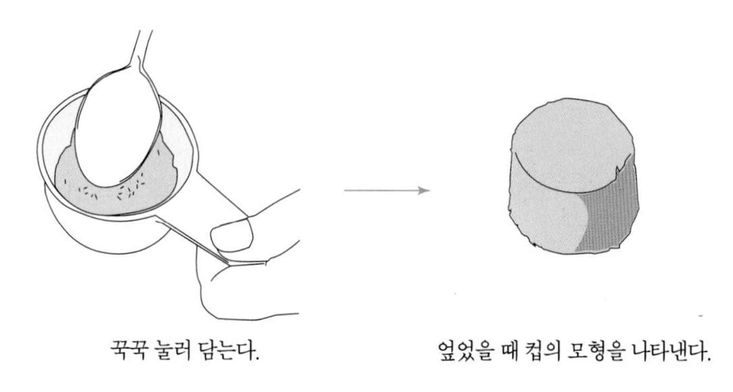

그림 1-3 흑설탕 계량법

가루제품

밀가루와 같이 입자가 작은 재료는 그릇에 오래 담겨 있으면 자연적으로 눌려진다. 그러므로 측정하기 바로 전에 반드시 체로 쳐서 덩어리지지 않게 계량 용기에 누르지 말고 수북이 담아 스패튤러를 이용하여 수평으로 깎아 잰다.

가루음식을 정확히 측정하려면 용량을 재는 것보다 무게를 재는 것이 과학적이다.

그림 1-4 밀가루 계량법

관능검사

음식의 맛을 평가하는 것은 인간의 감각에 의한 주관적 평가(관능평가, subjective evaluation)가 가장 효과적이지만, 식품은 물리 · 화학적으로 측정하는 객관적 평가(objective evaluation)에 의해서도 평가한다.

주관적 평가

인간의 오감(시각, 후각, 미각, 청각, 촉각)을 사용하여 식품과 물질의 특성을 조사하거나, 인간의 감각이나 기호를 조사하는 방법이다. 많은 사람들을 피검자(패널)로 하여 일정한 조건하에 시료(실험의 재료)가 되는 식품을 눈으로 보고 코로 냄새를 맡으며, 입으로 맛을 보는 등 얻어진 자료(data)를 통계적으로 처리한다.

관능평가의 종류

관능평가는 크게 분석형과 기호형으로 구분할 수 있다.

- **분석형** : 식품(시료)의 성질을 조사하는 방법으로, 시료 간 차이의 검출이나 특성의 강도, 대소의 평가, 성질의 묘사 등을 목적으로 실시한다.
- **기호형** : 시료에 대한 인간의 기호나 수요성을 조사하는 것이다.

평가원의 선정

관능검사를 위해 선택한 피험자의 집단을 패널이라 하고, 그 한 사람 한 사람을 평가원(panel number, panelist)이라고 한다.

분석형 관능평가에는 경험이 있거나 훈련에 의해 식별능력이 있는 패널이 필요하고, 기호형에는 경험이나 훈련이 필요하지는 않으나 분석형 검사법에 의해 많은 수의 패널이 필요하다.

패널(panel)

관능검사의 평가집단을 말한다. 정밀한 시료 간의 차이나 특성의 크기 등을 조사할 때에는 사전에 패널을 선정하여 훈련을 행할 필요가 있다. 대상이 되는 집단을 확실히 정하는 것도 중요하다. 실험의 내용에 따라 차이가 있지만 적어도 20명 전후가 필요하다.

환 경

바람직한 관능검사실의 환경은 밝고 쾌적하며 냄새나 자극 또는 심리적인 장애요소가 없어야 한다. 즉, 검사실 내에는 평가원의 독자적인 평가를 위해 평가원들이 서로 보거나 말을 할 수 없도록 칸막이(booth)를 설치하고 시료를 맛본 후 다음 시료를 맛보기 위해 입 안을 헹구어야 하므로 급수와 배수시설도 갖추어야 한다.

시 료

시료는 동일한 크기와 색, 모양이어야 하며 동일한 용기에 담아 가장 적당한 온도로 검사에 요구되는 충분한 양을 제공하도록 한다. 선입감이나 기타 심리적인 요인에 의한 오차가 생기지 않도록 주의하여 선정한다.

또 용매로 사용되는 물도 순도 높은 것을 사용해야 정확한 결과를 얻을 수 있으며, 제공하는 순서도 다르지 않게 하는 것이 중요하다.

관능검사의 방법과 결과

목적에 따라 적당한 관능검사방법을 실시하여 그 중에서 통계표를 이용하여 검정할 수 있는 방법을 선택한다.

2점 비교법(paired comparison test)

두 가지의 시료 A와 B를 동시에 제시하고, 시료 간의 차이가 있는지, 또는 어떤 특성에 대해 어느 쪽이 강한지 등의 차이식별 검사와 어느 쪽이 마음에 드는지를 판정하게 하는 기호 조사에 모두 이용될 수 있으며, 평가원(panel)의 평가능력 테스트, 조리가공법의 비교, 품질관리, 소비자 기호조사 등에 사용된다. 정답을 맞힐 수 있는 확률은 50%이다.

NO	A	B	NO	A	B	NO	A	B
1	●		6		●	11	●	
2	●		7	●		12		●
3	●		8	●		13	●	
4		●	9		●	14	●	
5	●		10	●		15	●	

A 가 선택될 비율 = B 가 선택될 비율(A와 B는 같다)
A 가 선택될 비율 > B 가 선택될 비율(A가 B보다 크다)

그림 1-5 2점 비교법

기호조사

식품의 기호 정도를 조사하는 테스트이다. 패널(평가원)의 능력을 중시할 필요는 없지만 테스트의 목적이나 종류에 따른 성별, 연령, 출신지, 거주 지역, 직업, 라이프스타일, 일반적인 기호의 경향을 고려하여 선택하는 것이 중요하다.

1 : 2점 비교법(duo-trio test)

시료 A와 B를 비교하기 위해 표준품인 A 또는 B를 먼저 평가하게 한 후, 별도로 A와 B를 제시하여 표준시료와 같은 쪽을 택하게 한다.

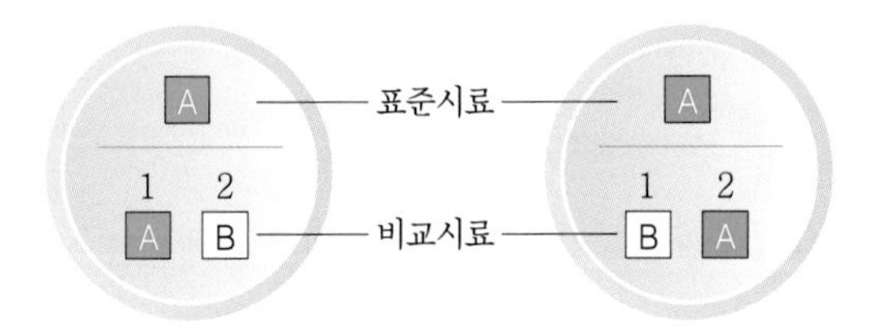

그림 1-6 1 : 2점 비교법

우연히 맞힐 수 있는 확률은 50%이며, 훈련을 받은 평가원에게 음식의 품질을 평가시키기 위하여 사용하거나 우수한 식별력을 가진 평가원을 선출하기 위한 방법으로 사용한다.

3점 비교법(triangle test)

시료 A와 B를 비교하기 위해 A(또는 B) 두 개와 B(또는 A)를 한 개 구성하여, 세 개 중에서 같은 것 둘 또는 다른 하나(홀수 시료)를 택하게 하는 방법이며, 우연히 맞힐 수 있는 확률은 33%이다. 이 방법에서는 시료의 위치에 따라 심리적인 오차(예 : 세 개의 시료 중 중앙의 것을 선택하려는 경향)가 생길 수 있으므로 제시하는 시료의 위치를 고려하여야 한다. 3점 비교법은 2점 비교법과 비슷한 목적에 사용되나 경험이 많은 평가원에게 사용해야 한다.

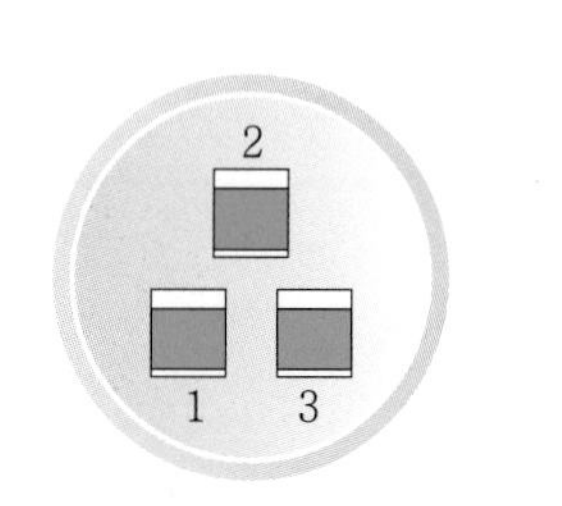

시식순

검사원	1	2	3
김	A	A	B
이	A	B	A
박	B	A	A

그림 1-7 3점 비교법

순위법(ranking test)

세 개 이상 시료 간의 특성의 크기 순위가 알고 싶을 경우, 어떤 특성의 크기에 대하여 순위를 정하게 한다. 즉, 여러 가지 시료를 동시에 제공하고 음식의 색, 맛, 냄새, 질감 등의 어느 한 특성에 대하여 가장 좋은 것으로부터, 또는 가장 나쁜 것으로부터 순위를 정하게 하는 방법이며, 차이식별 검사와 기호조사에 모두 사용된다.

특성의 크기 측정법

- **평점법** : 어떤 특성의 강점이나 기호 정도에 대해 점수를 매기게 한다.
- **평가척도법** : 어떤 특성의 크기 정도를 나타내는 말을 몇 단계의 눈금에 대응시켜 적합한 위치에 표시를 하게 한다.
- **SD법**(Semantic. Deflection 의미의 편차) : 시료의 질적인 특성을 묘사하기 위해 반대의 의미를 가진 두 개의 형용사를 대상으로 한 다수의 평가척도(그림 1-8)를 사용하고, 시료에 대한 인상을 각각의 척도상에 평가하여 정한다. 평균가를 척도상에 구상(plot)함에 따라 각 시료의 프로필을 그릴 수가 있다.

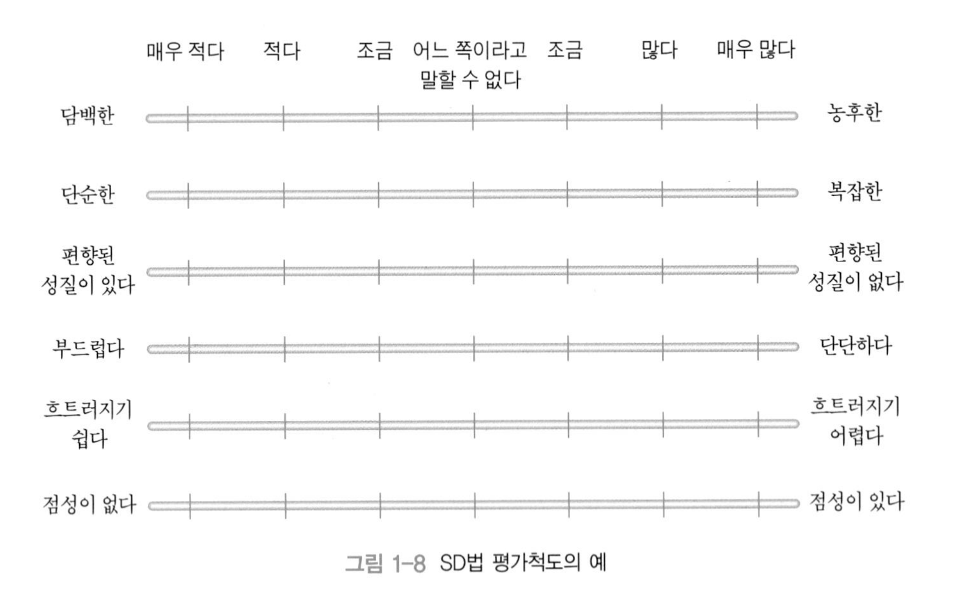

그림 1-8 SD법 평가척도의 예

객관적 평가

식품성분의 화학적 측정

식품의 기호성분에 대하여 정해진 성질이나 정량을 분석한다.

식품의 조직적 관찰

기호성에 관계하는 식품의 조직과 구조에 대하여 현미경 관찰이나 화상해석을 한다.

식품의 성질 측정

색, 조직(texture)에 관한 특성을 각종 측정기구를 사용하여 측정한다(그림 1-9).

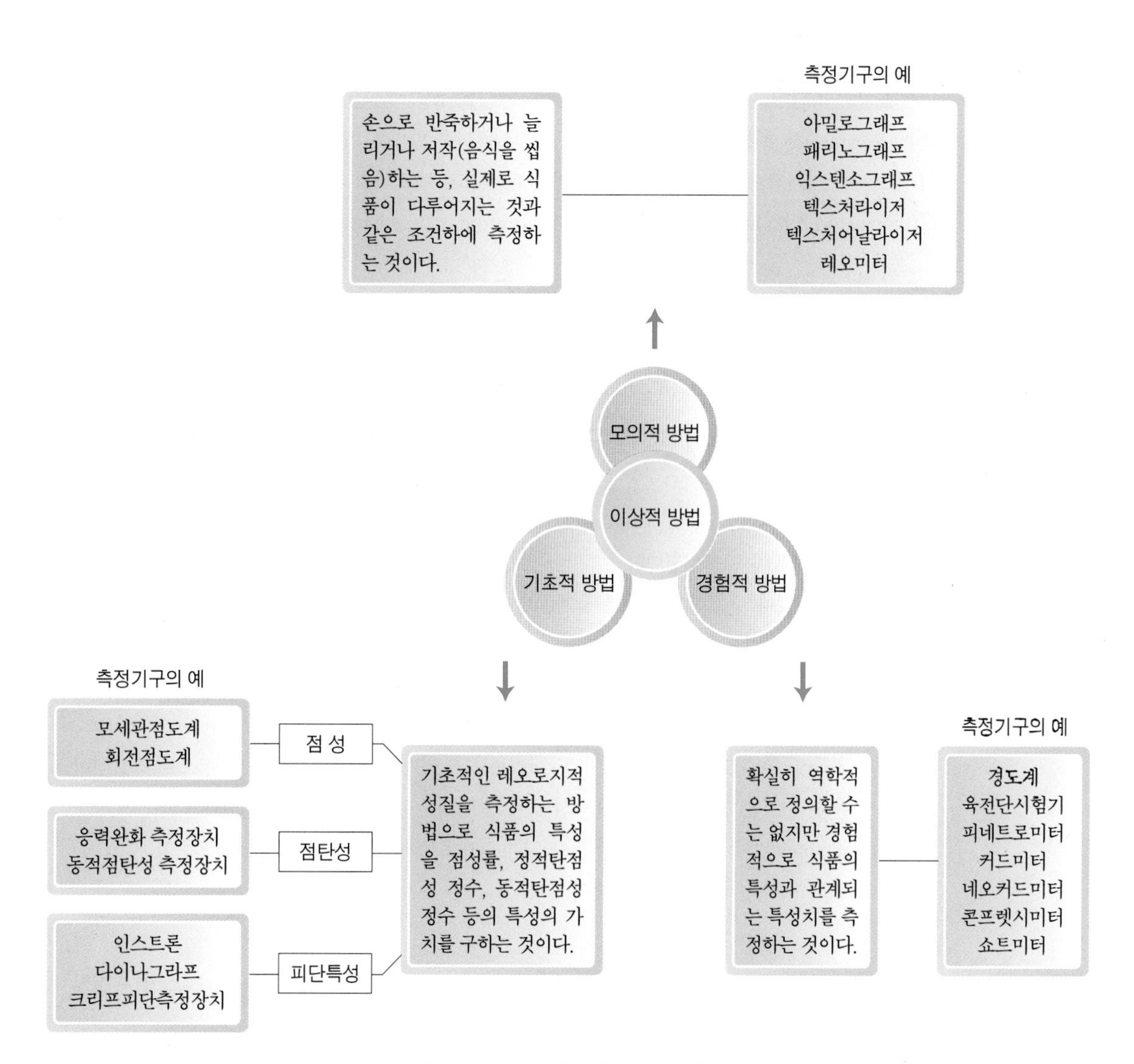

그림 1-9 조직 측정법의 분류와 측정기구의 예

식품의 텍스처 특성 측정

텍스처(texture)를 측정하는 방법으로는 관능검사에 의한 방법과 기계적인 측정법이 있으며, 식품의 텍스처를 기계적으로 측정하기 위하여 개발된 것으로 텍스처미터(texturemeter) 이외에 레오미터(rheometer), 인스트론 유니버설 테스팅 기계(instron universal testing machine) 등이 있다.

식품의 텍스처 특성을 나타내는 성질

- 경도(hardness) : 식품의 형태를 변경시키는 데 필요한 힘이다.
- 응집성(cohesiveness) : 식품의 형태를 이루는 내부 결합력, 즉 식품을 구성하고 있는 같은 성분끼리의 끄는 힘이다.
- 점성(viscosity) : 단위 힘에 의하여 유동하는 정도, 즉 유체의 흐름에 대한 저항이며 점성이 크면 유동하기가 어렵다.
- 탄력성(elasticity, springiness) : 외부의 힘에 의해 생긴 변형이 그 힘을 완전히 제거하면 변형 이전의 상태로 되돌아가는 성질이다.
- 부착성(adhesiveness) : 식품과 다른 물체(혀, 치아, 구강 등)의 표면이 서로 부착되어 있는 상태에서 떼어내는 데 필요한 힘을 말한다.
- 취약성(brittleness) : 식품을 파쇄하는 데에 필요한 힘으로서 경도, 응집성과 관계가 있다. 일반적으로 잘 부수어지는 식품은 응집성이 적으며, 경도는 큰 것도 있고 작은 것도 있다.
- 저작성(chewiness) : 고형의 식품을 넘길 수 있는 상태로까지 씹는 데에 필요한 힘으로 씹힘성이라고도 한다. 이것은 경도, 응집성, 탄력성의 세 가지 기본적인 특성과 관계가 있다.
- 검성(gumminess) : 반고형 식품을 삼킬 수 있는 상태로까지 부수는 데 필요한 힘으로서, 경도, 응집성의 두 가지 기본적인 특성과 관련이 있다.

실험조리에 자주 이용되는 기기

굴절 당도계, pH미터(pH시험지), 점도계, 측색색차계, 아밀로그래프, 현미경, 텍스처 측정기(rheometer) 등이 있다.

조리과학실험에 사용되는 측정기기

굴절당도계

용액의 당농도를 굴절률을 이용해서 측정하는 광학적 굴절계이며, 당도 0~32%·28~62%·58~90%의 세 종류로 농도에 따라 사용되는 기계이다. 적은 양의 시료로 측정이 간편하므로 여러 가지 수용액의 당도측정에 이용된다.

염도계

식염수용액 또는 염분을 함유한 식품 속의 Na 이온의 농도에 선택적으로 응답하는 유리전극을 넣음으로써 간단하게 식염농도를 측정하는 기계이다.

pH meter

유리의 얇은 막을 경계로 수소이온 농도가 다른 두 개의 용액을 접하면 양액의 수소이온 농도에 비례한 전위차가 발생한다. 이것을 이용한 유리전극에 비교전극을 삽입한 복합전극을 검액 속에 담가 pH가 전기적으로 측정되는 기계로 착색된 것이나 투명한 것도 측정 가능하고 측정하기 전에 pH 표준액으로 보정을 행한다.

pH 시험지

적당한 지시약을 여과지에 흡입시켜 건조시켜 만든 시험지. 이것을 검액에 적셨을 때의 변색도를 표준변색표와 비교해서 pH를 판정한다.

측색색차계

색을 측정한 것을 숫자로 표시하여 복수 시료 간의 색의 차를 측정하는 기계이다.

표준색표

시료의 색을 표준색과 대비해서 표준색의 명칭 또는 기호로서 나타내는 색표를 말한다.

오스트왈드 점도계(Ostwald viscometer)

일정량의 액체가 U자형 모세관 가운데를 흘러내릴 때 소요되는 시간을 증류수나 글리세린 등을 표준액으로 해서 비교한 점성을 측정하는 기계이다.

B형 회전점도계(brookfield rotational viscometer)

액체 속에서 원통을 일정 속도로 회전시키면 원통은 저항을 받게 되고 원통의 크기나 회전수가 같으면 액체의 점도에 따라 저항의 크기도 달라지는 원리를 이용해서 만든 점도계이다.

텍스처미터(texturemeter)

식품을 입 안에 넣었을 때의 촉감, 즉 식품의 물리적인 성질을 나타내는 기계이다.

레오미터(rheometer)

레오미터와 같이 구강 내의 저작운동을 물리적 수치로 나타내는 기계이다.

커드미터(curdmeter)

젤리상이나 겔(gel) 상 식품의 젤리강도를 조사하는 기계이다.

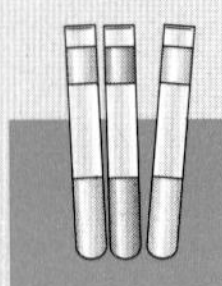

실험 1 계량컵의 중량과 용량 측정의 정확성

실험목적

물을 이용하여 계량컵의 용량과 중량을 측정하고 그 측정치를 표준치와 비교하여 계량컵의 정확성을 검사하며, 정확하게 계량하는 기술을 익힌다.

실험방법

중량 측정

① 1C들이 계량컵을 저울 위에 올려놓고 중량을 측정한 후 조심스럽게 물을 부어 1C을 채워서 중량을 측정한 후 컵의 무게를 빼고 물의 무게를 기록한다. 이것을 3회 반복하여 평균값을 계산하고 그 결과를 표에 기입한다.

② 3/4, 1/2, 1/4C에 대하여도 ①과 같은 방법으로 측정한다.

용량 측정

① 1C들이 계량컵에 물을 채운 후 250mL 메스실린더에 조심스럽게 붓고 액면이 정지된 후 실린더의 눈금을 읽는다. 이것을 3회 반복한다.

② 3/4, 1/2, 1/4C에 대하여도 같은 방법으로 측정한다. 3/4, 1/2C까지는 250mL 메스실린더를 사용하고 1/4C은 100mL 메스실린더를 사용한다.
메스실린더의 눈금을 읽는 방법은 평평한 면 위에 메스실린더를 올려놓고 액면이 정지되도록 한 후 액체는 표면장력이 있으므로 오른쪽의 그림과 같은 방법으로 액면의 눈금을 읽는다. 이때 눈의 높이는 반드시 액면과 일치하여야 정확한 눈금을 읽을 수 있다.

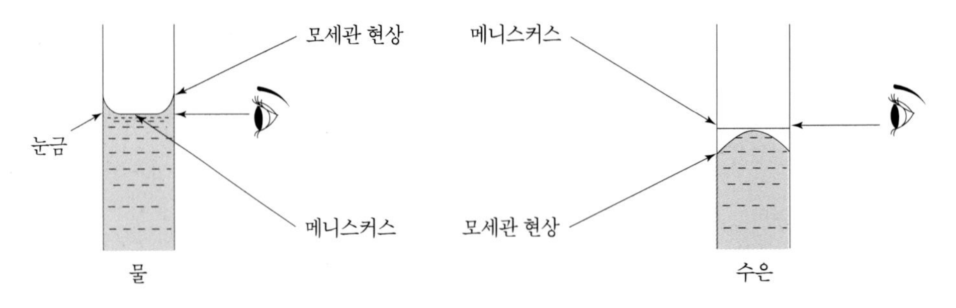

그림 1-10 매스실린더의 액면 눈금 읽기

재료 및 분량

물

기구 및 기기

메스실린더(100, 250mL) · 계량컵(1, 3/4, 1/2, 1/4C) · 저울 · 계량스푼(1Ts, 1ts) · 피펫

결과 및 고찰

항 목	측정치 \ 컵	1C	3/4C	1/2C	1/4C
중량(g)	1회				
	2회				
	3회				
	합 계				
	평균량				
	표준량	200	150	100	50
	비고*				
용량(mL)	1회				
	2회				
	3회				
	합 계				
	평균량				
	표준량	200	150	100	50
	비고*				

* 비고란에는 표준량에 대한 평균량의 차이를 (+) 또는 (−)를 붙인 값으로 표시한다.

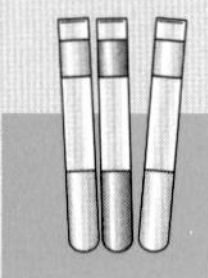

실험 2 고체와 액체 식품의 계량

실험목적

계량기구를 사용하여 상태가 다른 몇 가지 식품들을 정확하게 계량하는 방법과 계량기술을 익히며 식품의 목측량을 알아본다.

실험방법

① 밀가루는 체에 친 다음 스푼으로 컵에 가볍게 퍼 담는다. 컵은 흔들지 않고 직선인 스패튤러나 유리막대로 컵의 윗면이 수평이 되도록 깎은 다음 중량을 측정한다.

② 흰설탕, 소금은 덩어리가 있으면 부수고 컵에 담은 후에 윗면이 수평이 되도록 깎는다.

③ 쌀은 살살 퍼 담아서 수평이 되도록 깎는다.

④ 흑설탕은 덩어리가 있으면 깨뜨린 후 컵을 거꾸로 하여 쏟았을 때 흑설탕이 컵 모양대로 남아 있도록 잘 눌러 담는다.

⑤ 고춧가루, 후춧가루는 가볍게 섞은 다음 흔들어 담아서 눌러지지 않게 스푼으로 컵에 떠 넣고 윗면이 수평이 되도록 한다.

⑥ 우유, 간장, 식용유와 같은 액체 식품은 계량컵의 눈금까지 붓는다.

⑦ 베이킹파우더는 덩어리가 있으면 깨뜨리고 눌러지지 않도록 저은 후 계량스푼을 가루 속에 깊이 넣어 가득 담아내고 윗면이 수평이 되게 깎는다.

⑧ 버터는 계량스푼에 꼭꼭 눌러 담아 사이가 뜨지 않게 한 다음 유리막대로 수평이 되도록 깎아서 중량을 측정하며, 불에서 녹인 후에 측정하기도 한다.

⑨ 각 식품들은 먼저 목측량을 적고 실제의 중량을 3회 계량하여 매회 중량을 측정한다.

재료 및 분량

중력분	1C	흑설탕	1C	고춧가루	1Ts, 1ts
흰설탕	1C	간장	1C	후춧가루	1Ts, 1ts
소금	1C	식용유	1C	베이킹파우더	1Ts, 1ts
백미	1C	우유	1C	버터	1Ts, 1ts

기구 및 기기

계량컵 · 계량스푼 · 체 · 스패튤러 혹은 유리막대 · 저울

결과 및 고찰

재료 \ 횟수		목측량	측정량				표준량(g)
			1회	2회	3회	평균량	
중력분	1C						100
흰설탕	1C						150
소 금	1C						210
백 미	1C						160
흑설탕	1C						200
간 장	1C						230
식용유	1C						180
우 유	1C						200
고춧가루	1Ts						6
	1ts						2
후춧가루	1Ts						8
	1ts						3
베이킹파우더	1Ts						9
	1ts						3
버 터	1Ts						13
	1ts						4

* 목측량은 중량을 측정하기 전에 눈으로 보아 짐작한 양이다.
* 식품의 중량은 계량 용구에 담은 채 측정하지 말고 다른 용기로 옮겨서 측정한다.
* 계량 용구는 한 번 사용할 때마다 깨끗이 닦아서 쓴다.

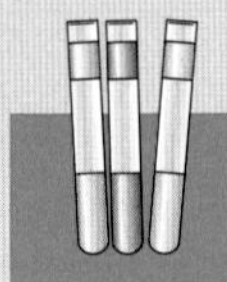

실험 3 폐기율 측정

실험목적

일상적으로 사용되는 여러 가지 식품에 대하여 폐기되는 부분의 양을 알아본다.

실험방법

① 과일이나 채소 등은 그대로 씻어서 물기를 빼고 중량을 잰 다음에 보통의 방법으로 뿌리를 제거하거나 껍질을 벗겨서 가식부의 중량과 폐기된 부분의 중량을 측정한다.

② 어패류 등도 씻어서 물기를 빼고 중량을 잰 다음 머리, 뼈, 내장 또는 껍질 등을 떼어 내고 폐기부의 중량을 측정한다.

③ 달걀은 전 중량을 재고 나서 깨뜨려 달걀껍질의 중량을 잰 다음 난백과 난황을 나누어서 각각의 중량을 측정하여 전란에 대한 비율을 구한다.

재료 및 분량

쌀	1C
밥	1공기
식빵	1장
생선	1마리
닭(중)	1마리
햄	1장
달걀	1개
사과	1개
귤	1개
배	1개
시금치	1단
감자	1개

기구 및 기기

저울 · 계량컵 · 계량스푼 · 일반 조리기구

결과 및 고찰

여러 번 측정하여 평균값을 얻는 것이 좋으며, 폐기율 계산방법은 다음과 같다.

$$\text{폐기율(\%)} = \frac{\text{폐기 부분 중량}}{\text{전 중량}} \times 100 \qquad \text{또는 폐기율(\%)} = \frac{\text{전 중량} - \text{가식부 중량}}{\text{전 중량}} \times 100$$

자신이 측정한 측정치와 폐기율에 대해서는 식품 분석표의 수치와 비교한다.

여러 가지 식품의 폐기율

구 분	식품명	분 량	중량(g)	가식량(g)	폐기율(%)	비 고	고 찰
곡 류	쌀	1C					
	밥	1공기				kcal*	
	식 빵	1장				kcal*	
육류 · 어패류	생 선	1마리					
	닭	1마리					
	햄	1장					
알 류	달 걀	1개					
	난 황	1개				난황/전란	
	난 백	1개				난백/전란	
과일류	사 과	1개				비타민 C*	
	귤	1개				비타민 C*	
	배	1개				비타민 C*	
채소류	시금치	1단					
	감 자	1개					

* 중량에 의하여 식품분석표에서 계산한다.

Chapter 2
곡류, 콩류 및 감자류의 조리

Chapter 2

곡류, 콩류 및 감자류의 조리

곡류(cereal)는 화본과에 속하는 열매를 식용하거나 사료로 이용하는 대표적인 탄수화물식품이다. 전분이 주성분이며 열량식품의 중요한 급원으로 이용되고 있다. 흔히 섭취되는 곡류는 쌀과 보리 · 밀 · 호밀 등의 맥류, 옥수수 · 기장 · 메밀 · 조 등의 잡곡으로 분류한다.

곡류의 주성분인 전분의 입자는 감자류의 것과 달리 작고 치밀하여 팽윤이나 호화가 늦게 일어난다. 곡류에 포함되어 있는 단백질의 함량은 6.5~14% 정도이며 리신, 트레오닌, 트립토판 같은 필수아미노산이 부족하여 단백가가 낮으므로 동물성 식품이나 콩과 같이 섭취하는 것이 좋다. 지방은 겨와 배아에 주로 포함되어 있으나, 도정에 의해 제거되므로 곡류에 의한 지방의 섭취비율은 낮다. 무기질은 인이 풍부한 반면 칼슘이나 철분은 부족하다.

곡류는 낟알 그대로의 형태로 조리하는 방법과 제분하여 가루의 형태로 조리하는 방법이 있다.

전 분

전분의 구조

전분입자는 아밀로오스(amylose)와 아밀로펙틴(amylopectin)으로 구성되어 있으며 현미경으로 보았을 때 직쇄상인 것이 아밀로오스이고 분지상(가지를 친)으로 된 것이 아밀로펙틴이다.

전분의 종류에 따라 아밀로오스와 아밀로펙틴의 혼합비율이 다르다. 천연의 전분에서 아밀로오스와 아밀로펙틴은 2 : 8의 비율로 들어 있으며 멥쌀에는 아밀로오스가 20~25%, 아밀로펙틴이 75~80% 정도 들어 있다. 찹쌀은 거의가 아밀로펙틴으로 구성되어 있다.

전분의 성질

전분의 가수분해(당화)

전분에 묽은 산을 넣고 가열하거나 효소를 첨가하여 최적 온도를 유지시키면 쉽게 가수분해되어 당화된다. 이러한 성질을 응용한 것이 식혜나 엿이다. 식혜는 아밀라아제 효소를 이용해 쌀의 전분을 부분적으로 당화시킨 것이고, 엿은 아밀라아제 효소로 쌀을 완전히 당화시켜 농축한 것이다.

전분의 호화

전분에 물을 넣고 가열하게 되면 20~30℃에서 전분입자는 물을 흡수하여 팽창하기 시작하고 계속 가열하여 70~75℃가 되면 전분입자의 형태가 없어지고 점성이 높은 반투명의 콜로이드 상태가 되어 풀과 같이 걸쭉하게 된다. 이러한 상태를 전분의 호화(gelatinization)라 하고 호화된 전분을 α-전분이라고 한다. 전분의 가열 온도가 높을수록 전분은 빠른 시간에 호화한다.

호화는 전분 분자의 수소결합이 열에 의해 약해져서 미셀이 풀리는 현상으로 전분입자의 분자 간 재배열이 일어난 것이다. 호화된 전분은 건조시킬 수는 있으나 호화되기 전 상태의 전분구조로 되돌릴 수는 없다. 또한 건조된 호화전분은 다량의 물을 재흡수 하는 성질이 있으며, 이러한 성질을 이용하여 라면, 인스턴트 밥 등을 제조한다.

호화 초기에는 잘 저어주어야 하나 일단 전분이 완전히 호화되면 필요 이상으로 전분용액을 저어줄 필요가 없다. 지나치게 저어주면 전분입자가 파괴되어 점성이 낮아지기 때문이다.

그 밖에 첨가물에 따라 전분의 팽윤도와 점도가 달라진다. 전분에 산을 가하게 되면 점도가 낮아지고 호화가 잘 일어나지 않는다. 그러므로 전분에 산을 첨가하여 소스(sauce)를 만들 때에는 전분을 따로 완전히 호화시킨 후 산을 첨가하도록 한다. 그러나 3%의 NaOH를 가하면 쉽게 호화된다. 설탕을 첨가하면 호화가 방해를 받아서 점성이 낮아진다. 지방은 전분입자를 쉽게 분산시켜서 겔의 강도를 증가시키며 호화도 쉽게 일어난다.

전분의 겔화

냉수에 전분을 넣고 가열하여 풀이 되면 호화가 일어난 것이고 형성된 겔(gel)을 그릇에서 부어서 냉각시키면 그릇 모양을 그대로 유지한 상태로 굳혀진다. 그 풀이 식어서 흐르지 않는 상태가 되면 겔화(gelation)된 것이다. 묵은 전분으로 풀을 쑤어 전분을 호화시킨 후 겔화시킨 음식이다. 호화된 모든 전분이 겔화되는 것은 아니며 도토리, 녹두, 동부, 메밀 전분 등은 겔화가 잘 일어나므로 묵 제조에 이용할 수 있다.

전분의 노화

α-전분을 실온에 오래 방치하게 되면 차차 굳어서 β-전분으로 되돌아가는데, 이 현상을 전분의 노화(retrogradation)라 한다. 이것은 호화로 인해 불규칙해진 분자배열이 시간이 경과함에 따라 부분적으로 규칙화된 결정체를 만들기 때문이다.

전분의 노화는 수분함량이 30~60%, 온도가 0~4℃일 때 가장 쉽게 일어난다. 노화는 수소결합에 의하여 전분 분자가 서로 결합하는 변화이므로 수소이온의 농도가 높으면 노화는 더 쉽게 일어난다. 수분의 함량이 15% 이하이거나 65℃ 이상의 온도를 유지하면서 급속하게 건조시키거나 또는 0℃ 이하에서 급속 탈수하여, 15% 이하로 조절하면 노화를 방지할 수 있다. 노화속도는 전분 분자의 종류에 따라 달라지는데 아밀로오스는 노화가 빨리 일어나고 아밀로펙틴이 많은 전분은 서서히 일어난다 .

전분의 호정화

전분에 수분을 첨가하지 않고 160~170℃의 건열로 가열하면 전분이 여러 단계의 가용성 전분상태를 거쳐 덱스트린으로 분해된다. 이와 같은 형상을 호정화(dextrinization)라고 하며 건열로 만들어진 덱스트린(dextrin)을 피로덱스트린(pyrodextrin)이라고 한다. 전분의 호정화는 곡류를 볶거나 식빵을 구울 때 일어나며, 호정화에 의해 전분의 분자량이 작아지고 물에 잘 용해된다. 또한 점성은 약해지고 구수한 맛이 생기며 갈색으로 변화한다.

곡류의 조리

쌀의 조리

밥 짓기란 전분을 다량 함유하고 있는 쌀에 물을 첨가하고 가열하여 호화시키는 것으로, 전분이 호화되려면 적당한 수분과 온도가 필요하다.

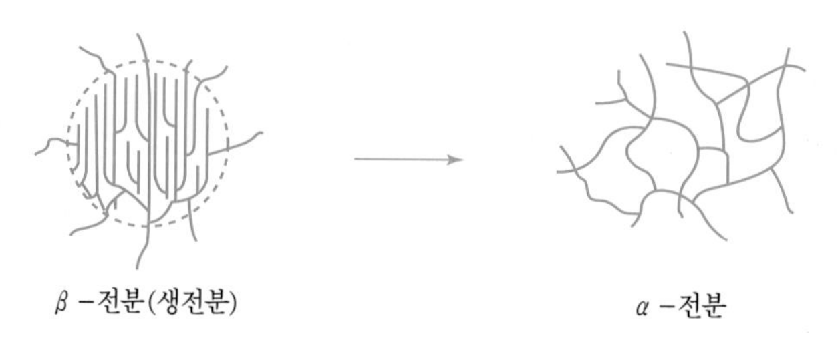

그림 2-1 전분의 호화
출처 : 유영상 · 이윤희(1997), 식품 및 조리원리.

쌀 씻기

쌀 씻기는 먼지나 겨 등의 이물질을 제거하기 위한 것으로 처음 씻은 물은 이물질이 많이 함유되어 있으므로 많은 양의 물을 넣고 4~5회 저은 후 빨리 물을 버린다. 쌀을 으깨어 여러 번 씻으면 밥맛이 있고 밥이 잘 쉬지 않으나 영양손실이 있을 수 있다.

쌀을 씻으면 소량의 수분이 흡수되고 또 쌀 표면에 흡착하여 쌀의 부피가 약간 증가한다.

물에 담그기

쌀을 물에 담그면 12~14%의 물을 더 흡수하여 팽윤된다. 흡수속도는 물의 온도에 따라 다르며, 여름철에는 30분, 겨울에는 약 1시간 물에 담근다. 2~3시간 이상 물에 담가도 흡수량은 거의 변하지 않는다. 급하게 밥을 지을 때에는 미지근한 물에 담가 흡수속도를 빠르게 한다. 쌀을 불리면 밥을 지을 때 호화가 신속하게 일어난다.

호화가 잘 되게 하기 위해서는 가열 전 20~25%의 흡수량이 필요하다.

물 첨가량

맛있는 밥은 수분 함량이 64~65%로 쌀 중량의 약 2.3배가량 되며, 쌀 부피의 2~2.5배가

된다. 따라서 물 첨가량은 취반 시 증발량 10~15%를 합하여 쌀 중량의 1.4~1.6배, 부피의 1.1~1.2배가 적당하다. 연질미나 햅쌀은 수분 함량이 약간 많으므로 쌀 부피의 1~1.1배, 경질미나 묵은 쌀은 쌀 체적의 1.3~1.4배가 적당하다.

가 열

가열시간은 쌀의 양, 기온, 화력 등에 따라 차이가 있으나, 쌀에 함유되어 있는 전분의 완전 호화를 위하여 충분히 높은 온도가 유지되어야 하므로 98~100℃의 온도가 20~25분간 계속 유지되도록 해야 한다.

가열시간은 다음과 같이 4단계로 나눌 수 있다.

온도상승기

물이 끓어 최고 온도가 될 때까지의 시간을 말하며, 밥을 끓게 하기 위하여 불을 강하게 하는 기간이다. 온도상승과 더불어 대류가 일어나고 쌀 입자는 계속 수분을 흡수하여 팽윤된다. 충분히 물을 흡수한 쌀은 바깥쪽부터 호화되기 시작한다. 비등까지의 시간은 쌀의 양에 관계없이 약 6~10분 필요하고, 이 기간이 지나치게 길면 탄력성이 적어진다.

소량 취반의 경우 수침 시간이 부족할 때에는 화력을 약간 약하게 하여 비등까지의 시간을 길게 할 필요가 있다.

비등지속기

쌀이 끓는 기간이며 비등이 계속되는 동안 쌀은 다시 흡수하여 호화가 진행되어 쌀 입자 사이의 틈이 좁아지고 점착성이 생기며 유동성을 잃게 된다. 수분은 흡수와 증발에 의해 점차 줄어들고 쌀 입자 사이를 대류한다. 화력은 비등을 지속시키기 위하여 끓어 넘지 않을 정도의 중간 화력으로 5~10분이 필요하다.

고온지속기

호화는 중심부를 향하여 진행되고 증기로 찌고 있는 시기이므로, 화력은 아주 약하게 하고 뚜껑을 열지 않는다. 물이 거의 없어질 때까지 이 상태를 지속시킨다.

뜸들이기

외부로부터의 가열은 없으나 여열에 의해 잠시 고온이 유지된다. 이 시기에 쌀 입자 사이의 수분은 거의 흡수되어 중심부까지 완전호화가 이루어지며, 보온이 잘 되느냐 아니냐에 따라 밥맛이 많이 달라진다. 약 10분간 필요하며 너무 오래 뜸들이면 솥 내부의 온도가 저하되어 주변의 증기가 물방울이 되므로 밥맛이 없어진다.

쌀 전분이 호화되기 위해서는 98~100℃의 온도를 20~30분간 유지할 필요가 있다.

밀가루의 조리

밀은 파종시기에 따라 겨울밀(winter wheat)과 봄밀(spring wheat)로 구별되며, 봄밀은 추운 지방에서 재배한다. 또한 밀알의 단단한 정도에 따라 연질소맥과 경질소맥으로도 구분하며, 카로티노이드 색소의 함량에 따라 흰밀(white wheat)과 붉은밀(red wheat)로도 분류한다. 밀은 품종, 재배되는 환경, 밀알의 부위에 따라 단백질 함량이 다르다. 따라서 세계 각국은 밀가루 용도에 따라 단백질 함량이 다른 밀가루를 사용한다.

밀가루의 종류

밀가루는 함유되어 있는 단백질의 함량에 의하여 강력분, 중력분, 박력분으로 구분된다.

강력분

주로 경질의 봄밀로 만드는데, 글루텐의 함량이 12~16% 정도이다. 글루텐의 함량이 많을 뿐만 아니라 강한 탄력성과 점성이 강하고 수분흡수율도 높으며, 물의 흡착력도 강하다. 그러므로 강력분(bread flour)으로 만든 반죽은 크게 부풀며 주로 식빵, 마카로니 등을 만드는 데 사용된다.

중력분

글루텐의 함량이나 성질이 강력분과 박력분의 중간 정도이며 여러 가지 용도로 사용된다. 주로 가정에서 사용하며 중력분(all purpose flour)을 다목적용 밀가루라고도 한다.

박력분

연질의 붉은 겨울밀이나 흰밀로 만들며 8~11%의 단백질을 함유하고 있다. 박력분(cake flour)은 글루텐의 탄력성과 점성이 약하고 물의 흡착력도 약하므로 주로 섬세한 조직(texture)을 가진 케이크를 만드는 데 사용된다.

글루텐의 형성

밀가루는 다른 곡류와는 달리 물을 넣고 반죽했을 때 글루텐을 형성하는 단백질을 함유하고

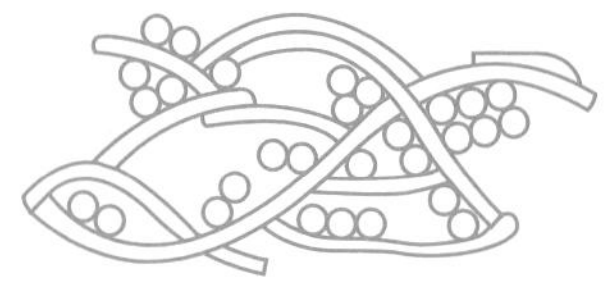

그림 2-2 글리아딘, 글루테닌, 글루텐의 생김새
출처 : 이혜수 · 조영(2003), 조리원리.

있다. 즉, 밀가루에 50~60%의 물을 첨가하여 반죽하면 밀가루에 존재하는 글리아딘(gliadin)과 글루테닌(glutenin)이 물과 결합하여 3차원 망상구조의 글루텐이 형성된다. 이 두 단백질이 글루텐을 형성할 때에는 긴 실 모양을 한 글루테닌이 여기저기 겹쳐서 헐거운 실 같은 모양을 형성하고 그 사이에 짧고 둥근 모양을 한 글리아딘이 몇 개씩 모여 끼어서 만들어진다. 물에 넣어 수화시키면 글루테닌은 잡아당겨도 잘 늘어나지 않을 정도로 탄력성이 강해져서 글루텐에 탄성을 주고 단단해진다. 글리아딘은 부드럽고 달라붙는 성질이 있고 잘 늘어나며 글루텐에 점성을 준다.

글루텐은 여러 개의 단백질 분자가 헐겁게 결합되어 실 같은 형태를 이루고, 이 실은 다시 여기저기가 연결되어 망 같은 구조를 형성한다.

글루텐 섬유 표면에는 수분이 흡착되어 있고 글루텐 섬유와 섬유 사이에 전분 입자와 지방 입자가 끼어 벽을 형성하고 있다.

그 벽과 벽 사이에는 수많은 공기방울과 팽창제(leavening agent)에서 발생한 가스가 들어 있다가 밀가루 반죽을 가열하면 공기, 탄산가스, 수분에서 생긴 증기가 팽창하게 되고 글루텐은 탄력성과 점성이 있기 때문에 이들 기체를 안에 보유한 채 응고될 때까지 늘어난다.

글루텐이 형성되는 정도는 밀가루의 종류와 반죽의 정도에 따라 다르다. 그러므로 만들려고 하는 음식의 종류에 따라 밀가루의 종류와 반죽 정도를 달리해야 한다. 예를 들면, 튀김옷을 만들 때는 박력분을 가볍게 섞어 글루텐 형성을 적게 하는 것이 좋고, 이스트빵(yeast bread)을 만들 때에는 강력분으로 글루텐망이 형성되어 반죽이 매끈하고 탄성이 생길 때까지 충분히 반죽해야 한다.

첨가물이 글루텐 형성에 주는 영향

팽창제

도우(dough)와 배터(batter)를 팽화시키기 위해 사용되며 팽화제의 종류에는 공기, 증기, 이산화탄소 등이 있다. 팽창제는 밀가루 반죽에 이산화탄소를 생성시키고 이산화탄소는 가열하면 팽창하여 반죽을 부풀게 하고 글루텐의 망상구조를 다공질로 만든다. 생물적 팽창제로는 이스트가 있고, 화학적 팽창제로는 베이킹소다와 베이킹파우더가 있다.

지 방

반죽 내에서 연화작용을 증가시키고 제품의 질감을 부드럽게 하며 제품의 표면을 갈색으로 변화시킨다. 반죽에 지방을 넣으면 글루텐 섬유 표면에 형성된 수분에 얇은 막을 형성하여 지방이 골고루 입혀지므로 서로 부착되지 않고 밀가루 음식에 얇은 층을 형성함으로써 구운 후 바삭바삭하게 한다. 이러한 작용이 잘 나타나게 하려면 지방이 반죽에 고루 섞이도록 해야 한다. 버터, 마가린, 쇼트닝 등이 많이 이용된다.

달 걀

거품을 낸 난백은 반죽 내에 공기를 포함시켜 팽창제의 역할을 하여 제품을 부풀게 한다. 난황은 유화성을 가지며 포함된 지방을 유화시켜 고루 분산시키는 작용을 한다. 달걀 단백질은 가열에 의해 응고하여 밀가루 반죽의 형태를 형성하는 글루텐을 돕는 작용을 하지만 그 사용량이 많아지면 음식이 질겨지게 되고 뻣뻣해진다.

설 탕

설탕은 수분이 적은 제품에서는 적당하게 바삭바삭한 질감을 주고 캐러멜화(caramelization)하여 제품에 적당한 향취와 갈색을 낸다. 또한 제품에 단맛을 주며, 이스트(yeast)가 사용된 혼합물에서 이스트의 성장을 돕는다. 반죽 내에서는 단백질의 연화작용을 한다. 즉, 글루텐을 연화시켜 첨가된 달걀 단백질의 열에 의한 응고온도를 높여줌으로써 고온 처리에 의해 질겨질 수 있는 달걀 단백질을 연하게 해준다. 그러므로 밀가루 반죽에 설탕을 너무 많이 넣으면 글루텐 형성이 정상적으로 되지 않아서 가열 시 가스의 팽창에 의한 압력의 증가를 견디지 못해 표면이 갈라지고 기름에 튀기면 흩어지게 된다. 반면에 정상보다 적은 양의 설탕을 사용하면 제품의 결이 거칠고 질겨지기 쉽다.

소 금

적당량의 소금을 사용하면 밀가루 글리아딘의 점성을 강화시키고 글루텐의 강도를 높여주며 제품의 맛도 향상된다. 그러나 많이 사용하면 글루텐의 망상구조를 강화하여 밀가루 반죽을 질기게 만든다. 이스트를 사용할 경우 이스트의 발효작용을 조절해 준다.

수 분

물, 우유, 과일즙, 달걀에 포함된 수분 등을 많이 이용하며 다른 부재료들을 용해시켜 고루 섞이도록 하고 글루텐 형성을 돕는다. 또한 가열 시 증기(steam)를 형성하여 팽창제의 역할을 하며 베이킹파우더(baking powder)나 베이킹소다(baking soda)의 반응을 일으키게 하여 이산화탄소의 형성을 촉진한다.

콩류의 조리

콩류는 곡류와 달리 배유부가 없고 자엽부가 대부분을 차지한다. 콩류(豆類)는 종실의 자엽을 식용으로 하며 대두, 적두, 녹두, 땅콩, 강낭콩, 동부, 완두 등이 있다. 저장과 운반이 편리하고 영양성분이 풍부하게 함유되어 있어 식품의 재료로 많이 사용되고 있다. 특히 콩은 양질의 단백질과 지방을 많이 함유한 식품으로서 두부, 된장, 콩나물, 두유 등 전통적인 콩 가공식품으로 이용되고 있다.

콩류의 구조

콩류의 종자구조는 종피(seed coat), 배아(germ 또는 hypocotyl), 자엽(cotyledon) 부분으로 나누어져 있으며, 종피는 전체의 약 9%를 차지한다.

종실이 노란색, 초록색, 검은색 등 다양한 색깔을 띠는 것은 엽록소(chlorophyll)나 플라보노이드(flavonoid) 등의 색소가 함유되어 있기 때문이다. 콩은 미성숙할 때는 엽록소가 대부분을 차지하여 초록색으로 보이나 성숙해감에 따라 엽록소가 파괴되고 플라보노이드가 나타난다.

가식부인 자엽은 전체의 88~90% 정도를 차지하고 있으며, 자엽부는 단백체와 지질체를 가진 유사 책상조직으로 나누어져 있다. 대부분의 영양분을 저장하는 저장소이다.

콩의 배아 부분은 발아 · 성장하는 곳으로 약 2.5%를 차지하며 콩의 종피를 제거할 때 쉽게 자엽에서 떨어져 나간다.

콩류의 특징

콩류는 곡류보다 단백질 함량이 약 2~5배나 함유되어 있으며, 콩류 단백질의 영양학적 가치는 육류와 유사하다.

또한 비타민 B군과 칼륨, 인 같은 무기질의 함량이 높다. 콩류에 함유된 필수아미노산의 조성을 살펴보면 대두는 메티오닌, 팥과 완두는 메티오닌과 트립토판, 낙화생은 리신, 메티오닌, 트립토판이 부족하다.

쌀에는 메티오닌이 비교적 많이 포함되어 있으나, 리신이 부족하여 밥을 지을 때 리신이 풍부한 팥이나 완두, 강낭콩, 대두를 혼식하면 필수아미노산의 보완효과가 커진다.

대두는 트립신 저해물질(trypsin inhibitor)이 전체 단백질의 6% 정도 포함되어 있어 날것으로 먹으면 단백질의 소화율이 낮아진다. 그 밖에도 적혈구의 응고를 촉진하는 물질인 헤마글루티닌(hemaglutinin)은 전체 단백질의 3% 존재한다.

기포성을 지니는 사포닌(saponin)은 단백질의 소화흡수를 더욱 어렵게 하지만 이들 물질들은 가열 및 열처리에 의해 열변성함으로써 작용능력을 상실하므로 적당한 열처리로 대두 단백질의 영양가를 향상시킬 수 있다.

콩류의 색은 색소에 의해 나타나는데, 대두의 황색은 플라보노이드계 색소에 의한다. 검은콩, 강낭콩, 팥 같은 검은색은 안토시아닌(anthocyanin)계 색소에 의하며, 녹두와 완두 같은 푸른색은 클로로필(chlorophyll) 색소에 의한다.

콩류의 조리원리

대두를 조리하기 전 1% 정도의 소금용액에 대두를 담근 후 그 용액으로 가열하면 쉽게 연화된다. 이는 가열에 의해 섬유소가 연화되기 때문이며, 대두의 주된 단백질인 글리시닌(glycinin)이 식염용액에 잘 용해되어 쉽게 연화되기 때문이다. 또한 중조를 첨가하여 약알칼리성의 중조수에 대두를 담갔다가 그 용액에서 가열해도 역시 쉽게 연화된다. 이 또한 섬유소가 알칼리 조건에서 쉽게 연화되고, 대두의 단백질인 글리시닌이 약알칼리 용액에서 용해되어 쉽게 연화되기 때문이다. 일반적으로 중조를 사용하여 콩류를 연화시키면 비타민 B_1의 손실이 심한 것으로 알려져 있으나 중조의 농도를 대두 중량의 0.3%로 하면 쉽게 연화되면서 비타민 B_1의 손실도 적어진다.

경수는 대두의 조리에 영향을 주는데, 경수에 함유되어 있는 칼슘이온(Ca^{++})과 마그네슘이온(Mg^{++})이 펙틴과 결합하여 대두의 연화를 방해하므로 습열조리 시 연수를 사용하는 것이 바람직하다.

콩자반은 콩류에 조미액을 첨가하여 가열하는 대표적인 조리법이다. 이때 중요한 것은 적당한 경도를 유지하도록 가열시간과 가열방법을 조절하는 것이다. 콩자반을 부드럽게 조리하는 방법으로는 첫째 콩을 5~6시간 물에 담가 검은콩이 건조 시 중량의 2배 정도 되었을 때 물로 가열하여 연화시킨 다음 조미액을 2~3회에 나누어 넣는 방법이 있다. 만약 조미액을 한꺼번에 넣으면 삼투압에 의한 탈수현상이 나타나 콩이 단단해지므로 나누어 넣는 것이 중요하다. 둘째 조미액의 농도를 증가시켜 담가 두는 방법으로 물에서 끓여낸 검은콩을 그 조미액에 담그고 조미액을 끓여서 다시 검은콩에 담그는 방법이 있다.

삶은 콩에 설탕을 넣으면 삼투압이 높아져 껍질은 팽창하고 콩의 내부는 수축하여 껍질에 주름이 생긴다. 설탕 농도가 높을수록 콩 내부의 수축이 심하다.

콩자반의 조리시간을 단축하기 위한 방법으로는 약 1% 소금물이나 0.3% 중조수에 담근 물로 끓이거나, 압력솥을 사용하여 조리온도를 120±5℃로 상승시켜 고온 단시간 조리하는 방법이 있다. 압력솥을 사용한 조리법은 가열시간 단축으로 연료의 사용량이 줄어들고 조리시간이 단축됨에 따라 수용성 물질이 조미액에 용출되는 양이 줄어들어 맛도 좋아진다.

검은콩을 끓일 때 무쇠솥이나 철 냄비에서 조리하면 안토시안(anthocyane)계 색소가 철이온과 결합하여 윤기 있는 검은색이 된다.

감자류의 조리

감자류에는 감자, 고구마, 돼지감자, 토란, 마, 카사바 등이 있다. 전분이 주성분이지만 곡류에 비해 수분함량이 높아 저장성이 낮다. 전분이나 물엿, 알코올, 포도당, 합성주의 원료로 이용된다.

감자의 구조

감자는 숨구멍(lenticels)이 분포된 주피(외피 : periderm)와 후피(cortex), 싹눈(eye buds)이

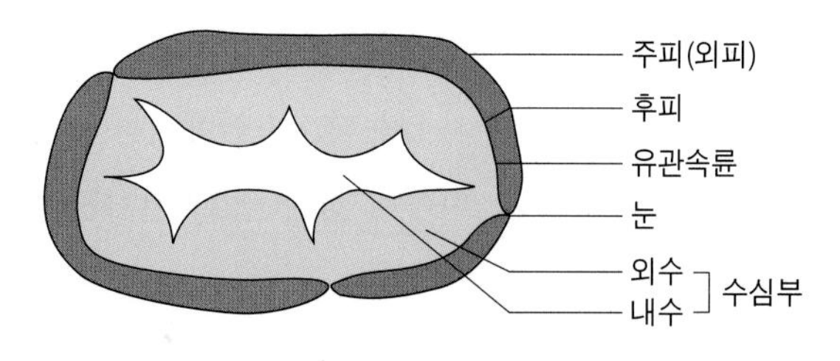

그림 2-3 감자의 단면 구조

있는 눈(eye), 수심부(medulla)로 이루어져 있다.

감 자

감자는 가짓과에 속하는 1년생 식물이다. 감자의 전분은 쉽게 노출되어 있어 전분을 간단하게 분리할 수 있는 반면 밀, 쌀 등의 전분입자는 단백질에 의해 밀착되어 있어 분리하기 어렵다. 감자 저장 중 단맛의 증가는 전분의 일부가 당화효소인 아밀라아제(amylase)와 말타아제(maltase)의 작용에 의해 당으로 변화하기 때문이다. 비타민 C와 B군의 좋은 급원 식품이며 무기질 중 칼륨(K)과 인(P)이 많이 함유되어 있다. 맛이 담백하여 곡류 대신 주식대용으로 이용할 수 있다.

감자의 껍질을 벗기거나 절단하여 공기 중에 방치하면 갈변현상이 나타난다. 이는 티로신(tyrosine)이나 폴리페놀(polyphenol)류가 티로시나아제(tyrosinase) 또는 산화효소의 작용으로 산화되어 갈색의 멜라닌(melanin) 색소를 형성하기 때문이다.

감자가 변색하는 것을 방지하려면 티로시나아제는 수용성이므로 껍질을 벗긴 감자를 물에 담가 둔다. 조리할 때에는 공기와 접촉하는 표면적을 적게 하기 위해 큼직하게 썬다. 감자에는 가짓과 식물에 함유되어 있는 솔라닌이라는 독성물질이 있다. 감자의 눈 부분과 껍질 부분에 많이 들어 있으므로 싹이 난 부위는 조리 전에 미리 넓게 도려낸 후 조리한다.

감자의 종류는 다음과 같다.

분질감자

익혔을 때 희고 불투명하며 건조한 외관을 나타내고, 잘 부스러지고 보슬보슬한 가루가 생긴다. 먹었을 때 마른 것 같은 느낌을 주며 부스러지기 쉬운 성질이 있다. 분질(mealy)감자는 찐 감자나 메시드 포테이토(mashed potato)에 적합하다.

점질감자

익혔을 때 육질이 반투명하고 잘 부스러지지 않는다. 입 안에서는 촉촉하고 끈끈하게 느껴지고 기름을 써서 볶는 요리에 적당하다. 따라서 점질(waxy)감자는 감자샐러드나 감자조림, 감자튀김 등에 적합하다.

자주색 감자

적색이나 자주색은 안토시아닌(anthocyanin)에 의하며 주로 감자의 피층 주변 세포 부분에 분포한다. 일반적으로 유색감자는 보통 감자의 용도와는 달리 기능성식품의 원료로 주로 육종된다.

고구마

고구마는 메꽃과에 속하는 1년생 식물이다. 고구마는 감자보다 수분함량이 약간 낮고 전분함량은 약간 높다. 고구마는 전분과 셀룰로오스(cellulose)가 많은 것이 특징이다. 섬유질 함량이 많아 장의 연동운동을 촉진하여 변비를 예방하고, 고구마의 주성분은 전분이지만 덱스트린(dextrin), 소량의 포도당, 자당, 이노시톨을 함유하고 있어 감자보다 4~5배 단맛이 강하다. 생고구마를 저장하면 일반적으로 전분이 감소하고 당분이 증가하며 조직이 물러진다. 이는 베타 아밀라아제(β-amylase)가 저장 중에 전분을 분해하여 맥아당으로 만들기 때문이다. 베타 아밀라아제는 50~65℃에서 작용을 하므로 단맛이 강하게 조리하려면 서서히 가열하는 것이 좋다. 고구마의 색은 주로 카로틴으로 노란색을 띠고, 고구마를 자르면 유백색의 점액이 나오는데, 이것은 얄라핀(jalapin)이라고 하는 수지배당체로 물에 용해되지 않고 공기에 노출되면 검게 변하며 제거하기 힘들다. 튀김을 하면 뜨거운 온도에 의해 전분이 호화되면서 기름을 흡유하므로 튀겨도 기름이 튀지 않는다. 굽거나 쪄서 식용으로 하는 것 외에 썰어서 말리거나 국수, 된장, 엿, 과자 등의 원료로 쓰인다. 특히 고구마의 전분입자는 쉽게 분리되므로 고구마 가루, 고구마 전분 등으로 만들어서 이용한다.

고구마의 종류는 고구마를 구성하는 아밀로오스 함량과 전분의 결정도 등 전분 자체의 성질 차이에 의해 질감이 다르게 나타난다.

분질고구마(밤고구마)

굽거나 쪘을 때 약간 단단하고 물기가 없다.

점질고구마

굽거나 쪘을 때 말랑말랑하고 물기가 많다.

토 란

토란은 인도가 원산지로 천남성과에 속하는 다년생 초본이다. 지하줄기에 영양이 축적된 형태로 열대지방에서는 식용으로 이용하고, 잎과 줄기는 채소로 이용한다. 껍질을 벗겼을 때 나오는 점질물의 주성분은 갈락탄(galactan)이고 토란의 아린 맛은 호모겐티스트산(homogentistic acid)에 의한다.

마

마는 중국이 원산지로 마과에 속하는 다년생 덩굴성 초본이다. 글로불린(globulin)과 만난(mannan)이 결합한 뮤신(mucin)이 있어 점성이 매우 높으며, 찌거나 갈아서 식용하거나 갈아서 즙을 낸 후 밀가루 또는 메밀가루와 섞어서 이용하기도 한다.

카사바

카사바는 브라질이 원산지로 마니오크(mannioc), 유카(yucca)라고도 불리며 열대지방에서 재배된다. 원주민의 중요한 식량으로 이용되며 타피오카(tapioca)전분 제조에 원료로 사용된다. 타피오카 전분으로 만들어진 타피오카 펄(tapioca pearl)은 후식에 이용된다.

야 콘

야콘은 안데스 산맥이 원산지로 국화과의 다년생 식물로 덩이줄기에 포도당, 과당, 서당, 올리고당의 형태로 탄수화물을 저장한다. 야콘은 전분과 이눌린의 함량이 매우 적게 들어 있다. 단맛이 매우 강하고 아삭한 질감을 갖고 있어 샐러드나 과일로 생식 가능하여 안데스 산맥 지역에서는 과일로 취급된다. 야콘 즙은 음료 또는 야콘 냉면, 야콘 국수로 가공하기도 하고 조림, 볶음 등으로 이용되기도 한다. 농축하면 찬카카(chancaca)라고 하는 암갈색 엿이 되는데, 단맛은 강하지만 체내 소화흡수가 적어 저열량 식품으로 이용된다.

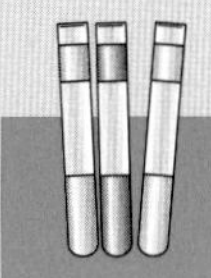

실험 1 곡류 및 콩류의 흡수율

실험목적

곡류 및 콩류의 시간경과와 물의 온도에 따른 흡수율을 비교한다.

실험방법

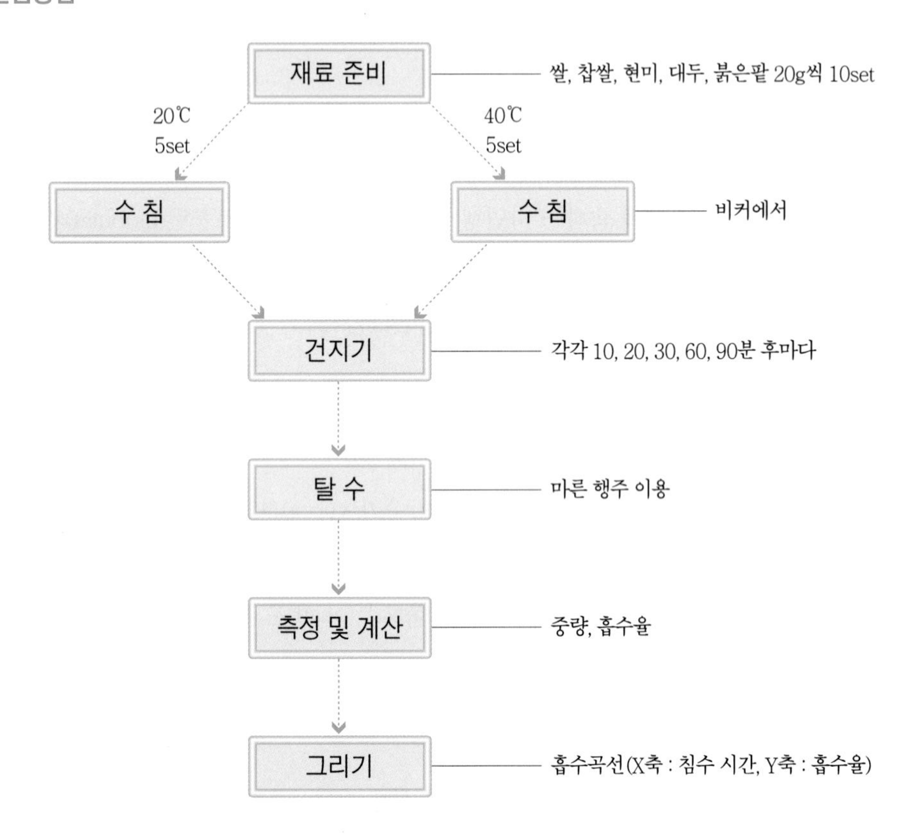

재료 및 분량

쌀 200g	(20g씩 10set)	현미 200g	(20g씩 10set)	붉은팥 200g	(20g씩 10set)
찹쌀 200g	(20g씩 10set)	대두 200g	(20g씩 10set)		

기구 및 기기

비커 · 온도계(100℃) · 저울 · 메스실린더 · 항온수조 · 일반 조리기구 · 마른 행주

결과 및 고찰

온도(℃)	20						40					
시간(분)	0	10	20	30	60	90	0	10	20	30	60	90
쌀												
찹 쌀												
현 미												
대 두												
붉은팥												

$$* \text{ 흡수율(\%)} = \frac{\text{침수 후 중량} - \text{침수 전 중량}}{\text{침수 전 중량}} \times 100$$

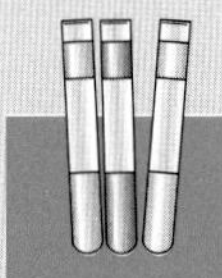

실험 2 찹쌀의 조리방법에 관한 실험

실험목적

100%의 아밀로펙틴으로 이루어진 찹쌀의 조리상 특징을 알아보고 물의 첨가에 따른 관능적 차이를 비교한다.

실험방법

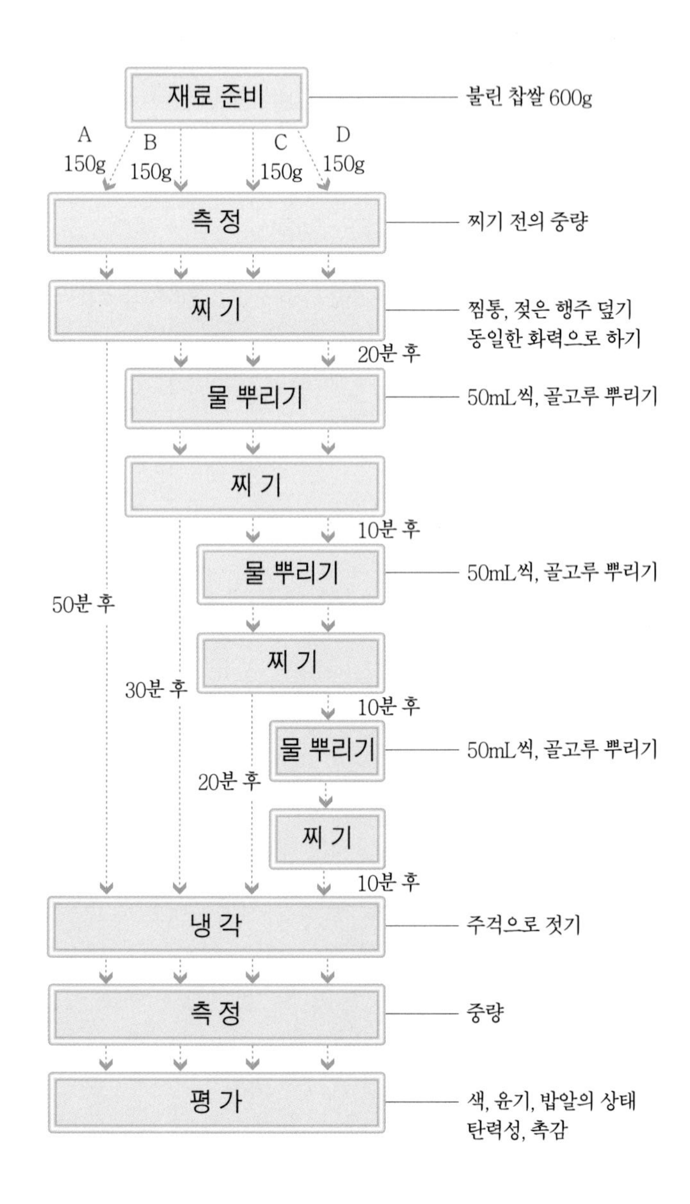

재료 및 분량

불린 찹쌀	600g(150g×4)

기구 및 기기

저울 · 행주 · 타이머 · 찜통 · 주걱 · 일반 조리기구

결과 및 고찰

항 목 / 재 료	찌기 전 중량(g)	50분간 쪄낸 후 중량(g)	쪄낸 후의 상태				
			색	윤 기	밥알의 상태	탄력성	입 안에서의 촉감
A							
B							
C							
D							

* 묘사법

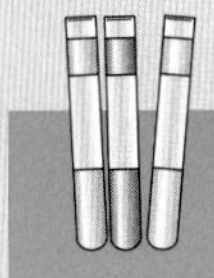

실험 3 재료에 따른 묵의 제조와 겔 형성능력

실험목적

메밀, 도토리, 녹두, 옥수수, 감자 등의 재료가 묵의 품질 특성에 미치는 영향과 겔 형성능력을 검토한다.

실험방법

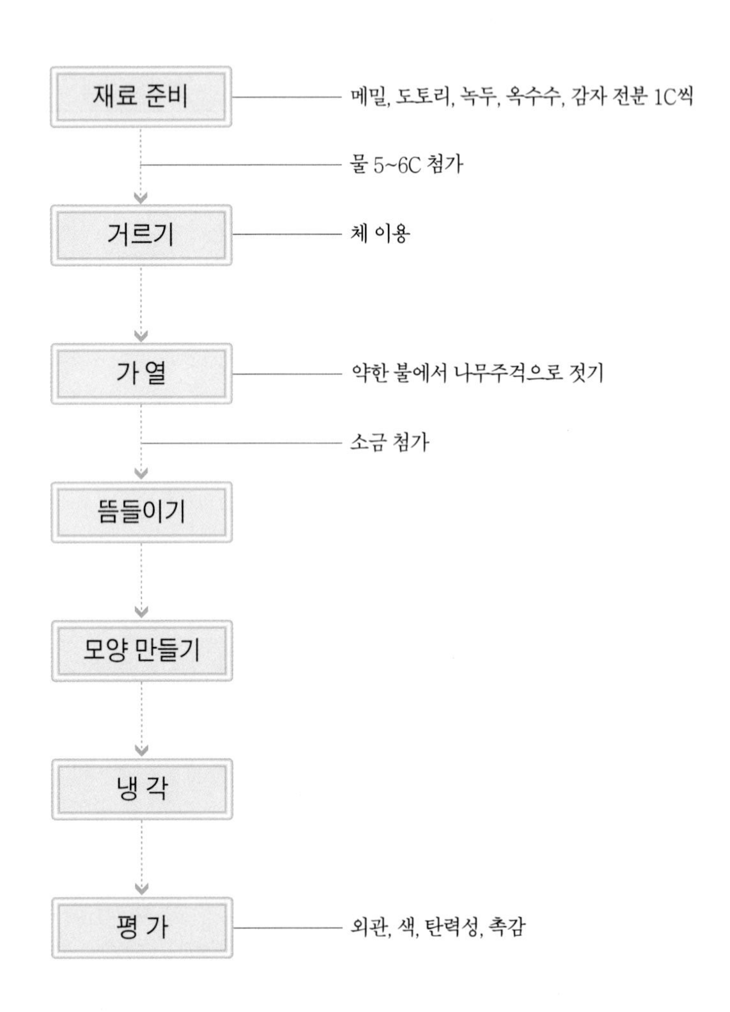

재료 및 분량

전분 (메밀, 도토리, 녹두, 옥수수, 감자)	1C씩
소금	3g씩
물	5~6C씩

기구 및 기기

마쇄기(블랜더) · 일반 조리기구

결과 및 고찰

항 목 / 재 료	절단면	외 관	색	탄력성	입 안에서의 촉감	수분생성 유무
메 밀						
도토리						
녹 두						
옥수수						
감 자						

* 묘사법

TIP

감자묵은 전분가루를 물에 앉힌 앙금을 되게 쑤어 식혀 엉기게 한 음식으로 청포묵, 메밀묵, 도토리묵 등이 있다. 묵이 되기 위해서는 전분 분자 중에 아밀로오스의 함량이 많아야 하고 분자의 길이가 너무 길지 않아야 한다.

탕평채 : 청포묵에 쇠고기와 미나리, 숙주, 김 등을 넣어 버무린 묵 무침이다.

도토리묵 무침 : 도토리묵에 오이, 풋고추 등을 썰어서 양념장으로 무친 묵 무침이다.

메밀묵 무침 : 메밀묵과 잘게 썬 배추김치, 김 등을 양념장으로 무친 묵 무침이다.

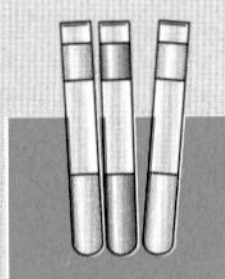

실험 4 주재료를 달리한 식혜의 관능적 특성

실험목적

멥쌀, 찹쌀 및 흑미를 사용하여 전통적 제조방법에 따라 식혜를 제조한 후 식혜의 당도와 색도를 측정하고 관능평가를 하여 각 식혜 간의 차이를 비교한다.

실험방법

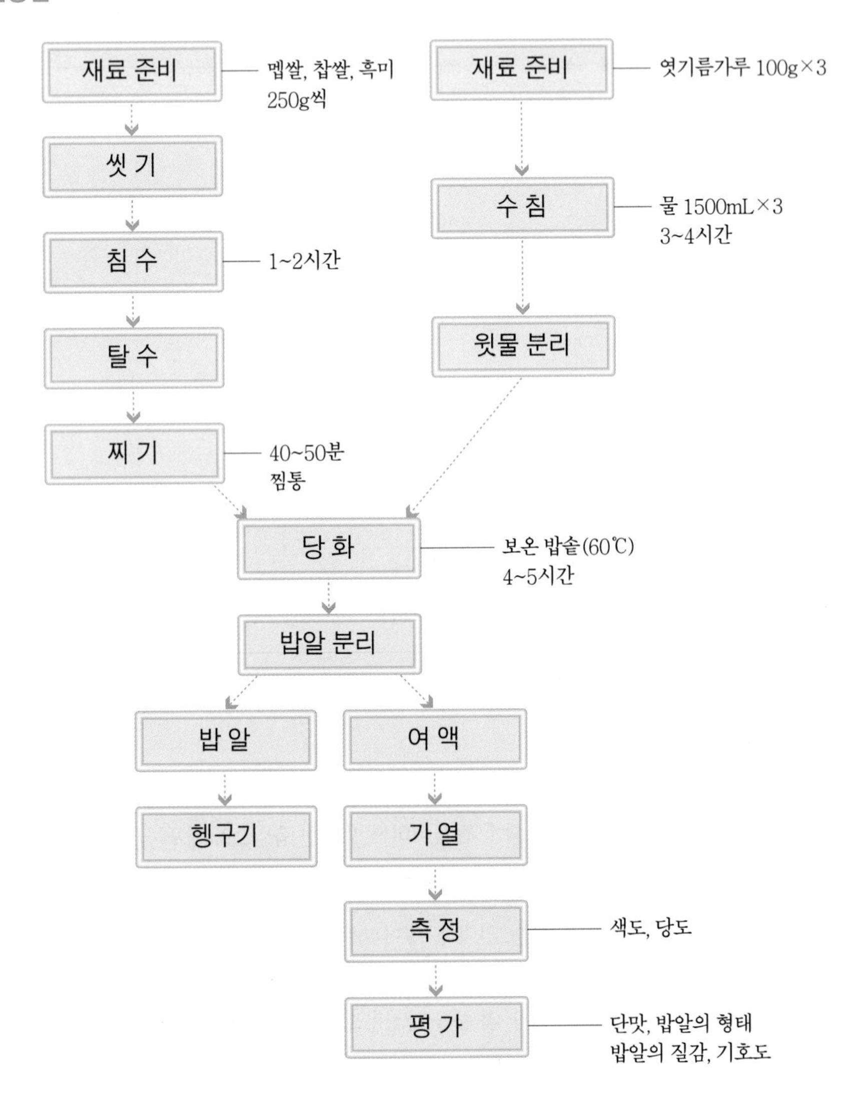

재료 및 분량

멥쌀	250g	흑미	250g	물	4,500mL(1,500mL×3)
찹쌀	250g	엿기름	300g(100g×3)		

기구 및 기기

보온밥솥 · 온도계(100℃) · 저울 · 당도계 · 색도계(측색 색차계) · 메스실린더 · 타이머 · 일반 조리기구

결과 및 고찰

항 목 / 재 료	색 도[1]	당 도[2]	단 맛[3]	밥알의 형태[4]	밥알의 질감[5]	전반적 기호도[6]
멥 쌀						
찹 쌀						
흑 미						

* 1) 색도계 이용
2) 당도계 이용
3) 순위 척도법 : 단 것부터
4), 5) 묘사법
6) 순위척도법 : 좋은 것부터

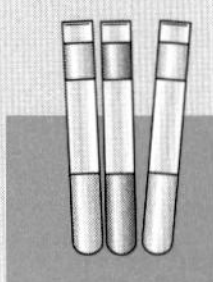

실험 5 쌀가루 배합비율에 따른 매작과의 관능적 특성

실험목적

쌀가루 배합 비율(0, 30, 40, 50%)에 따른 매작과의 관능특성을 비교하고 바람직한 배합비율을 알아본다.

실험방법

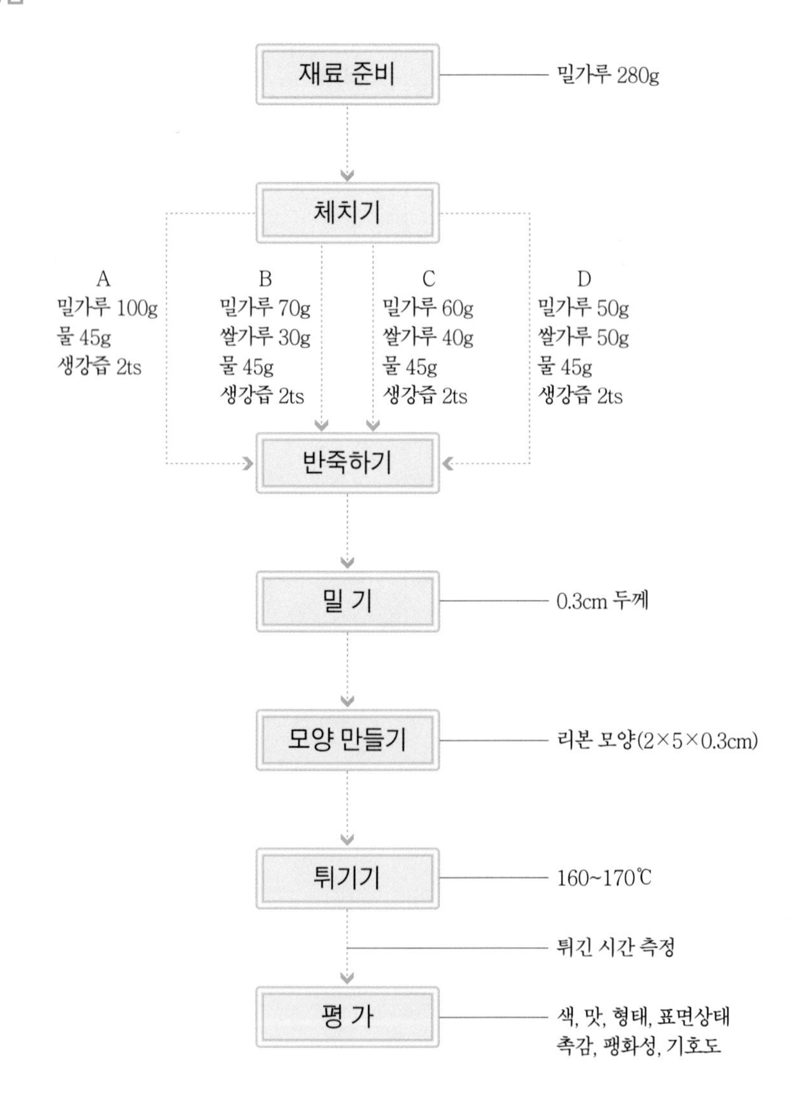

재료 및 분량

밀가루	280g	생강즙	8ts(2ts×4)
멥쌀가루	120g	튀김용 기름	

기구 및 기기

밀판 · 밀방망이 · 스톱 워치(stop watch) · 저울 · 온도계(200℃) · 메스실린더 · 튀김냄비 · 튀김망 · 계량스푼 · 일반 조리기구

결과 및 고찰

항 목 \ 배합비율	A	B	C	D
색[1]				
맛[2]				
형 태[3]				
표면상태[4]				
입 안에서의 촉감[5]				
팽화성[6]				
전반적인 기호도[7]				
튀긴 시간				

* 1), 2), 7) 순위척도법 : 좋은 것부터
3)~6) 묘사법

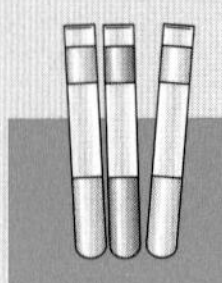

실험 6 가열방법에 따른 고구마의 관능적 특성

실험목적

가열조리방법을 달리하여 고구마를 익히고 조리기구에 따라 중량, 가열시간, 당도 등 관능적 특성의 차이를 비교한다.

실험방법

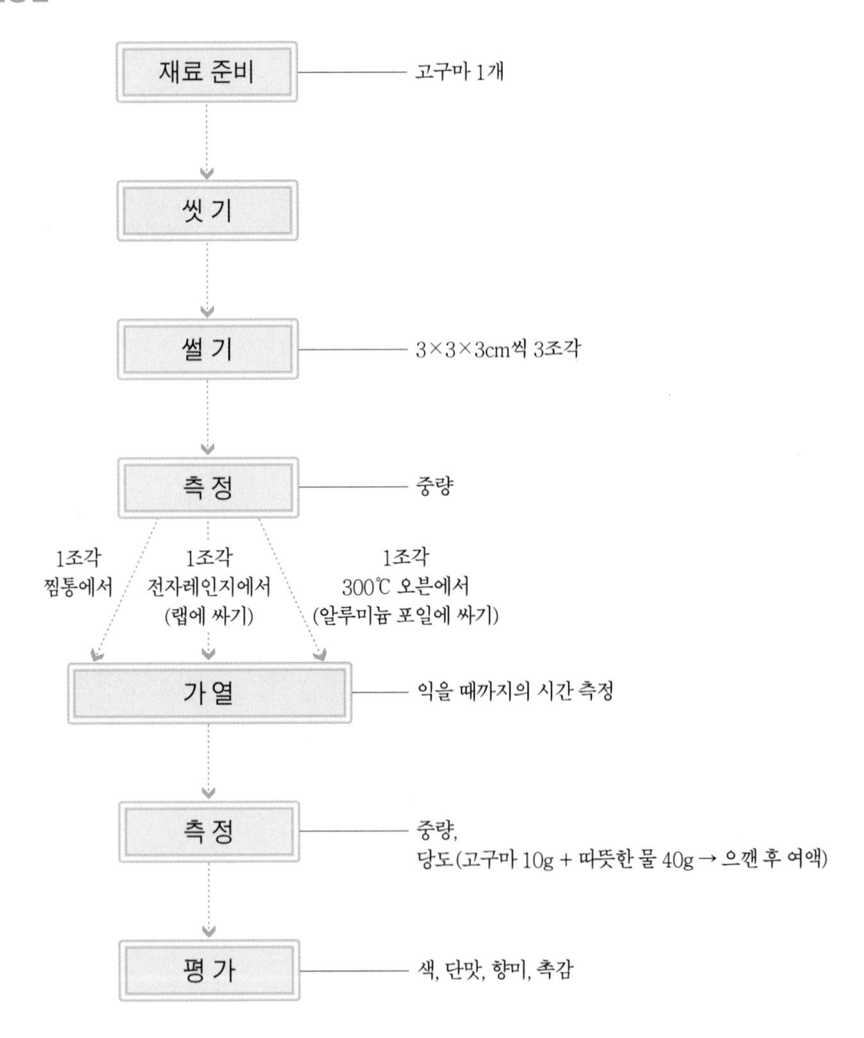

재료 및 분량

고구마	1개

기구 및 기기

전자레인지 · 오븐 · 찜통 · 분마기 · 굴절 당도계(0~32%) · 타이머 · 피펫 · 저울 · 일반 조리기구

결과 및 고찰

항목 \ 가열방법		생고구마	찜 통	전자레인지	오 븐
가열시간(분)					
가열 전 중량(g)					
가열 후 중량(g)					
관능평가	색[1]				
	단 맛[2]				
	향 미[3]				
	입 안에서의 촉감[4]				
당 도[5]					

* 1), 2) 순위척도법 : 노란 것부터
3), 4) 단 것부터
5) 당도 : 당도계 이용

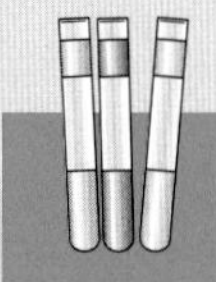

실험 7 밀가루 종류별 글루텐 함량 측정

실험목적

밀가루 종류에 따라 글루텐 함량을 측정하고 소금, 지방, 설탕을 넣어 채취한 글루텐과의 차이를 알아본다.

실험방법

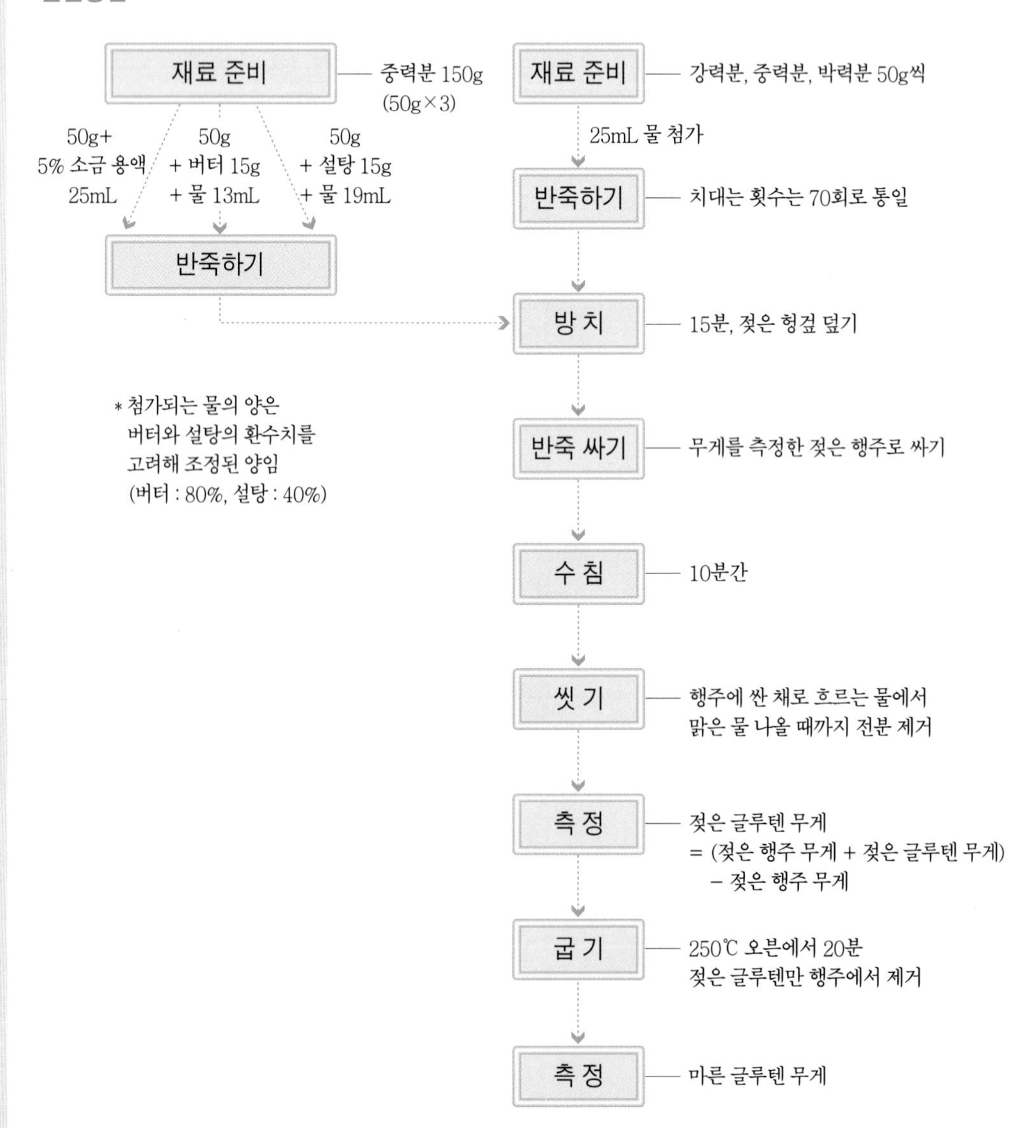

재료 및 분량

강력분	50g	박력분	50g	버터	15g
중력분	200g(50g×4)	설탕	15g	소금	

기구 및 기기

저울 · 메스실린더 · 비커 · 마른 행주 · 일반 조리기구

결과 및 고찰

재료 \ 항목		중량(g)	습부율(%)	건부율(%)
밀가루 종류	강력분			
	중력분			
	박력분			

재료 \ 항목		중량(g)	습부율(%)	건부율(%)
첨가물	소 금			
	버 터			
	설 탕			

* 건(습)부율(%) = $\frac{\text{마른(젖은) 글루텐의 중량(g)}}{\text{밀가루의 중량(g)}} \times 100$

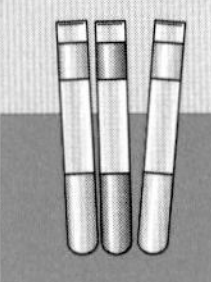

실험 8 조리방법을 달리한 국수의 관능적 특성

실험목적

국수의 종류, 굵기, 조리수의 상태에 따른 삶은 후의 중량비, 흡수율, 조리시간의 차이 등을 비교하고 삶은 후 처리방법에 따른 질감의 차이를 비교한다.

실험방법

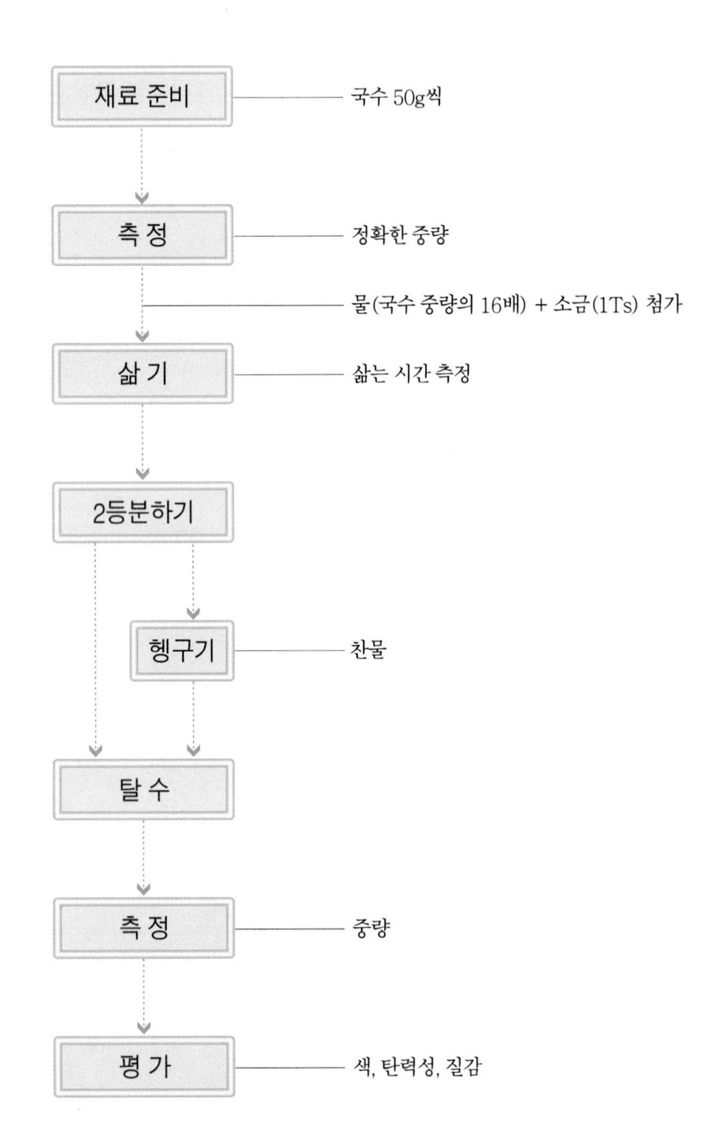

재료 및 분량

중면	50g	칼국수	50g	소금	각 1Ts
소면	50g	스파게티	50g		

기구 및 기기

메스실린더 · 타이머 · 일반 조리기구

결과 및 고찰

항목 / 재료	삶기 전 중량(g)	삶은 후 중량(g)	삶는 시간	삶은 후 상태(관능평가)					
				삶은 후 냉수처리			삶은 후 방치		
				색[1]	탄력성[2]	질 감[3]	색[1]	탄력성[2]	질 감[3]
중 면									
소 면									
칼국수									
스파게티									

* 1) 묘사법
2) 순위척도법 : 큰 것부터
3) 묘사법

TIP

면은 밀가루나 메밀가루, 녹말 등을 반죽하여 가늘고 길게 만들어 끓는 물에 삶아서 먹는 것으로 간단한 점심 식사나 한꺼번에 많은 손님을 대접할 때 한 끼 식사로 좋은 음식이다. 특히 축하하는 의미로 길게 뽑은 국수요리를 생일잔치, 결혼잔치, 회갑잔치 등 특별상에 차린다. 재료와 조리법에 따라 다양한 국수음식이 있다.

비빔국수 : 삶은 국수에다 계절에 흔한 채소를 익혀 넣어 간장이나 고추장 양념장으로 비벼서 먹는다.
국수장국 : 밀가루나 메밀가루, 감자가루 등을 이용해 가늘게 뽑아 만든 국수를 삶아 뜨거운 국수장국을 부어 고명을 올려 먹는다.

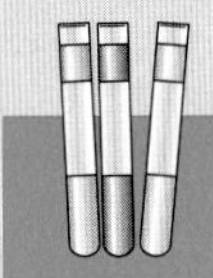

실험 9 찐빵 제조 시 팽창제와 가열온도의 영향

실험목적

찐빵 제조를 할 때 팽창제의 종류와 가열온도가 찐빵의 크기와 단면의 상태, 팽창상태, 맛, 색에 미치는 영향을 비교한다.

실험방법

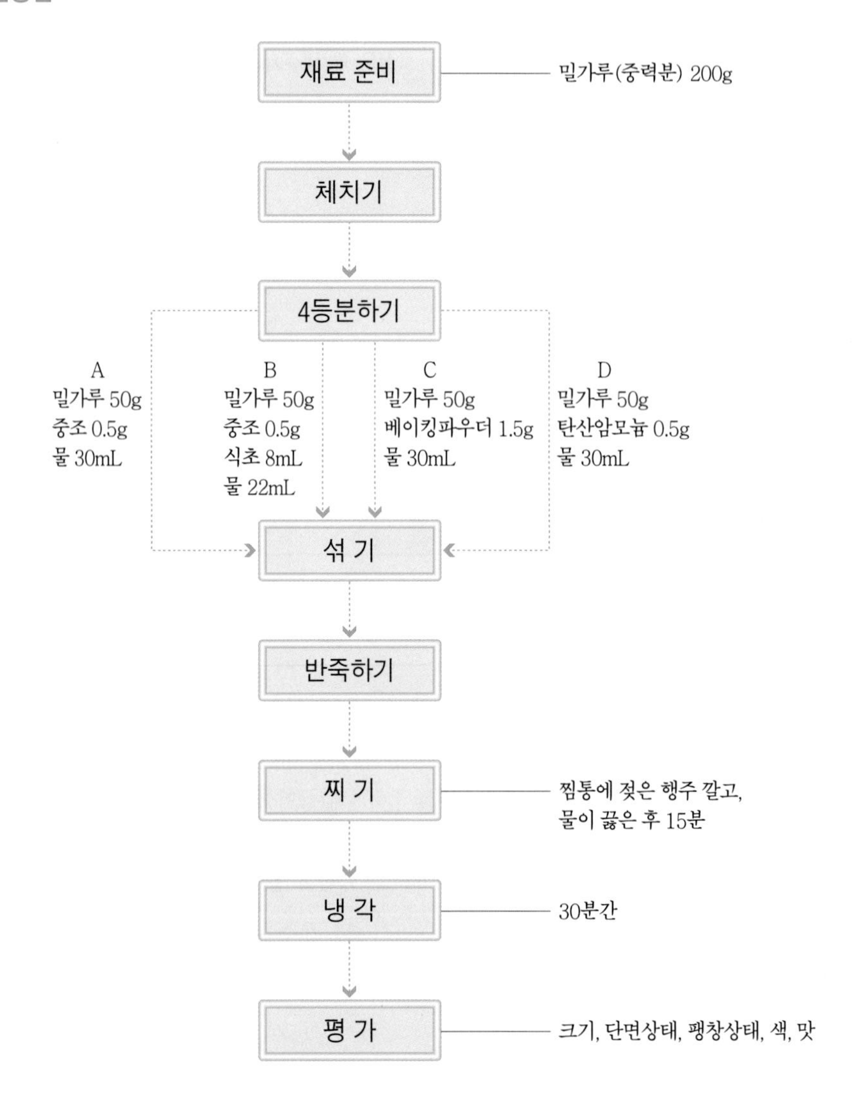

재료 및 분량

중력분	200g(50g×4)	식초	8mL	탄산암모늄	0.5g
중조	1.0g(0.5g×2)	베이킹파우더	1.5g		

기구 및 기기

저울 · 메스실린더 · 온도계(100℃) · 찜통 · 체 · 행주 · 일반 조리기구

결과 및 고찰

재료 / 항목	중조 + 물 (A)	중조 + 식초 + 물 (B)	베이킹파우더 + 물 (C)	탄산암모늄 + 물 (D)
크 기[1]				
단면상태[2]				
팽창상태[3]				
색[4]				
맛[5]				

* 1) 순위척도법 : 큰 순서부터
2)~5) 묘사법

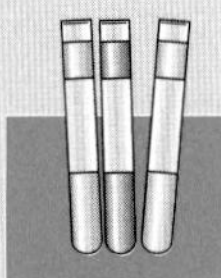

실험 10 조리수의 pH가 콩 연화에 미치는 영향

실험목적

콩이 산성, 중성, 알칼리성의 물에서 연화되는 정도와 시간을 측정하여 콩을 부드럽게 조리하는 방법을 검토한다.

실험방법

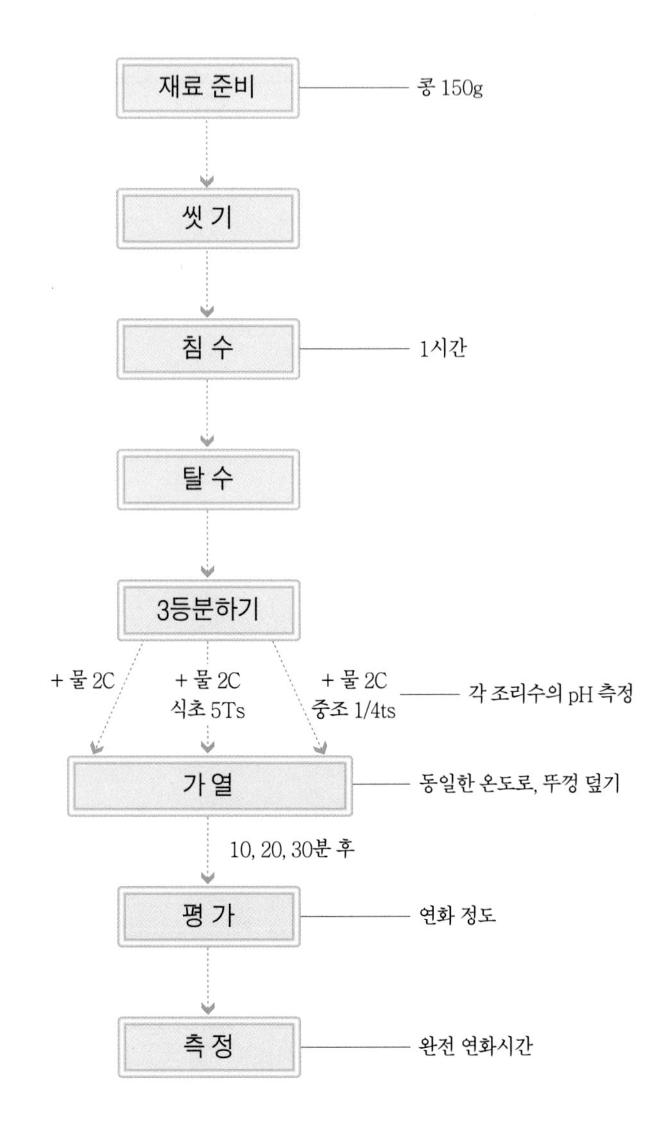

재료 및 분량

콩	150g(50g×3)	중조	1/4ts	식초	5Ts

기구 및 기기

비커 · 계량컵 · 계량스푼 · 저울 · 타이머 · pH 미터 또는 pH 시험지 · 일반 조리기구

결과 및 고찰

항 목 / 조리 조건	조리수의 pH	10분 가열 후 연화 정도	20분 가열 후 연화 정도	30분 가열 후 연화 정도	완전 연화 시간(분)
중 성					
산 성					
알칼리성					

* 묘사법

Chapter 3

당류의 조리

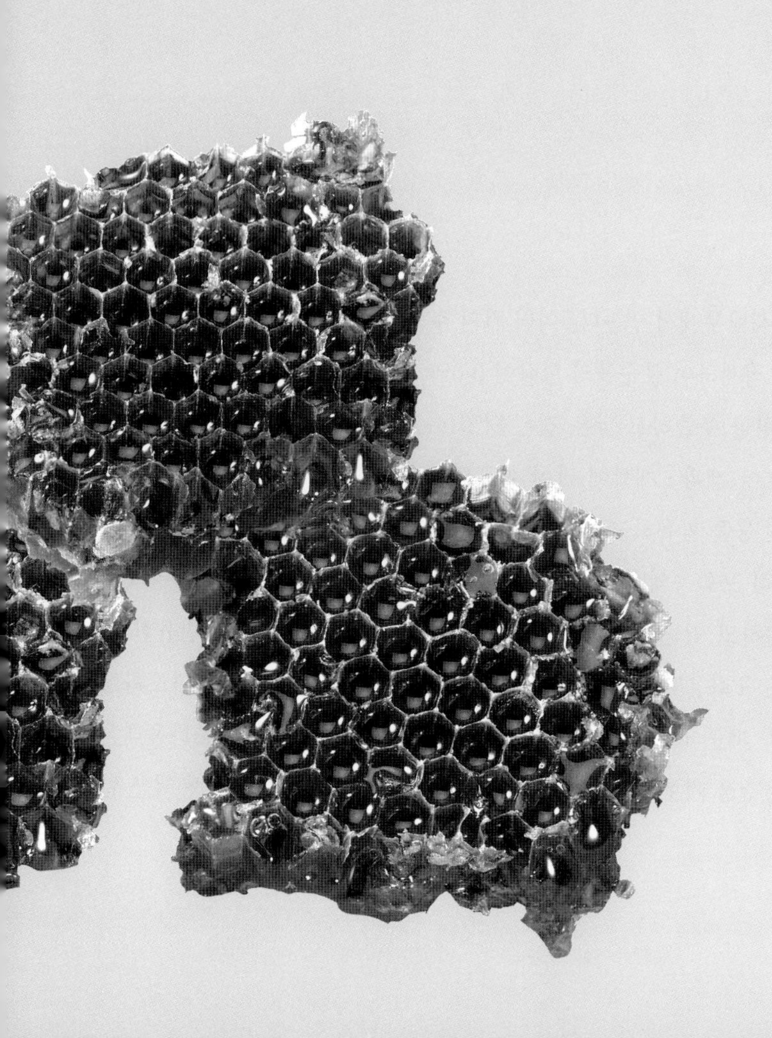

Chapter 3

당류의 조리

단맛은 세계 모든 사람들이 좋아하는 맛 중의 하나이며 그 자체가 부드럽고 정서적 안정감을 준다. 식품 중에 단맛을 가진 것으로는 설탕, 꿀, 콘시럽, 엿, 올리고당 등이 있는데, 이 가운데 특히 설탕은 자연 식품의 단맛으로서 감미료 혹은 조미료로 각종 요리에 널리 이용되고 있다.

당의 종류

설 탕

설탕(sugar)은 사탕수수나 사탕무에서 얻는다. 여러 번의 추출과정을 거쳐서 분리한 갈색의 원당이 흑설탕이고 원당을 정제하여 불순물의 함량이 0.05% 이하가 되도록 한 것이 흰설탕이다. 설탕의 원액에서 설탕을 추출하고 남은 것은 당밀(molasses)이라 하며, 당밀은 갈색의 시럽상태로 감미도가 높아 제과 · 제빵에 많이 이용되고 있다. 황설탕은 흰설탕에 당밀을 가한 것으로 칼슘, 철, 인 등을 함유하고 있다.

설탕용액은 포화도에 따라 포화용액, 과포화용액, 불포화용액으로 분류한다. 포화용액은 용해되지 않은 용질과 접촉하고 있는 용매가 용해시킬 수 있는 최대량의 용질을 함유한 용액을 말하며, 과포화용액은 포화용액보다 더 많은 용질을 함유하고 있는 것이다. 과포화상태가 되면 매우 불안정하기 때문에 작은 충격에도 쉽게 결정화가 일어난다. 불포화용액은 일정한 온도에서 용매에 용질을 가했을 때 용액으로 변하려는 경향이 큰 상태의 용액을 말한다.

시 럽

시럽(syrup)은 설탕을 가열하여 만든 것으로 독특한 향미를 가지고 있는 액체이며, 젤리, 핫케이크의 시럽, 냉음료의 감미료 등으로 이용된다. 시럽의 종류는 당밀, 단풍나무 시럽, 옥수수 시럽 등이 있으며 실온이나 냉장고에 보관해도 투명한 액체 상태로 있다.

당밀은 설탕성분을 뽑아내고 남은 갈색의 끈끈한 시럽으로 독특한 풍미가 있다. 단풍나무 시럽은 액즙을 가열, 농축하여 만든 붉은색의 특징적인 맛이 나는 시럽으로 주성분은 서당이다. 옥수수 시럽은 맑고 무색이며 감미와 점성이 있는 액체로 포도당, 맥아당, 덱스트린의 혼합물이다.

조청(물엿)

우리나라에서 많이 만들어 사용하는 조청(malt syrup)은 조, 찹쌀, 멥쌀, 수수, 호박, 고구마, 옥수수 등 여러 가지 곡류의 전분을 호화시킨 후 맥아로 당화시켜, 수분함량을 약 18~24% 정도로 농축시킨 맥아당, 포도당의 혼합물이다. 감미도는 설탕의 1/3 정도이다. 이것을 농축시킨 것이 강엿이다. 특히 찹쌀은 점성이 크고 전분과 덱스트린의 함량이 많아서 소량의 맥아로 짧은 시간에 당화가 가능하여 맛과 색이 좋다.

올리고당

올리고당은 2~10개의 단당류가 글리코시드 결합(glycosidic linkage)으로 연결된 탄수화물이다. 자연계에는 이당류, 삼당류, 사당류 등의 올리고당이 널리 존재한다. 설탕의 대체 식품소재로 단맛이 설탕 50~60% 정도 되며, 저감미 및 저점도로 맛이나 조직감에 큰 영향을 미치지는 않는다. 올리고당은 소화효소에 의해 분해되지 않아 소화 · 흡수되지 않기 때문에 저칼로리 식품이다. 장내 비피더스균의 증식을 촉진시키며 충치예방에도 효과가 있는 것으로 알려져 있다. 성인병 예방과 생리활성을 높이는 기능성 식품에 응용되고 있다.

당의 특성

용해성

설탕은 용해도가 높아 물에 쉽게 녹는다. 용해시키는 물의 온도가 높아지면 모든 당의 용해도가 증가한다. 설탕의 농도는 물이 많고 설탕 입자가 작으면 쉽게 용해된다. 설탕은 기름에 녹지 않으며 이런 성질을 이용하여 맛탕을 만든다.

설탕이 물에 잘 용해되는 특성으로 인해 캔디가 공기에 노출되었을 때, 공기 중의 습기를 흡수하여 쉽게 끈끈해지는 단점이 있다. 특히 과당을 많이 함유하고 있는 캔디는 공기 중의 습기를 더 빨리 흡수한다.

캐러멜화

당용액을 고온으로 가열하여 수분을 증발시켜 당의 탈수, 분열, 중합반응에 의해 갈색의 캐러멜이 생성된다. 이 현상을 당의 캐러멜화(caramelization)라고 한다. 특히 과당은 캐러멜화를 일으키기 쉽기 때문에 과당이 함유되어 있는 설탕은 캐러멜을 만드는 데 이용된다.

전 화

설탕용액에 산이나 산성염을 첨가하여 가열하거나 인버타제(invertase)를 첨가하면 가수분해하여 포도당과 과당의 혼합물이 생성된다. 이러한 현상을 전화(inversion)라 하며, 이때 생성된 혼합물을 전화당이라고 한다. 전화당의 상태가 되면 흡습성과 감미가 높아진다.

흡습성

당류는 흡습성이 크므로 공기 중에 방치하면 쉽게 덩어리지며, 당을 함유한 식품은 흡습에 의해 눅눅해지거나 끈적거리기 쉽다. 당용액은 농축될수록 증기압이 낮아지며 증기압이 낮을수록 흡습성이 더 크다. 당을 많이 함유하는 케이크와 같은 식품은 흡습성이 커서 수분을 보유하고 부드럽기 때문에 촉촉함이 식빵보다 오래 지속되며 노화도 억제된다.

결정성

설탕을 농축하거나 냉각하면 과포화가 된다. 설탕의 포화용액을 냉각하면 설탕이 석출되어 특유의 결정이 형성된다. 이 성질을 이용하여 만든 것이 폰던트(fondant), 얼음사탕 등이다. 결정화가 이루어지려면 용액 중에 핵이 형성되어야 하며 형성된 결정의 크기는 존재하는 핵의 수와 결정화의 속도에 따라 달라진다.

결정형성에 영향을 미치는 요인은 용액의 농도가 높으면 핵의 형성이 빠르고 잘 되며, 농축된 용액을 높은 온도에서 저어주면 핵의 생성과 용질의 부착이 쉬워서 단시간에 큰 결정이 형성되며 40℃ 정도로 식힌 후 저어주면 미세한 결정이 형성된다. 젓는 속도가 빠를수록 더 미세한 결정이 형성되는데, 이는 핵과 용질이 끊임없이 움직여 용질이 핵에 부착되는 것이 어려워지기 때문이다.

캔 디

설탕을 주성분으로 하는 대표적인 것으로는 캔디가 있다. 캔디는 결정형 캔디와 비결정형 캔디로 나눈다. 설탕용액을 끓일 때는 설탕의 농도에 따라 캔디의 종류가 달라지므로 끓이는 정도를 잘 조절해야 한다. 캔디는 또한 설탕 이외에 첨가한 물질의 종류에 따라서도 달라진다.

결정형 캔디

결정형 캔디에는 폰던트(fondant), 퍼지(fudge), 얼음사탕(rock candy), 난백거품을 이용해서 만든 디비니티(divinity) 등이 있다. 폰던트는 설탕을 물과 함께 일정한 온도가 될 때까지 젓지 않고 가열하여 농축시킨다. 가열 농축된 용액을 다른 용기에 부으면서 젓거나 주걱으로 긁으면 큰 결정이 형성할 수 있기 때문에 그대로 빨리 처리해야 한다. 약 하루 정도 방치하면 수분의 평형을 이루고 더 부드럽게 숙성된다.

비결정형 캔디

비결정형 캔디는 캐러멜(caramel), 브리틀(brittle), 태피(taffy), 마시멜로(marshmallow) 등

이 있다. 고온으로 처리하여 결정이 생기지 않게 하고, 점성을 높여 고농도로 하거나 결정 억제물질인 전화당, 우유와 같은 물질을 첨가하여 결정이 없는 상태로 만든다.

캐러멜은 설탕 이외에 황설탕, 콘시럽, 우유, 크림, 버터 등 설탕결정의 성장을 억제하는 물질이 첨가되기 때문에 설탕결정 형성이 안 된다.

캐러멜의 특유한 갈색과 향미는 우유 단백질의 아미노산과 설탕의 알데히드기 사이에서 아미노 카보닐(amino-carbonyl) 반응에 따른 메일라드 반응(maillard reation)에 의해 갈변이 일어나기 때문이다.

냉수시험

온도계 없이 캔디를 만들기 위한 조리온도나 시럽의 농도를 알고자 할 때, 끓인 시럽의 소량

표 3-1 시럽의 농도, 비등점, 용도

시럽의 농도	온도의 범위(℃)	냉수시험 결과	용 도
실	110~113	스푼에서 떨어뜨렸을 때 약 5cm의 실을 형성한다.	시럽
소프트 볼 (soft ball)	112~116	냉수에서 모양을 유지하기 힘들 정도로 묽은 형태를 유지한다.	폰던트, 퍼지
펌 볼 (firm ball)	118~121	냉수에서 형태를 겨우 유지할 수 있는 정도의 형태를 형성한다.	캐러멜
하드 볼 (hard ball)	121~130	냉수에서 손으로 눌렀을 때 모양이 달라질 수 있는 정도의 덩어리를 형성한다.	디비니티
소프트 크랙 (soft crack)	132~143	냉수에서 단단한 실을 형성한다.	버터스카치, 태피
하드 크랙 (hard carck)	149~153	냉수에서 쉽게 부러지는 실을 형성한다.	브리틀, 글레이스
몰튼 슈가 (molten sugar)	160	맑은 점성 있는 액체를 형성한다.	단 음식을 만들 때 향기와 색의 급원
캐러멜 (caramel)	160~177	갈색의 점성 있는 액체	캐러멜 소스

출처 : 이혜수 외(2003), 조리원리.

을 떠서 냉수에 떨어뜨려 보는 것을 냉수시험(cold water test)이라 한다. 소프트볼 단계까지는 시럽을 냉수에 떨어뜨리면 퍼지지 않고 밑바닥에 따로 모양을 형성하기는 하나 손으로 잡으면 손가락 사이로 빠져 나간다.

당의 조리성

당은 감미가 있어서 감미료뿐 아니라 여러 가공식품에도 이용된다. 특히 우리나라 전통음식인 과정류에 설탕, 꿀, 조청 등이 많이 이용된다.

적당한 산, 펙틴과 설탕이 있으면 젤리형성이 되는데 잼과 마멀레이드가 있다. 한천 젤에는 설탕이 강도와 투명도를 높이는 작용을 하며, 식품이 탈수현상을 일으켜 방부성을 증가시키며 미생물 발육도 억제한다. 발효에 의해 탄산가스나 알코올을 생성하며 제빵에서는 이스트의 영양원으로 사용된다.

당을 가열하면 캐러멜이 생성되고 또한 아미노화합물과 반응하여 메일라드 반응에 의해 멜라노이딘이라는 갈색물질이 생성되어 제품에 적당한 갈색과 윤기와 풍미를 향상시켜 준다. 전분의 호화에서는 호화를 지연시키고 당 탈수 작용으로 전분의 노화억제작용을 한다.

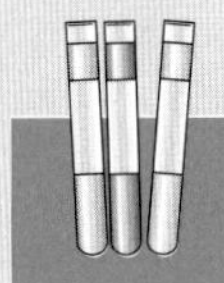

실험 1 설탕용액의 가열효과

실험목적

설탕용액의 가열온도에 따라 냉수시험(cold water test)에서의 굳기의 정도, 색, 맛 등의 변화를 알아본다.

실험방법

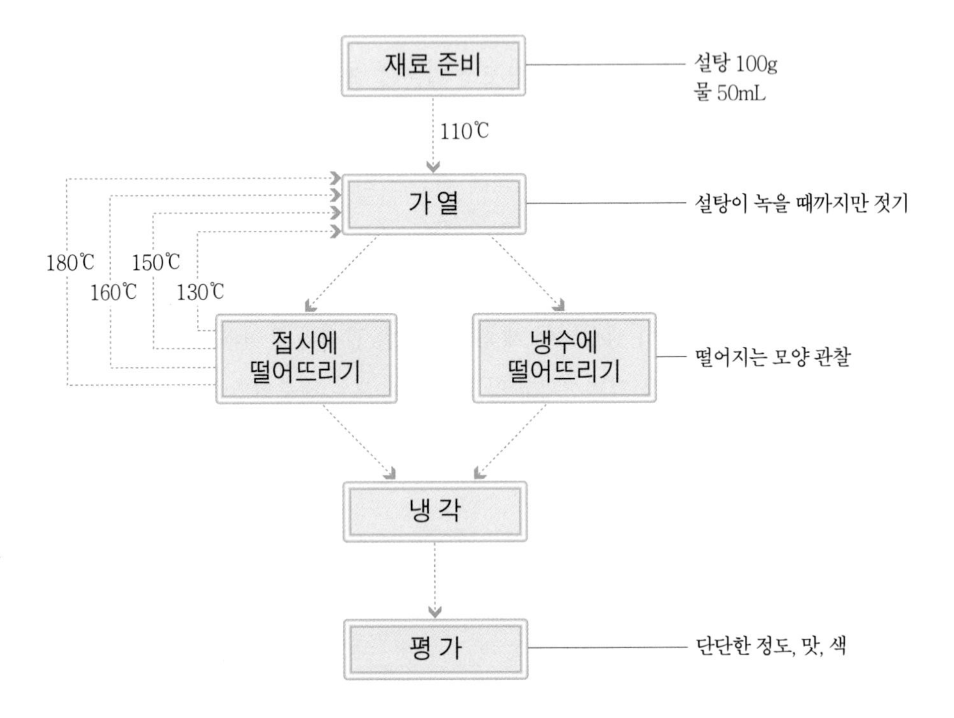

재료 및 분량

설탕	100g	물	50mL

기구 및 기기

비커(200mL) 또는 일반 조리기구 · 온도계(200℃) · 메스실린더 · 그물망

결과 및 고찰

항 목 / 온도(℃)	단단한 정도[1]	맛[2]	색[3]	냉수시험 결과[4]	용 도[5]
110					
130					
150					
160					
180					

* 1) 순위척도법 : 단단한 것부터
2) 순위척도법 : 맛있는 것부터
3), 4) 묘사법, 표 3-1 참조
5) 표 3-1 참조

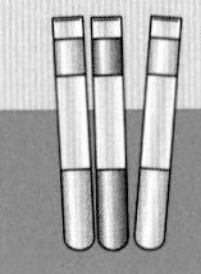

실험 2 설탕용액의 농도와 끓는점

실험목적

설탕용액의 농도에 따른 끓는점(boiling point)의 변화를 알아보고 비교해 본다.

실험방법

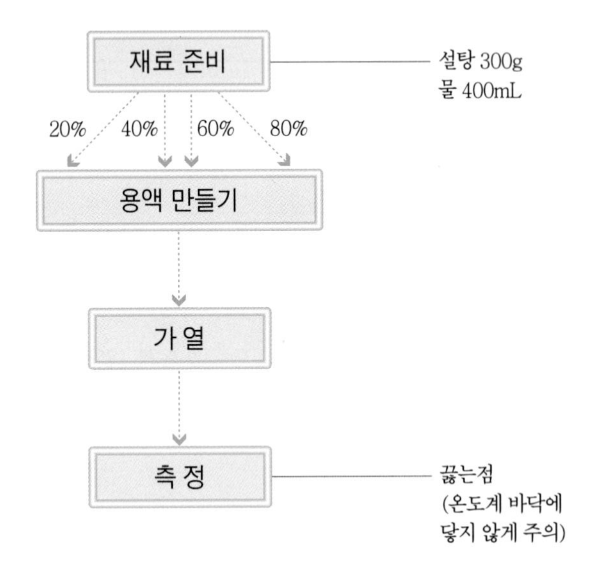

재료 및 분량

설탕	300g	물 (20, 40, 60, 80%의 설탕용액 만듦)	400mL

기구 및 기기

온도계(200℃) · 비커 · 그물망 · 메스실린더 · 저울

결과 및 고찰

항 목 / 설탕용액(%)	끓는점(℃)	비 고
20		
40		
60		
80		

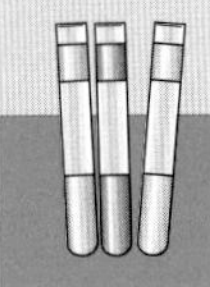

실험 3 폰던트 결정화에 대한 여러 가지 조건의 영향

실험목적

폰던트(fondant)를 제조할 때 가열온도, 냉각온도 및 여러 가지 첨가물이 어떠한 영향을 미치는가를 조사한다.

실험방법

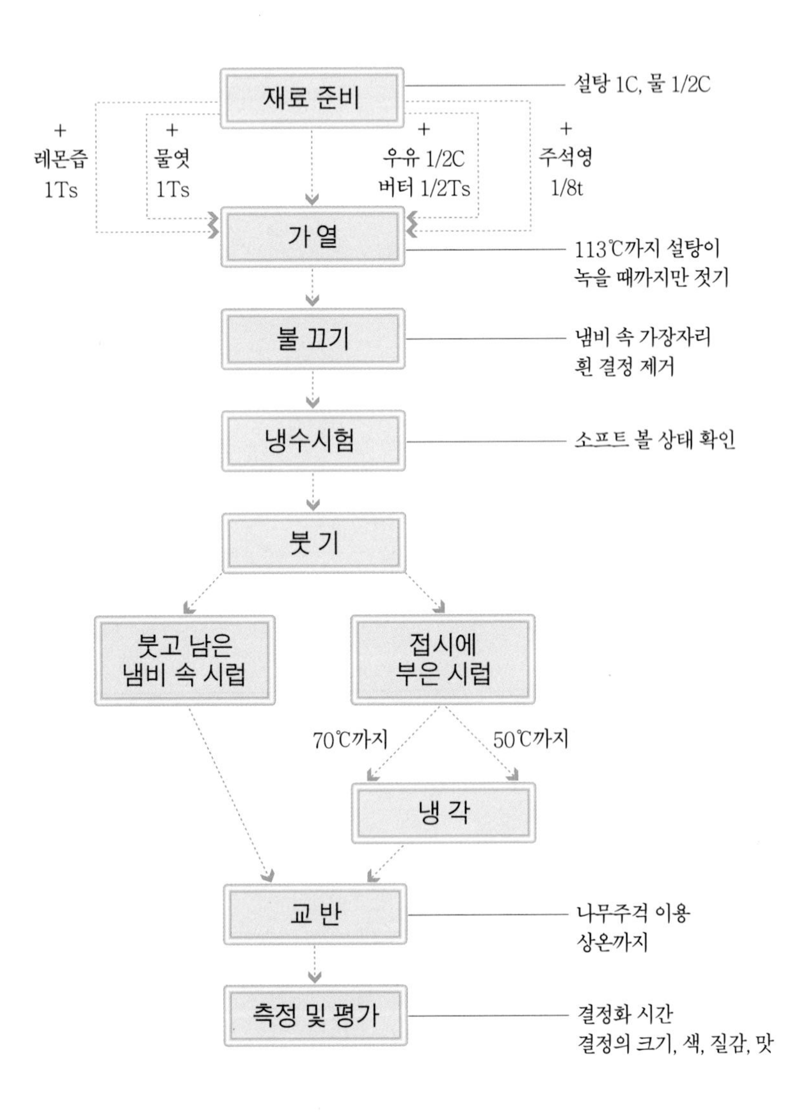

재료 및 분량

기본 재료

설탕	1C
물	1/2C

첨가물

레몬즙	1Ts
물엿	1Ts

우유	1/2C + 버터 1/2Ts
주석영(cream of tartar)	1/8ts

기구 및 기기

온도계 · 계량컵 · 계량스푼 · 유리막대 · 기름종이 · 일반 조리기구(냄비, 오목한 접시 또는 볼, 나무주걱)

결과 및 고찰

항목 / 재료		가열 온도(℃)	냉각 온도(℃)	결정화 속도(시간)	결정의 크기[1]	색[2]	질 감[3]	맛[4]
기 본		113	113 70 50					
첨가물	레몬즙	113	113 70 50					
	물 엿	113	113 70 50					
	우유 + 버터	113	113 70 50					
	주석영	113	113 70 50					

* 1) 현미경 검사
2)~4) 순위척도법 : 좋은 것부터

TIP

현미경 검사(microscopic examination)의 방법

깨끗이 닦은 슬라이드 위에 테르펜 오일(terpen oil)을 몇 방울 떨어뜨린 후 폰던트의 작은 덩어리를 놓고 문질러서 편 후에 커버글라스(cover glass)를 덮고 얇은 결정층이 얻어질 때까지 손가락으로 살짝 눌러 이리저리 움직인다. 결정체가 하나씩 뚜렷하게 보일 때까지 약 20배 정도로 확대하여 슬라이드를 검사한다. 적어도 결정체의 크기가 다른 2개의 폰던트에 대하여 조사 비교하고, 그 결정체를 그린다.

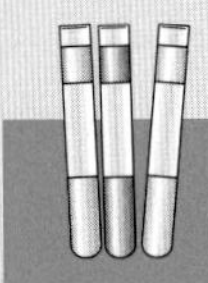

실험 4 캐러멜 제조 시 여러 가지 조건의 영향

실험목적

비결정성 캔디 중에서 캐러멜을 만들 때 가열온도와 사용되는 결정화 방지물질의 종류, 첨가 방법에 따른 결과를 비교한다.

실험방법

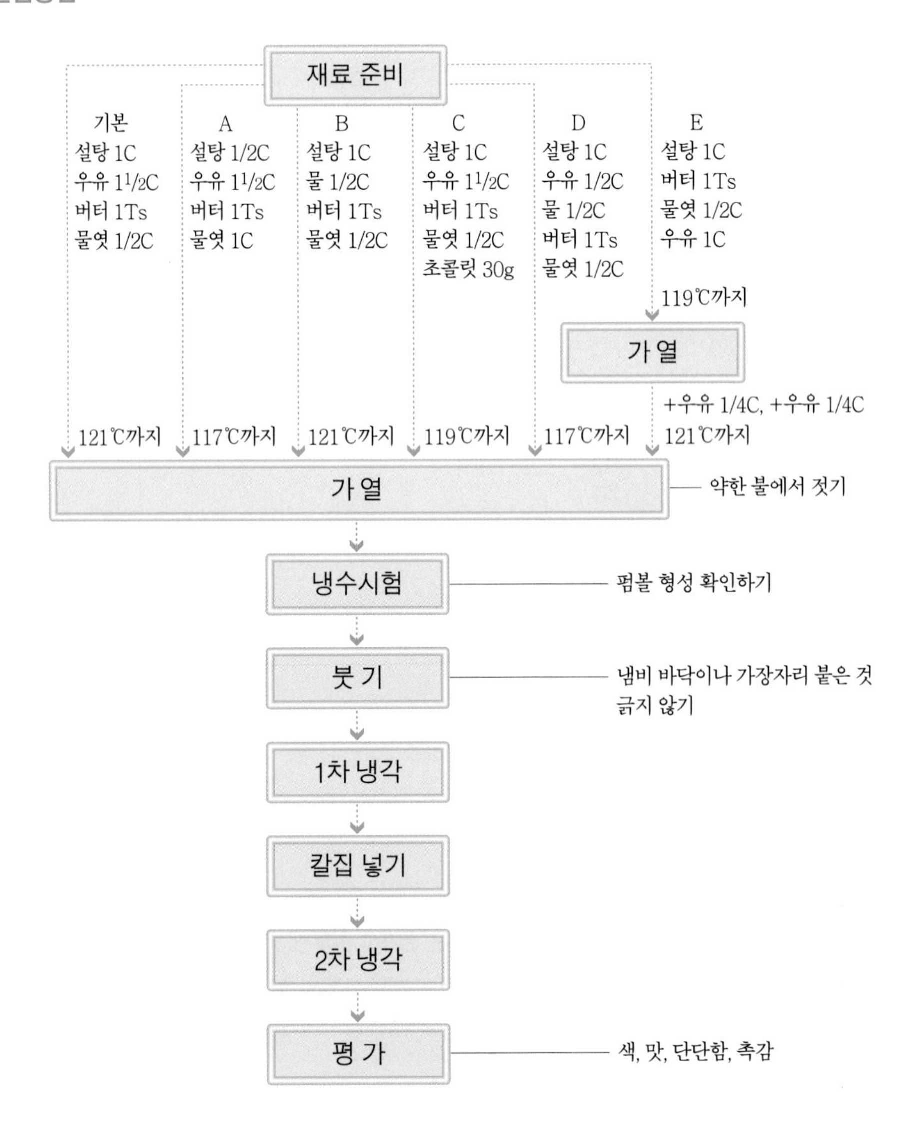

재료 및 분량

기본 재료

설탕	1C
우유	1 1/2C
버터	1Ts
물엿	1/2C

변경되는 재료

A : 설탕과 물엿의 양 변경 : 설탕 1/2C · 물엿 1C
B : 우유 대신 물 사용 : 물 1/2C
C : 초콜릿 첨가 : 초콜릿 30g
D : 우유 대신 우유와 물 섞음 : 우유 1/2C + 물 1/2C
E : 우유 첨가 방법 변경 : 우유 1C, 1/4C, 1/4C의 순서로

기구 및 기기

온도계 · 계량컵 · 계량스푼 · 일반 조리기구(냄비, 나무주걱, 칼, 접시)

결과 및 고찰

항 목 / 재 료	가열온도	냉수시험	색 · 맛 · 단단함 · 촉감의 비교	비 고
기 본				
A				
B				
C				
D				
E				

* 묘사법

TIP

캐러멜을 만들 때 냉수시험을 하는 것은 매우 강한 점성액의 내부에 얼마 동안 증가가 포함되어 있으므로 빨리 온도변화가 일어나지 않으며, 온도계 끝에 시럽이 눌어붙기 때문에 온도계로 온도를 측정하기가 어렵다. 따라서 냉수에 떨어뜨려 보아서 펌볼이 형성되어 캐러멜의 굳기 정도를 나타내면 완성된 것으로 보아도 된다.

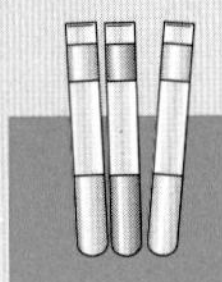

실험 5 브리틀 제조에 관한 실험

실험목적

브리틀(brittle) 제조에 있어서 중조(탄산나트륨)를 첨가했을 때와 첨가하지 않을 때의 색과 맛 그리고 부서지는 정도를 비교해 본다.

실험방법

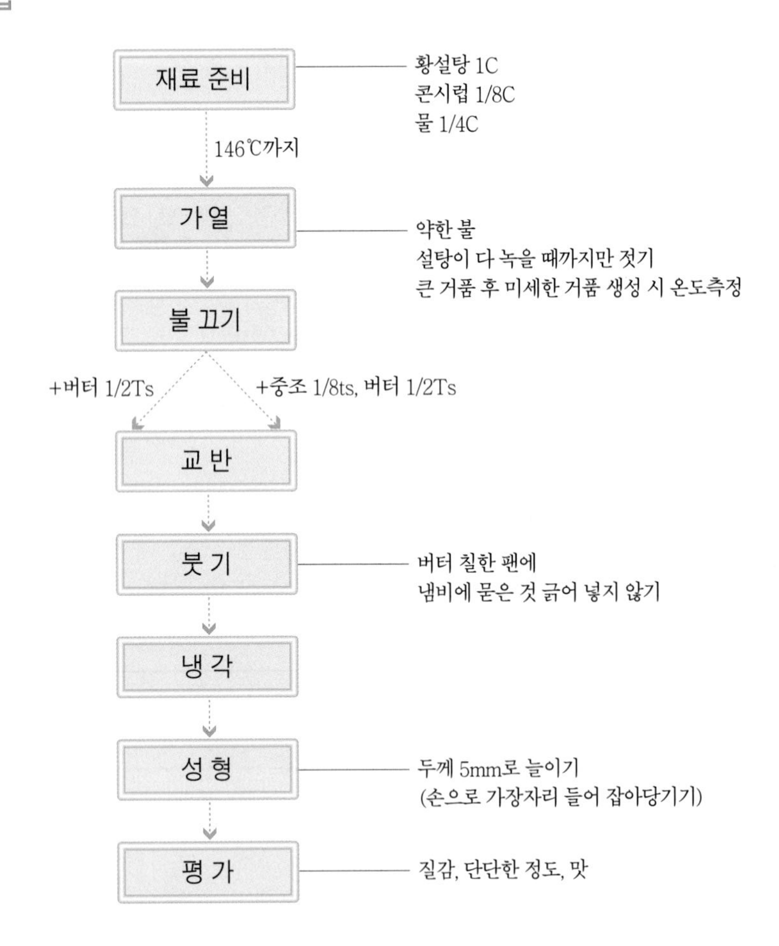

재료 및 분량

기본 재료

황설탕	1C
중조	1/8ts
콘시럽	1/8C
버터	1Ts
물	1/4C

변경되는 재료

기본 재료에서 중조를 제외한다.

기구 및 기기

계량컵 · 계량스푼 · 온도계 · 나무주걱 · 일반 조리기구

결과 및 고찰

조 건 \ 항 목	질 감[1]	단단한 정도[2]	맛[3]
중조 첨가			
중조 제외			

* 1), 3) 순위척도법 : 좋은 것부터, 묘사법
  2) 순위척도법 : 단단한 것부터, 묘사법

TIP

브리틀은 중조를 첨가하면 탄산가스가 생성되어 다공질로 만들어진다. 브리틀을 만들 때 마지막에 다시 땅콩을 넣고 만들면 고소하고 맛있다.

Chapter 4
육류와 어패류의 조리

Chapter 4

육류와 어패류의 조리

육류와 어패류는 단백질, 지질, 비타민과 무기질이 풍부하고, 필수 아미노산이 고루 함유되어 있으며 그 비율이 인체가 요구하는 조성과 비슷하여 영양적으로 우수하다. 그러나 동물의 종류, 연령, 성별, 영양상태 등에 따라 품질이 크게 달라지므로 각각의 특성을 알고 조리에 이용하는 것이 바람직하다.

육 류

육류의 조직과 성분

표 4-1 육류의 조직

분 류	특 징
근육조직 (muscle tissue)	• 식용부위는 횡문근인 골격근이며, 그 외 내장근, 심근 부위 • 근육의 수축과 이완에 의한 운동 수행 및 에너지 저장기관 • 근원섬유(myofibril) → 근섬유(muscle fiber) $\xrightarrow{\text{다발}}$ 근육 형성 • 근육의 수축과 이완 : 액틴, 미오신 $\underset{\text{이완}}{\overset{\text{수축}}{\rightleftarrows}}$ 액토미오신
결합조직 (connective tissue)	• 근육, 지방조직을 둘러싸는 막, 타조직과 결합하는 힘줄 부위 • 암컷보다 수컷, 운동량과 연령이 많을수록 증가해 질겨짐 • 백색의 콜라겐, 황색의 엘라스틴과 레티큘린 단백질로 형성 • 콜라겐은 물과 함께 가열 시 젤라틴으로 변하여 소화 가능
지방조직 (adipose tissue)	• 피하, 복부, 내장 주변에 작은 입자나 큰 덩어리로 산재 • 근내지방(marbling)의 발달 정도는 육질등급 판정에 중요 • 마블링이 잘 형성된 상강육은 연하고 풍미가 좋음
골격조직 (skeleton)	• 사골, 도가니, 우족, 반골, 꼬리뼈, 잡뼈로 구성 • 어릴수록 연하고 분홍색이며, 탕이나 육수를 우려내는 데 이용

육류는 근육조직, 결합조직, 지방조직과 골격조직으로 구성되며, 수분 75% 내외, 단백질 20% 내외, 지방 2～13%의 함량을 가진다.

육류의 단백질은 근원섬유단백질(60%), 근장단백질(30%), 결합조직단백질(10%)로 구성된다. 필수아미노산은 트립토판(tryptophan)과 메티오닌(methionin)만이 표준 단백질보다 약간 부족할 뿐, 나머지는 모두 표준 단백질보다 우수하다.

근육조직에 존재하는 근원섬유 단백질에는 미오신, 액틴, 트로포미오신(tropomyosin), 트로포닌(troponin)이 있고, 근육의 수축과 이완에 관여한다. 역시 근육조직에 존재하는 근장단백질에는 수용성의 미오겐(myogen), 미오글로빈(myoglobin), 헤모글로빈(hemoglobin), 각종 효소가 있으며, 산소운반 등을 통한 고기의 색이나 대사과정에 관여한다. 결합조직 단백질에는 불용성의 콜라겐(collagen, 교원섬유), 엘라스틴(elastin, 탄성섬유), 레티큘린(reticulin)이 있으며, 이들의 존재로 고기의 영양적 가치는 감소한다.

육류의 지방은 피하나 내장 주위에 층을 이루며 축적되어 있고, 근육과 결체조직 중에도 존재한다. 특히 등심, 목심, 갈비, 양지 등 살코기에 미세한 지방조직이 고르게 분포된 상태를 마블링(marbling, 근내지방)이라 하며, 마블링이 잘 이루어진 육류를 상강육(marbled meat)이라 부른다. 붉은 살코기에 지방이 들어 있는 모양이 마치 서리가 내린 것처럼 보이거나 대리석 무늬와 비슷하다고 하여 생겨난 말이다.

마블링은 고기의 품질을 결정하는 중요한 요소로 근내지방이 잘 침착된 고기는 맛이 좋고 부드럽다. 그 이유는 근내지방이 고기의 강도를 약화시켜서 살코기보다 밀도를 낮게 하므로 씹을 때 부드러워지는 것이다. 또한 근내지방은 융점이 낮기 때문에 빨리 녹아 고기의 표면에 막을 형성하여 수분증발을 억제하기 때문이다.

각종 식육지방의 융점은 30～55℃로 지방의 융점은 맛과 관계가 깊다. 돼지기름이 쇠기름에 비해 입 안에서 촉감이 좋은 것은 돼지기름의 융점이 쇠기름에 비해 낮고, 사람의 체온에 가깝기 때문이다. 닭기름은 융점이 더욱 낮으므로 식어도 먹기 좋다.

표 4-2 육류 지방의 융점

지방의 종류	융 점	지방의 종류	융 점
쇠고기 지방	40～50℃	돼지고기 지방	32～47℃
닭고기 지방	30～32℃	오리고기 지방	27～39℃
양고기 지방	44～55℃	칠면조 지방	31～32℃

그러나 육류의 지방은 산패의 원인이 되므로 산소와의 접촉을 피하기 위해 진공포장을 하거나 탈산소제를 사용하고 자외선을 차단하며 저온에 저장해야 한다.

어린 동물의 고기는 결합조직이 적어 연하지만 지방 함량이 적어 맛은 떨어진다. 늙은 동물의 고기는 결합조직이 많고 근육 간의 지방 함량이 낮아 질기고 맛이 없다. 암컷은 수컷보다 지방조직이 발달하여 지방 축적이 많다. 에너지 섭취량이 많을수록 지방 축적량이 증가하고, 돼지는 소보다 유전적으로 지방이 많이 축적된다.

육류의 탄수화물은 주로 간과 근육에 함유된 글리코겐으로 사후경직에 관계한다. 비타민과 무기질은 근장에 주로 함유되어 있으며, 철과 비타민 B_1, B_2의 좋은 급원이다. 육류의 색소는 주로 미오글로빈으로 동물의 종류, 연령, 부위에 따라 함량이 달라진다. 특히, 쇠고기는 돼지고기나 송아지고기보다 미오글로빈 함량이 많아 붉은색이 진하며, 육제품은 발색제 첨가로 가열 후에도 붉은색이 유지된다.

육류의 사후경직과 숙성

사후경직

동물이 도살된 후 근육이 신축성을 잃고 단단하게 굳어지는 현상을 사후경직(Rigor mortis)이라 한다. 이런 고기는 가열 조리하여도 질기고 소화율도 떨어지므로 경직이 풀린 후 섭취함이 바람직하다. 그러나 도살 후 바로 사후경직이 시작되는 것은 아니다. 사후 1~3시간 동안의 생고기 상태에서는 크레아틴인산염(creatine phosphate, CP)으로부터 ATP가 생성되므로 근육의 수축과 이완이 계속되어 고기는 유연성과 신전성을 유지한다.

그러나 도살된 동물은 이미 산소공급 및 혈액순환이 정지된 상태로 혐기적 상태에서 해당작용이 일어나면서 사후경직에 달하고 보수성이 감소한다.

사후경직 중의 육류는 pH 저하, ATP의 감소로 보수성이 떨어져 질기다. 사후 최대 경직까지 걸리는 시간은 돼지고기 2~3일, 쇠고기 12~24시간, 닭고기 6~12시간이나 영양 수준, 도살 전 취급방법 등에 따라 다르다.

숙 성

자가소화 현상에 의해 사후경직이 풀리고 보수성이 증가하면서 고기가 연해지는 현상이 숙성(aging)이다. 고기의 pH가 5.4에 이르면 젖산 생성이 중지되고 산성에서 활성을 갖는 프

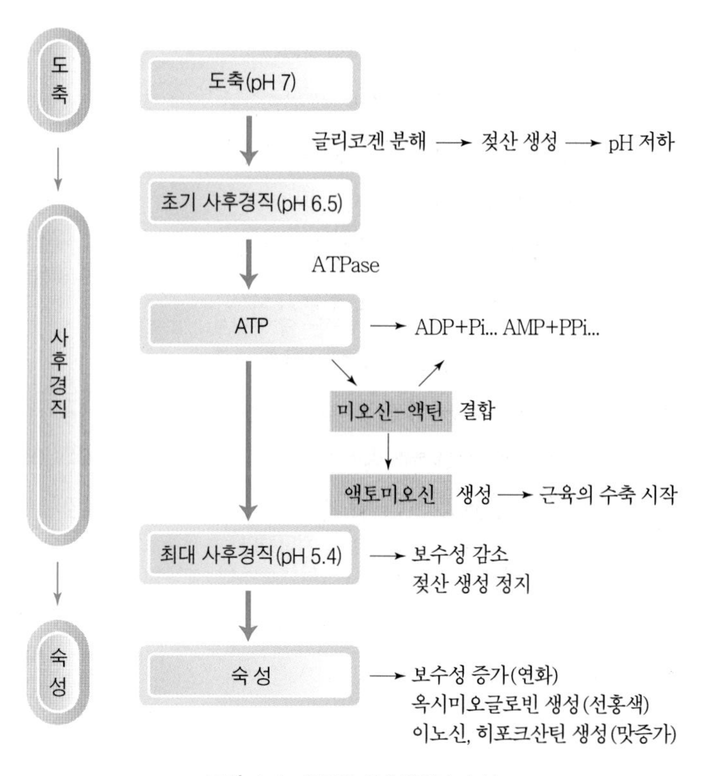

그림 4-1 육류의 사후경직과 숙성

로테아제인 카텝신(catepsin)에 의해 고기가 분해되기 시작한다. 이는 근육이 자체의 효소에 의해 분해된다 하여 자가소화(autolysis)라 불리며, 이때 가용성 단백질, 펩티드, 각종 아미노산 등 수용성 질소화합물이 증가한다. 또한 숙성 중에는 핵산이 분해되어 히포크산틴(hypoxanthin)이나 이노신(inosine)이 생성되므로 감칠맛이 향상되고, 칼슘이나 칼륨 이온의 농도변화로 보수성이 증가하며, 미오글로빈(myoglobin)이 공기 중의 산소와 결합하여 옥시미오글로빈(oxymyoglobin)으로 변화되어 선홍색으로 변한다. 결국 잘 숙성된 고기는 육즙 및 향미성분의 증가로 품질이 최상이므로 조리해도 연하고 맛이 좋다. 숙성은 온도가 높을수록 빨리 진행되어 쇠고기의 경우 4~7℃에서 7~10일, 2℃에서는 2주 정도 소요된다.

육류의 선택과 이용

쇠고기

쇠고기는 질 좋은 단백질과 철분의 공급원으로 미오글로빈이 산소화되어 선홍색을 띠며 눌

표 4-3 쇠고기의 부위별 명칭과 특징

부위명	특 징	소분할 부위
목심 (chuck)	결이 굵고 거칠며 질기지만 지방이 적당히 퍼져 있어 풍미가 좋은 편이다.	목심살
등심 (loin)	마블링이 잘 형성될수록 상품이다. 근육의 결이 가늘고 부드러우며 공기 중에 노출되면 변색이 빠르다.	위 · 아래등심살, 꽃등심살, 살치살
안심 (tenderloin)	원통형의 가늘고 긴 부위로 지방은 많지 않으나 마블링이 잘 형성되어 부드럽고 연한 최고의 부위이다.	안심살
갈비 (rib)	갈비뼈를 중심으로 근육과 지방조직이 3중으로 형성되어 있어 기름지고 독특한 맛이 있다.	갈빗살, 마구리, 토시살 안창살, 제비추리 등
양지 (plate flank)	앞가슴부터 복부 아래까지로 지방과 결합조직이 많아 질기지만 국물 맛이 좋고 육질이 치밀하다.	양지머리, 차돌박이, 업진살, 치마살 등
사태 (fore shank)	다리 위쪽 부위로 결합조직이 많아 질기나 장시간 물에 가열하면 연해진다. 가장 큰 근육은 아롱사태로 육회용으로 최적이다.	아롱사태, 뭉치사태, 상박살 등
채끝 (strip loin)	등심의 끝부분으로 지방이 적고 육질이 부드럽다.	채끝살
우둔 (round)	둥근 모양의 살코기로 지방이 적고 결은 굵으나 근육막이 적어 연한 편이다.	우둔살, 홍두깨살
설도 (frank steak)	우둔과 비슷하며 보섭살은 채끝과 연결되는 부분으로 풍미가 좋아 스테이크로도 이용한다.	보섭살, 설깃살, 도가니살, 삼각살 등
앞다리 (brisket)	결이 곱지만 육색이 진하고 운동량이 많은 부위로 힘줄이나 막이 있어 부분적으로 질기나 단백질 함량이 많다.	꾸리살, 갈비덧살, 부채살, 부채덮개살 등

러보아 탄력 있는 것이 좋다. 덩어리 고기의 절단면이나 포장육은 적자색을 띠지만 공기 중에 노출되어 산소와 접촉하면 선홍색으로 바뀐다. 살코기 속에 지방이 섬세하게 고루 박혀 마블링이 잘된 육질등급 1^{++} 등급이 상등품이며, 이런 고기가 조리해도 부드럽고 연하므로 식육판매 표시판을 보고 원산지, 등급, 부위를 판단하여 선택한다. 원산지에 따라 국내산(한우, 육우, 젖소고기), 수입산(호주, 미국 등)으로 구분 표시하고 있다. 결체조직이 많은 것은 질기며, 영양상태가 좋은 암소고기가 좋고 거세한 어린 황소고기도 연하고 맛도 좋다. 도축 중 핏물이 제대로 제거되지 않았거나 유통기간 중 냉동과 해동을 반복한 경우, 또는 생육기간이 긴 소의 고기는 육색이 탁하다.

DFD육(dark-firm-dry meat)은 색이 지나치게 어둡고, 단단하며, 건조한 고기를 말하며 소의 수컷에서 자주 발생한다. 이는 가축이 운송과정에서의 스트레스 등으로 인하여 글리코겐이 감소된 상태에서 도축될 경우 사후 pH는 높지만 근육 중의 글리코겐 함량이 낮아 해당작용이 정지되고, 그 결과 육색소의 산소결합력이 낮아져 암적색을 띠게 되는 것이다. 그리고 최종 pH가 6.0~6.5 이상(정상육 5.6 내외)이 되어 보수력이 높아진 결과 고기 표면이 건조해질 뿐만 아니라 세균번식의 가능성이 커서 가정에서 이용하는 고기로서의 가치가 크게 저하되고 가공육의 원료로도 부적합하다.

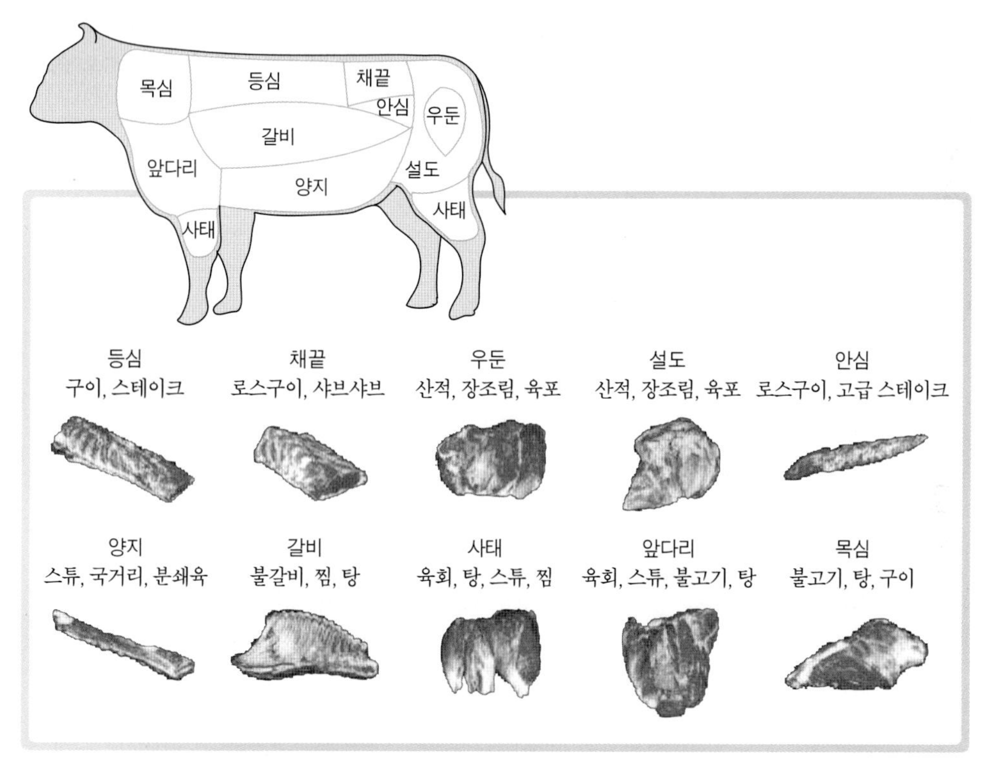

그림 4-2 쇠고기의 부위별 명칭과 용도

표 4-4 쇠고기 골격의 명칭과 조리법

골격명	부 위	조리법	골격명	부 위	조리법
우 족	앞발, 뒷발	탕, 족편	꼬 리	꼬 리	탕, 찜
사 골	앞 · 뒷다리뼈	탕, 육수	도가니	무릎의 연골	탕, 찜
우 골	잡뼈	탕, 육수, 스톡	꼬리반골	골반뼈	탕, 육수, 스톡

돼지고기

돼지고기는 윤기 있는 연분홍색에 결이 곱고 눌러보아 탄력 있는 것이 좋다. 어깨 등 많이 움직이는 부위는 약간 진한 분홍색을 띠나 지나치게 붉은 것은 늙은 고기이므로 피하는 것이 좋다. 운동량이 많은 부위는 결이 거칠고 등심, 안심과 같은 중심부위는 결이 곱다.

쇠고기보다 수분이 적고 지방은 많아 언제 먹어도 맛이 고른 편이다. 특히, 지방은 육질을 좌우하는 중요한 성분으로 순백색으로 단단하고 방향을 가진 것을 선택하고, 부위에 따라 함량이 다르나 삼겹살은 안심에 비해 3배 이상 높다. 쇠고기보다 불포화지방산인 리놀레산 함량이 풍부하며 융점이 낮아 입 안에서도 잘 녹으므로 맛이 좋다. 살코기 부위에는 쇠고기보다 비타민 B_1이 10배 정도 많아 당질 위주의 식사를 하는 우리나라 사람들에게 좋은 비타민 B_1의 급원이다.

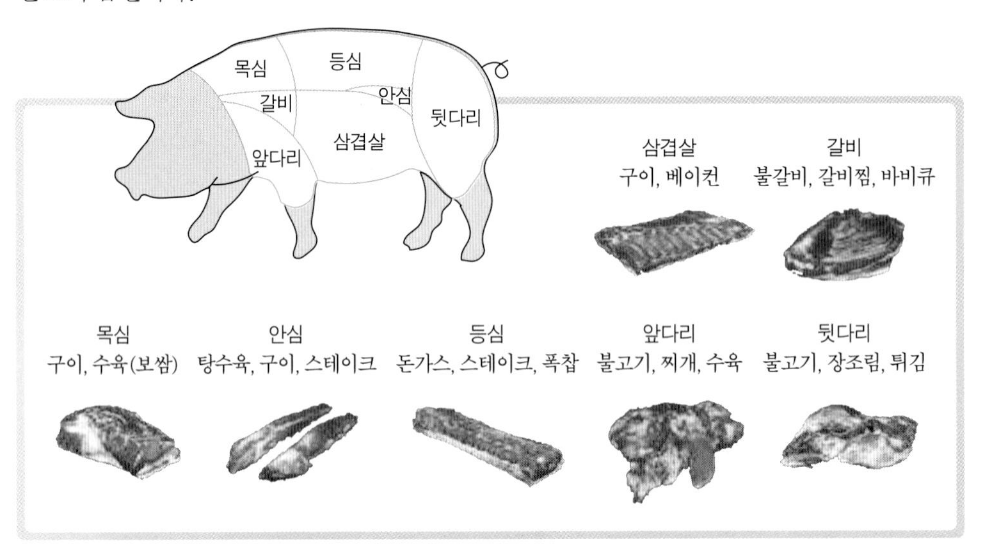

그림 4-3 돼지고기의 부위별 명칭과 용도

돼지고기의 특수 부위

항정살 : 목살과 앞다리 사이의 손바닥만 한 크기의 '천겹살' 이라 불리는 부위. 마블링이 좋아 연분홍색으로 매우 부드러우며 쫄깃함

가브리살 : 목살과 등심 연결 부위에 있는 손바닥 반만 한 오각형의 살코기. '등겹살' 이라 불리는 부위로 돼지 한 마리에서 200g 내외 생산됨. 갈매기살보다는 덜 붉지만 항정살보다는 훨씬 진함

갈매기살 : 갈비뼈를 발골할 때 분리되는 얇고 기다란 형태의 횡격막을 이루는 부위. 돼지 한 마리에 300~400g(길게 두 줄) 생산

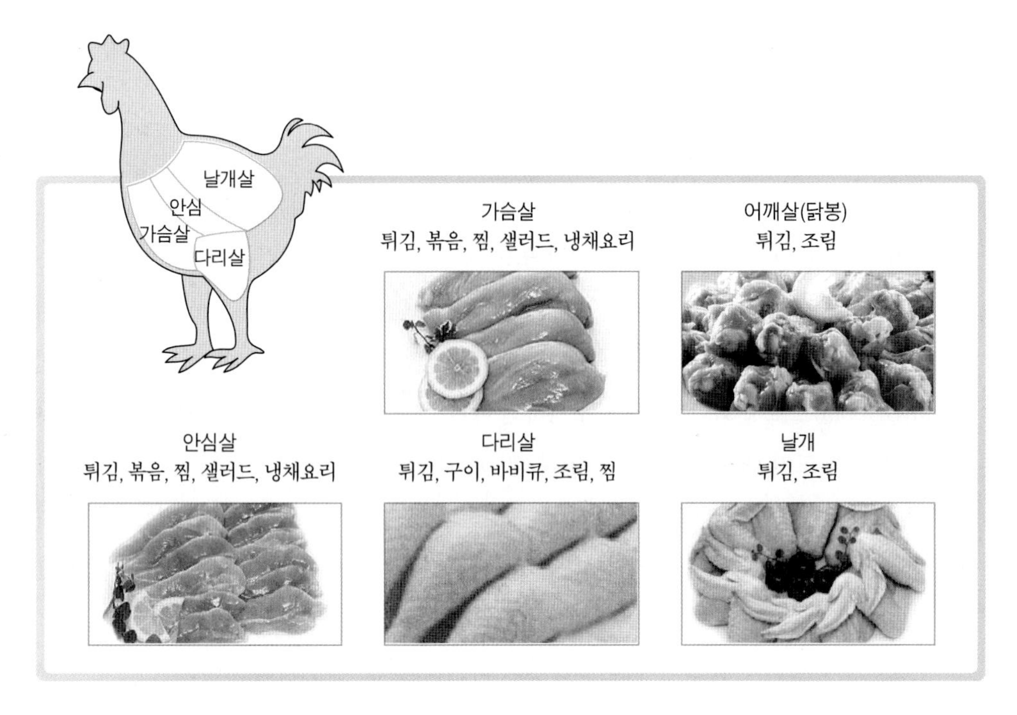

그림 4-4 닭고기의 부위별 명칭과 용도

닭고기

닭고기는 머리, 내장, 발 등이 깨끗이 제거되고 껍질이 윤기 있는 크림색으로 털구멍이 올록볼록하게 튀어나온 것이 신선하다. 어릴수록 결합조직이 적어 부드러우며 근육의 색도 연하나 근육의 색이 진할수록 엑스분, 지방, 비타민 B_1과 B_2, 니아신의 함량은 많다. 특히, 닭고기는 불포화지방산이 많고 지방의 융점이 낮아 조리 후 식어도 맛이 좋다. 육질은 쇠고기나 돼지고기에 비해 섬유가 가늘고 연하며 지방이 근육에 섞여 있지 않아 살코기 이용에 좋다. 부위별로 판매하므로 용도별로 선택하여 이용하고 통닭은 백숙이나 로스트치킨용으로 이용한다.

오리고기

오리고기는 지방이 많아 칼로리는 높으나 불포화지방산 비율이 반을 차지하며 콜레스테롤도 매우 낮아 건강식품으로 인기가 좋다. 닭고기보다 육색이 진한 붉은색이며 필수아미노산과 비타민 조성이 우수하다.

육류조리 중의 변화

색의 변화

육류는 도살 후 방혈에 의하여 대부분의 혈액이 제거되므로 고기의 붉은색은 육색소인 미오글로빈에 의한 것이다. 미오글로빈은 저장 또는 가열에 의해 변화되기 쉬운 색소이다.

냉장고에서 잘 숙성된 생고기를 구입하면 산소화된 옥시미오글로빈(oxymyoglobin)에 의하여 선홍색을 유지하나 공기 중에 계속 방치하면 산화되어 암적색의 메트미오글로빈(metmyoglobin)으로 변화한다. 가열 조리하면 헤마틴(hematin)이 되어 회갈색을 띠지만 가열 정도에 따라 고기 내부의 색은 달라진다. 가령, 로스트비프(roast beef)는 굽는 온도에 따라 겉은 회갈색이 되어도 내부의 색은 60℃에서는 선홍색, 71℃에서는 연분홍색, 77℃에서는 회갈색을 띤다. 또한 불고기나 갈비찜을 할 때는 메일라드 반응이나 캐러멜화에 의해 갈변이 일어난다.

미오글로빈 함량은 근육의 부위와 운동량에 따라 다르다. 말고기에 가장 많고, 쇠고기도 돼지고기나 닭고기보다는 많다.

냉동된 닭고기를 조리하면 뼈 주변의 근육이 진한 갈색으로 변색되는 현상이 나타난다. 이는 냉동 후 해동과정에서 닭뼈 골수의 적혈구가 파괴된 것을 그대로 가열할 때 일어나는 변화로 맛에는 영향이 없으나 외관상 보기 좋지 않다. 냉동 후 해동하지 않고 직접 조리하면 이러한 현상을 감소시킬 수 있다. 또한 로스트치킨이나 닭튀김의 일부 근육이 핑크빛으로 변색되는 것은 가열 중 근육성분 간의 화학반응 때문으로 닭이 작고 피하지방이 적을수록 심하다.

표 4-5 로스트비프의 가열에 의한 색 변화

구운 정도	내부온도	내부의 색	표면의 색	*식당에서 내는 온도
레어(rare)	60℃	선홍색	옅은 회갈색	49~52℃
미디움(medium)	71℃	연분홍색	회갈색	57~63℃
웰던(well done)	77℃	회갈색	회갈색	68℃

* 미국 식당에서는 고기를 연하게 내기 위해 미 농무부에서 정한 기준보다 덜 익히며, 서양인들은 미디움이나 미디움레어(내부온도 63℃, 식당에서 내는 온도 52~57℃)를 선호한다.

단백질의 변화

조리와 가장 관계가 깊은 단백질은 콜라겐(collagen)인데, 60~75℃로 가열할 때 길이가 1/3 정도로 수축하지만, 장시간 습열조리하면 불용성에서 가용성으로 바뀌면서 젤라틴(gelatin)으로 변화한다. 운동량이 많은 목이나 다리 부위에 많이 발달되어 있다.

한편, 엘라스틴(elastin)은 황색의 탄력성이 강한 섬유질로 콜라겐보다 훨씬 질겨서 장시간 가열하여도 쉽게 연화되지 않는다. 그러나 근육조직에는 엘라스틴이 소량 함유되어 조리에 큰 영향을 주지 않는다.

미오겐은 55~65℃ 부근에서 두부상의 부드러운 상태로 응고하나 미오신은 40~50℃ 부근에서 응고하고 수축함으로써 고기를 1차적으로 질기게 만들며, 60~75℃로 가열하면 콜라겐과 함께 수축하여 2차적으로 질겨진다. 따라서 고기는 고열로 장시간 가열하면 근육 단백질이 크게 수축하여 질기고 단단해질 수 있다.

풍미의 변화

고기의 맛은 숙성 중 형성된 다양한 정미성분이 녹아 있는 육즙과 지방에 의해 부여된다.

육즙에는 글루탐산이나 알라닌 같은 유리 아미노산, 이노신이나 히포크산틴과 같은 핵산 분해물, 기타 수용성 질소화합물이 함유되어 가열조리 시 고기의 맛을 형성한다. 고기의 지방으로부터 가열로 형성되는 저분자의 휘발성 성분들도 풍미를 부여한다. 또한 가열 중 형성되는 메일라드 반응의 산물 중에도 맛에 기여하는 성분들이 함유되어 있다.

중량 및 보수성의 변화

고기를 조리하면 수분과 더불어 지방도 녹아 흘러나와, 중량이 20% 이상 감소한다. 따라서 고기는 저온에서 단시간 조리할수록 육즙의 손실도 줄이고 연하게 먹을 수 있다.

고기의 보수성은 가열에 의한 단백질의 변성으로 조직이 수축할 때, 분쇄할 때, 냉동처리 후 해동할 때, 지방함량이 높을 때 감소한다. 따라서 고기는 급속냉동이 완만냉동보다 효과적이다.

육류의 연화법

효소 처리

숙성된 이후에도 질긴 고기를 조리할 때는 단백질 분해효소를 사용하여 결합조직이나 근섬유단백질을 가수분해함으로써 연화시킬 수 있다.

파인애플에는 브로멜린(bromelin), 무화과에는 피신(ficin), 파파야 열매에는 파파인(papain), 키위에는 액티니딘(actinidin)이라는 단백질 분해효소가 들어 있다. 또한 배와 무즙에도 단백질 분해효소가 들어 있어 예전부터 고기와 함께 재워두면 연육효과가 크다.

화학적 연육제는 프로테아제, L-글루타민산나트륨, 염화나트륨, 제3인산칼슘, 포도당 등을 섞어 만든 것으로 천연의 과일보다 연육효과가 강력하다. 대개 고기를 포크로 군데군데 찔러준 후 시판 연육액 또는 연육분말을 뿌려 5분 정도 경과한 후 조리한다.

기계적 처리

고기를 갈고, 다지고, 칼집을 내고, 얇게 썰고, 두드리는 등의 기계적인 조작은 근섬유와 결합조직을 물리적으로 파괴시킴으로써 고기를 연하게 한다. 고기를 근섬유와 직각이 되게 썰거나 잔 칼집을 넣어주면 근섬유가 짧아져 연해지며, 가열 후 수축에 의한 모양의 변화도 막을 수 있다.

염의 첨가

근원섬유 단백질은 염에 추출되므로 1.5% 이하의 소금이나 간장을 첨가하여 고기를 연화시킬 수 있다. 그러나 5%의 이상의 과도한 염은 탈수를 일으켜 고기를 질기게 만든다.

산의 첨가

고기는 약산성 상태에서 수화력이 증가하므로 레몬즙 등의 과즙, 식초, 토마토 주스나 토마토 페이스트 등을 첨가하여 연화시킨다. 그러나 육류 단백질의 등전점인 pH 5.5 이하로 산을 너무 첨가하면 오히려 질겨질 수 있다.

당의 첨가

당은 수분을 보유하려는 성질이 있으며 단백질의 열응고를 지연시키므로 고기에 설탕, 꿀, 조청 등을 넣으면 연화된다.

기 타

고기는 숙성되는 동안 단백질 분해효소 카텝신(cathepsin)의 자가분해에 의하여 근섬유의 구조가 약화되기 때문에 연화된다. 결체조직에는 별다른 변화가 없다.

또한 고기는 적절한 방법으로 가열하면 연화된다. 마블링이 좋은 부위는 건열조리법으로 굽고, 결합조직이 발달한 양지나 사태는 물을 매개체로 습열조리를 해서 연화시킬 수 있다.

육류의 조리법

습열조리

습열조리란 고기에 물을 넣고 조리하는 방법으로 결체조직이 많은 부위의 조리에 적당하다. 우리나라의 탕, 찜, 편육, 조림, 전골과 서양의 브레이징(braising), 스티밍(steaming), 스튜잉(stewing) 등이 해당된다.

탕에는 쇠고기의 양지, 사태, 꼬리, 사골, 우족이 적당하며, 찬물에 넣고 끓이기 시작한다. 끓는 물에 넣으면 고기 표면이 변성되어 내부성분의 용출이 어렵기 때문이다. 중간불로 충분히 가열하여 젖산, 아미노산, 핵산분해물질이 국물에 용출되게 한다. 곰탕이나 설렁탕은 인지질이 유화된 뽀얀 국물이 우러나도록 도가니 등의 뼈를 같이 넣고 장시간 고아낸다.

찜에는 모든 육류가 사용되는데, 쇠고기의 갈비, 사태, 꼬리와 돼지고기의 갈비가 많이 이용된다. 소량의 물에 고기부터 익히고 양념과 채소를 넣어 중불로 은근히 찌는 것이 좋다.

찜과 찌개의 중간 정도인 스튜(stew)는 쇠고기나 돼지고기를 4~5cm 각으로 썬은 뒤 브라운스튜(brown stew)는 기름에 갈색으로 볶고, 라이트스튜(light stew)는 볶지 않고 바로 소량의 물이나 수프스톡을 넣어 수시간 동안 약한 불로 익힌다. 고기가 다 익은 후 토마토나 토마토 페이스트를 넣고 살짝 익혀주면 고기의 냄새도 제거되고 색깔도 좋아진다. 브레이징은 고기를 뜨거운 팬에 겉표면을 익힌 뒤 육수에 장시간 끓여내는 방법으로 우리나라의 찜과 유사하며, 습열과 건열조리의 중간 조작이다.

편육에는 쇠고기의 양지, 사태, 쇠머리, 목심, 우설과 돼지고기의 삼겹살, 돼지머리, 족을 이용한다. 혈액 등을 제거하기 위해 냉수에 덩어리째 씻은 후, 끓는 물에 넣어 3시간 정도 푹 삶아낸다. 편육은 고기를 섭취하는 것이 목적이므로 끓는 물에 넣어 고기 표면의 단백질을 변성시켜 맛성분의 용출을 막는다. 가열시간이 부족하면 콜라겐이 미처 젤라틴화하지 못해 질겨질 수 있다. 생강은 고기 단백질이 응고된 후 첨가해야 효과적으로 냄새를 제거할 수 있다. 가열 후 베보자기에 싸서 무거운 돌 등으로 눌러 가열로 느슨해진 조직을 바로잡고 결의 반대방향으로 얇게 썰어준다.

장조림에는 쇠고기의 홍두깨살(우둔)처럼 근육섬유의 묶음이 많고 긴 살코기 부위가 이용된다. 큰 토막으로 썰어 고기가 덮일 정도의 물을 붓고 센 불로 가열하여 단백질을 응고시키고 결합조직도 용해시킨 뒤 간장과 설탕을 넣어 약한 불로 조려내야 연한 장조림이 되어 결대로 잘 찢어진다. 처음부터 간장을 넣으면 삼투압으로 인하여 고기 내의 수분이 빠져나가 근육섬유가 응고되고 수축되어 질겨지므로 주의한다.

건열조리

건열조리는 물 없이 직접 또는 간접 가열하는 방법으로 구이, 브로일링, 로스팅, 튀김 등이 해당된다. 대개 결합조직이 적어 연하고 마블링이 잘된 부위의 조리에 적당하다. 고기를 구우면 표면의 단백질이 응고되어 내부 육즙의 손실이 적어지므로 맛이 잘 보존된다. 또한 메일라드 반응이나 캐러멜화가 일어나 갈변과 함께 전체적인 풍미가 향상된다. 마블링이 잘된 고기를 구우면 지방조직이 녹아 윤활제로 작용하여 입 안에서의 촉감도 좋아진다.

구이에는 쇠고기의 등심, 안심, 갈비, 채끝, 콩팥, 염통과 돼지고기의 목심, 안심, 삼겹살 부위가 이용된다. 팬이나 오븐을 이용하여 간접적으로 구우며, 고기의 맛은 변성온도 전후

표 4-6 쇠고기 스테이크의 종류

스테이크 명	이용 부위
샤토브리앙 (chateaubriant)	안심을 4~5cm로 두껍게 잘라 굽는 최고급 스테이크
필레미뇽 (fillet mignon)	세모형태의 안심의 뒷부분을 베이컨으로 감아 구운 스테이크
설로인 (sirloin)	등심으로 구운 스테이크
포터하우스 (porterhouse)	안심과 뼈를 함께 잘라 구운 크기가 큰 스테이크
티 본 (T-bone)	안심과 등심이 같이 붙어있는 부위를 뼈째 T자 모양으로 잘라 구운 스테이크
라운드 (round)	넓적다리로 구운 스테이크

가 좋으므로 너무 강한 불로 굽지 말아야 한다. 불고기의 경우 간장 양념은 육즙을 용출시키는 원인이 되므로 굽기 30분 전에 첨가하는 것이 좋다.

브로일링(broiling)은 직접 불 위에서 굽는 숯불구이나 바비큐가 해당된다. 팬브로일링(pan broiling)은 브로일링을 약간 변화시킨 방법으로 뜨겁게 가열된 철판이나 팬에 넣어 구워내는 로스구이나 비프스테이크(beef steak)가 해당된다.

로스팅(roasting)은 목심, 안심이나 갈비를 덩어리로 썰어 오븐에서 구워 얇게 썰어 먹는 조리법이다. 통닭을 이용한 로스트치킨(roast chicken), 추수감사절이나 크리스마스에 통째로 조리하는 로스트터키(roast turkey), 쇠고기나 돼지고기의 안심을 덩어리째 이용한 로스트비프(roast beef)와 로스트포크(roast pork)가 있다. 대개 180℃ 내외의 오븐에서 3시간 정도 구워내며, 육류용 온도계를 이용하여 고기 덩어리 내부의 익은 정도를 확인한다.

프라잉(frying)은 고기를 180℃ 내외의 기름에 튀기는 방법으로 중국요리와 서양요리에 많이 이용된다. 발연점이 높은 기름을 다량 이용한 딥 프라잉(deep-frying)과 소량 이용한 팬 프라잉(fan-frying, shadow-frying)이 있다. 닭튀김, 탕수육, 크로켓, 커틀릿(cutlet)은 딥 프라잉을 이용하며, 고기전이나 햄버거스테이크(hamburg steak)는 팬 프라잉을 이용한다. 튀길 때 재료에 튀김옷을 입히지 않으면 재료를 연하게 먹을 수 있고, 튀김옷을 입히면 재료의 맛과 향의 손실이 적어져 풍미가 좋아진다.

어패류

어패류의 분류

어패류는 그 종류가 대단히 많으며 크게 어류와 패류로 분류한다.

어패류의 성분

어패류도 육류와 마찬가지로 근원섬유 단백질인 미오신과 액틴, 근장단백질인 미오겐, 결합조직 단백질인 콜라겐으로 구성되지만, 육류 단백질에 비하여 결합조직 단백질이 적어 조직이 연하다. 각종 필수 아미노산이 풍부하며, 특히 리신의 함량이 높은 우수한 동물성 단백질의 급원식품이다.

표 4-7 어패류의 종류와 특징

종 류			특 징
어류 (지느러미와 척추가 있음)	해수어	흰살생선	깊은 바다에 서식, 활동량 적음, 지방함량 5% 이하 대구, 가자미, 명태, 민어, 광어, 복어, 도미, 갈치
		붉은살생선	바다 표면에 서식, 활동량 많음, 지방함량 5~20% 꽁치, 고등어, 참치, 연어, 청어, 방어, 정어리
	담수어		강, 호수 등 민물에 서식 뱀장어, 미꾸라지, 잉어, 붕어, 메기, 쏘가리, 은어
패류 (지느러미와 척추가 없음)	갑각류		껍질과 여러 조각의 마디로 구성 게, 가재, 새우, 곤쟁이
	조개류		쌍각류 – 대합, 바지락, 굴, 홍합, 피조개 단각류 – 전복, 소라, 우렁이
	두족류		문어, 오징어, 낙지, 꼴뚜기
	기 타		해삼, 멍게, 해파리

지방은 육류에 비해 적으나 불포화지방산이 다량 함유되어 있다. 특히, ω_3계열의 EPA, DHA 등 다가 불포화지방산이 총지방산의 24~46%나 포함되어 있다. 일반적으로 흰살생선보다는 붉은살생선의 지방함량이 높으며, 작은 생선보다는 큰 생선의 지방함량이 높다. 또한 산란기 직전에 지방이 다량 함유되어 맛이 좋아지며, 산란 후에는 지방과 단백질 함량이 낮아지고 수분함량이 증가하여 맛이 없어진다. 부위에 따라서 지방함량이 다르며, 참치는 배 쪽에 지방이 20% 이상 함유되어 맛이 좋다. 그러나 어류는 높은 불포화도를 지녀 산패되기도 쉬우므로 신선도 유지에 주의해야 한다.

어패류의 탄수화물은 글리코겐(glycogen)의 형태로 대개 1% 미만이지만 전복, 대합, 홍합, 맛살 등에는 3~5% 함유되어 있다. 글리코겐은 효소의 작용에 의하여 포도당으로 전환되어 단맛을 준다. 갑각류는 껍질에 다당류인 키틴을 함유하고 있다.

무기질로는 뼈째 먹는 생선에 칼슘과 인, 패류에 철, 아연과 구리, 굴이나 조개에 요오드가 다량 들어 있다. 어유와 간유에는 비타민 A와 비타민 D가 풍부하며, 대부분의 어류는 비타민 B_1의 급원이다. 담수어나 일부 조개에는 티아미나아제(thiaminase)가 함유되어 비타민 B_1을 파괴하지만 가열하면 불활성화된다.

어패류의 색소는 헤모글로빈, 미오글로빈, 시토크롬, 멜라닌, 카로티노이드로 분류된다.

카로티노이드는 연어, 송어, 새우, 게의 어육이나 껍질에 함유되어 있다. 새우나 게의 껍질에는 아스타크산틴(astaxanthin)이 단백질과 결합하여 청회색을 띠고 있다가 가열하면 단백질의 변성 분리로 본래의 붉은색으로 변하고, 좀 더 산화되면 아스타신(astacin)으로 변한다. 생선껍질의 흑색과 오징어나 문어의 흑색은 멜라닌이며, 갈치의 독특한 은색은 구아닌과 요산의 혼합물이다.

어패류의 독특한 맛성분에는 추출물(extracts), 글루탐산 등의 유리 아미노산, 이노신산(inosinic acid) 등의 저분자 질소화합물, 호박산, 베타인과 타우린 등이 있다.

냄새성분으로는 해수어의 추출물에 함유되어 있는 트리메틸아민 옥시드(TMAO, trimethylamine oxide)가 있다. TMAO는 감미가 있으나 사후 시간 경과에 따라 세균에 의해 비린내 성분인 트리메틸아민(trimethylamine, TMA)으로 환원된다. 트리메틸아민은 선도 판정의 지표로 이용된다. 담수어의 비린내는 피페리딘(piperidine), δ-아미노발레르알데히드(δ-aminovaleraldehyde) 등에 의한다.

어패류의 사후경직과 숙성

어패류도 사후 산소공급이 중단되면 해당과정에 의해 글리코겐이 분해되어 젖산이 생성되고, pH가 낮아져 사후경직이 일어나게 된다. 일반적으로 고등어나 가다랑어같이 운동량이

표 4-8 어패류의 선도 판정법

부 위 \ 선 도	신선한 것	선도가 저하된 것
피 부	탄력이 있고, 특유의 색과 광택이 있다.	색과 광택이 흐리다.
비 늘	단단히 붙어 있으며 윤기가 있다.	군데군데 떨어져 있다.
눈	맑고, 밖으로 돌출되어 있다.	속으로 함몰되어 흐리며 홍탁하다.
아가미	선홍색으로 냄새가 나지 않는다.	회녹색으로 점성이 있고 부패취가 난다.
냄 새	해수나 담수의 갯내음이 난다.	비린내나 악취가 난다.
복 부	눌렀을 때 탄력성이 좋다.	항문에서 장의 내용물이 침출되어 있다.
어 육	탄력성이 강하고 투명하며 뼈와 껍질이 단단히 붙어 있다.	눌렀을 때 자국이 오래 남고 뼈에서 쉽게 분리된다.

많은 어종이 운동량이 적은 어종에 비해 사후경직이 빨리 시작된다.

어류를 사후경직 후에도 방치하면 근육조직 중에 있는 효소에 의하여 단백질이 분해되는데 이를 자가소화라 한다. 수조육류의 경우는 자가소화에 의해 육질이 연화되고 풍미가 좋아지는 장점이 있으나 어육에서는 원래 조직이 연하고 자가소화에 의해서 오히려 풍미가 떨어지거나 부패가 시작되므로 일반적으로 어획 직후부터 사후경직 중에 있는 것까지를 선도가 좋다고 표현하며, 그 상태에서 조리하도록 권장한다.

어취 제거

어패류는 독특한 냄새와 맛을 지니고 있는데, 이러한 어취는 주로 어체의 근육 내 수분과 혈액 중에 존재한다. 신선한 생선 특유의 냄새와 신선도 저하에 따른 불쾌한 어취가 있다.

표 4-9 어취 제거방법

방 법	효 과
물로 세척	• 표피의 점액 제거로 수용성 아민류 제거
술	• 술의 알코올이 어취와 함께 휘발
무	• 메틸 메르캅탄(methyl mercaptan)과 겨자유가 어취 제거
생강	• 진저롤과 쇼가올이 미뢰를 둔화시켜 어취 인식 억제 • 단백질을 변성시켜 어취 감소
우유에 담금	• 콜로이드 용액인 우유가 비린내 흡착
마늘, 파, 양파	• 황화알릴류(allyl sulfide) 함유로 어취 감소
된장, 고추장, 간장	• 된장, 고추장의 콜로이드성이 어취 흡착, 간장은 비린내 용출
산(레몬즙, 식초)	• 산이 알칼리인 트리메틸아민과 결합하여 어취 중화
셀러리, 파슬리, 깻잎, 미나리, 쑥갓	• 강한 향으로 어취 약화
고추냉이(와사비), 고추, 후추, 겨자	• 알릴이소티오시아네이트, 캡사이신, 채비신, 겨자유 등 매운맛이 미뢰를 마비시켜 어취 약화

어패류 조리 중의 변화

소금에 의한 변화

어육에 소금을 넣으면 짠맛과 함께 단백질이 변성된다. 미오신과 액틴은 2~6%의 염용액에 용출되어 액토미오신을 형성하며 점성과 탄력성이 증가한다. 이 원리를 이용하여 어육에 소금을 넣고 마쇄하여 고기풀을 만들면 망상구조의 액토미오신이 형성되며, 이를 튀기거나 굽고 쪄서 어묵을 만든다. 그러나 10~15%의 고농도의 염에는 탈수 및 응고가 일어나 보수성과 탄력성이 줄어든다. 이 원리를 이용하여 자반생선이나 젓갈을 만든다.

산에 의한 변화

어류에 식초를 넣으면 비린내가 감소하며 단백질을 응고시켜 생선살이 단단해진다.

가열에 의한 변화

어패류를 가열조리하면 근원섬유 단백질이 응고하면서 수축이 일어나 육즙이 분리되고 중량이 감소한다. 일반적으로 어류는 15~20%, 연체류는 35~40%의 중량이 감소한다.

또한 어류의 껍질과 근육을 둘러싸고 있는 불용성의 콜라겐은 물속에서 가열조리 시 젤라틴으로 변화된다. 육류에 비해 결합조직의 양은 적으나 생선조림 등을 할 때 불용성에서 수용성 졸상태로 변화되고, 다시 국물이 식을 때 겔화되어 굳는다.

한편 어육을 석쇠나 프라이팬에 굽고 냄비에 조릴 때 밑바닥에 달라붙어 껍질이 벗겨지는 현상을 볼 수 있다. 이는 미오겐의 분자 간 또는 분자 내 결합이 가열에 의하여 끊어지면서 노출된 각종 활성기들이 다시 용기의 금속과 반응하여 표면에 달라붙은 것이다. 따라서 굽기 전 석쇠나 팬에 기름칠을 하거나 실리콘 수지로 가공된 프라이팬을 사용하면 열응착성을 방지할 수 있다.

어패류의 조리법

어패류의 조리원리는 신선한 상태의 것을 선택해 그 형태는 유지하면서 비린내를 제거하는 것이다. 또한 단시간에 조리하여 탈수 및 수축을 방지하고 그 맛을 유지하는 것이다. 대개 신선할 때는 회로 먹고 그 외에는 조림, 구이, 찌개, 튀김, 전 등의 조리법을 이용한다.

조림은 생선의 선도와 종류에 따라 다르게 조리한다. 선도가 높을 때는 양념을 최소한 사용하여 생선 자체의 맛을 유지하고, 선도가 낮을 때는 농후한 국물에 조리하여 양념의 맛을 어육에 침투시킨다. 또한 지방이 적고 살이 연한 조기, 대구, 가자미, 도미 등의 흰살생선은 양념을 적게 하여 담백한 생선 자체의 맛을 살린다. 고등어, 정어리 등의 붉은살생선은 지방이 많고 살도 비교적 단단하며 비린내도 강하다. 따라서 구이로 적당하나 조릴 때는 양념이 깊이 침투되도록 오래 조리는 것이 바람직하다. 가시가 많은 준치와 같은 생선은 양념에 식초나 레몬즙을 넣어 약한 불에 오래 조려 뼈째 먹는다.

구이는 생선 자체의 맛을 살리는 조리법으로 지방함량이 높은 생선에 적당하다. 생선을 통째로 또는 토막으로 조미하지 않고 굽거나, 소금을 뿌려 굽고, 유장(참기름 : 간장 = 3 : 1)을 발라 애벌구이 후 양념장을 발라 약한 불로 굽기도 한다. 구울 때 수분이 비린내와 함께 증발하고 단백질은 응고하며 지방은 용해된다.

찌개는 비린내가 적고 콜라겐이 많아 살이 단단한 흰살생선인 대구, 우럭, 생태, 병어, 민어, 조기 등이 적당하다. 반드시 국물이 끓을 때 생선을 넣고, 오래 가열하여 생선살이 흩어지지 않도록 주의한다. 조개, 게, 오징어, 낙지, 소라 등도 찌개의 재료로 이용된다. 바지락과 같이 뻘에서 캐는 조개는 조리 전 바닷물과 같은 3% 정도의 소금물에 반나절 정도 담가 해감을 토하게 하는데, 이는 자란 환경이 비슷하게 어두운 곳에서 차가운 소금물을 이용하는 것이 효과적이다. 재첩과 같은 민물조개는 민물로 해감을 토하게 하며, 껍질은 해감을 토하게 한 후 잘 문질러 씻는다.

생회로 이용할 때는 광어, 도미, 민어 등의 흰살생선이나 해삼, 멍게, 전복, 굴 등의 패류를 이용한다. 신선한 사후경직기에 먹으면 단단하고 쫄깃하여 씹는 식감이 좋다. 생선은 결대로 얇게 저며 내어 먹기 전 레몬을 곁들이면 근육의 pH가 단백질의 등전점에 근접하여 살이 단단해지므로 식감이 좋아진다. 낙지, 문어, 오징어 등의 연체류는 단시간에 데쳐내야 수축률이 높지 않고 부드럽게 숙회로 이용할 수 있다. 특히, 오징어는 껍질이 네 층으로 구성되어 있어 색깔 있는 두 층의 껍질을 벗겨도 잘 벗겨지지 않는 두 층의 백색 껍질이 남는다. 이 껍질층은 콜라겐을 함유하여 질기고 가열 시 수축의 원인이 되므로 근육과 직각으로 잘라주어 수축에 의한 변형을 막는다.

튀김으로는 지방이 적은 흰살생선이 적당한데, 생선 그대로 튀기면 아삭아삭하고 깊은 맛이 난다. 생선 커틀릿(fish cutlet), 새우튀김, 조갯살튀김과 같이 튀김옷을 입혀 튀기면 수분의 보유로 속은 부드럽고 겉은 바삭한 식감을 가지게 된다. 새우는 등에 약간의 칼집을 내어 이쑤시개로 검은 내장을 빼내면 쓴맛이 제거되고, 꼬리 끝을 잘라 물기를 없애면 튀길 때 기름이 튀지 않는다. 또한 새우를 반듯하게 펴려면 배 부분에 어슷하게 3~4개 정도의 칼집을 내거나 등부터 꼬리까지 꼬치를 끼워준다.

전유어는 민어, 광어, 대구, 동태 등 흰살 생선이 적당하며, 얇게 저며 포를 뜬 후 소금, 후추로 밑간한 뒤, 밀가루를 입히고 달걀물을 씌워 기름에 지져낸다. 굴은 소쿠리에 넣고 소금물에 살살 흔들어 씻고, 새우와 패주는 잔 칼집을 넣어 물기를 없앤 뒤, 안쪽부터 익히고 나서 껍질 쪽을 익힌다.

어 묵

이용되는 어종 : 원료의 사용범위가 넓어 어종이나 어체의 크기에 관계없이 사용하나 정어리, 상어, 조기, 갈치를 많이 이용한다.

제조과정 : 생선을 채육기에 넣어 정육만 채취한다. 수세를 통해 혈액, 색소, 지방을 제거하여 색을 희게 하고 염용성 단백질의 용출을 쉽게 한다. 커터기에 소금, 전분, 중합인산염 등 부재료와 함께 갈아 고기풀을 만들어 성형, 가열한다.

종 류

- 판어묵(판붙이어묵) – 고기풀을 나무판에 반원통상으로 붙여 증기로 찐다.
- 부들어묵 – 고기풀을 꼬챙이에 부들과 같이 원통상으로 붙여 구워낸다.
- 튀김어묵 – 고기풀에 전분을 넣어 탄력성을 강화하여 기름에 튀겨낸다. 채소 다진 것을 혼합하거나 향신료를 첨가하기도 한다.

패류 손질법

해삼 : 싱싱한 것은 피부에 작은 석회질 조각이 있어 혀에 닿으면 딱딱한 감촉을 준다. 몸통을 뒤집어 반으로 갈라 입을 자르고 내장을 제거한 뒤 묽은 소금물에 헹군다.

멍게 : 붉고 단단한 것을 선택하여 입수관과 출수관을 잘라낸다. 껍질 속에 손을 깊이 넣거나 칼로 잘라 선명한 오렌지빛의 살을 꺼내 반으로 가르고 거무스름한 내장을 제거하고 씻는다.

전복 : 소금물로 해감을 토하게 한 후 껍질과 살 사이의 이물질을 솔로 제거한다. 껍질에서 살을 떼어낸 뒤 녹색~황색의 내장과 이빨을 제거하고 씻는다.

굴 : 살 가장자리에 검은테가 뚜렷한 것을 선택하여 소쿠리에 담은 채 묽은 소금물에 흔들어 씻으며 껍질이나 잡티를 제거한다.

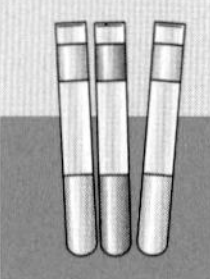

실험 1 가열온도와 시간에 따른 육류와 육수의 관능 특성

실험목적

쇠고기의 가열방법과 시간에 따른 고기의 경도, 탄력성, 맛 등을 비교하고 육수의 색, 맛의 차이를 알아본다.

실험방법

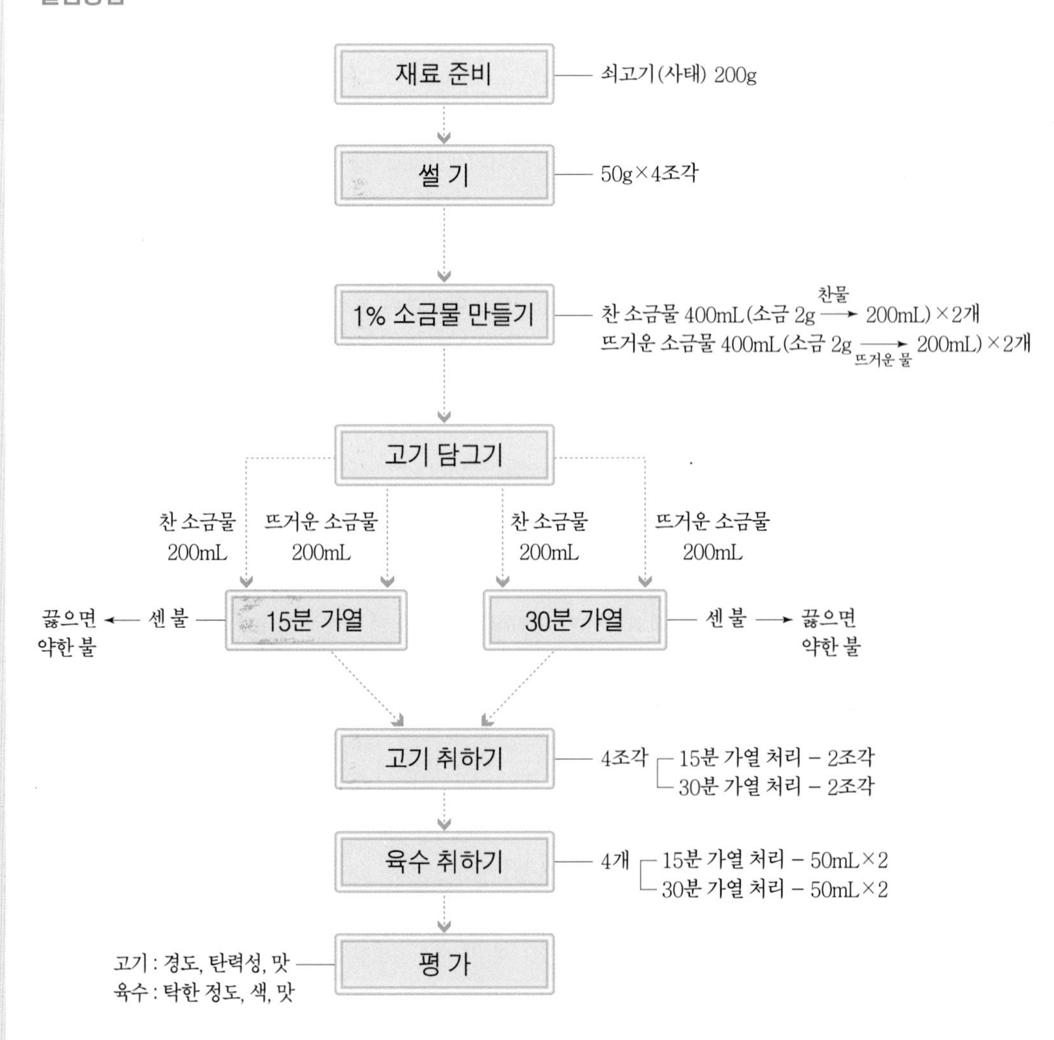

재료 및 분량

쇠고기(사태육)	200g(50g×4)	소금	8g(2g×4)

기구 및 기기

저울 · 온도계(100℃) · 비커(500mL) · 메스실린더 · 일반 조리기구

결과 및 고찰

조리 조건	재 료	항 목	가열시간(분)	
			15	30
냉 수 (15~20℃)	고 기	경 도[1]		
		탄력성[2]		
		맛[3]		
	육 수	탁한 정도[4]		
		색[5]		
		맛[6]		
온 수 (100℃)	고 기	경 도[1]		
		탄력성[2]		
		맛[3]		
	육 수	탁한 정도[4]		
		색[5]		
		맛[6]		

* 1) 순위척도법 : 단단한 것부터
2), 3) 순위척도법 : 좋은 것부터
4) 순위척도법 : 맑은 것부터
5) 순위척도법 : 연한 것부터

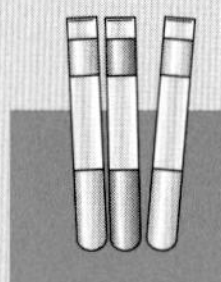

실험 2 조리방법에 따른 장조림의 관능 특성

실험목적

조리방법을 달리하여 장조림을 만든 후 색, 맛, 경도, 질감, 전반적인 바람직성 등 조리방법에 따른 차이를 비교한다.

실험방법

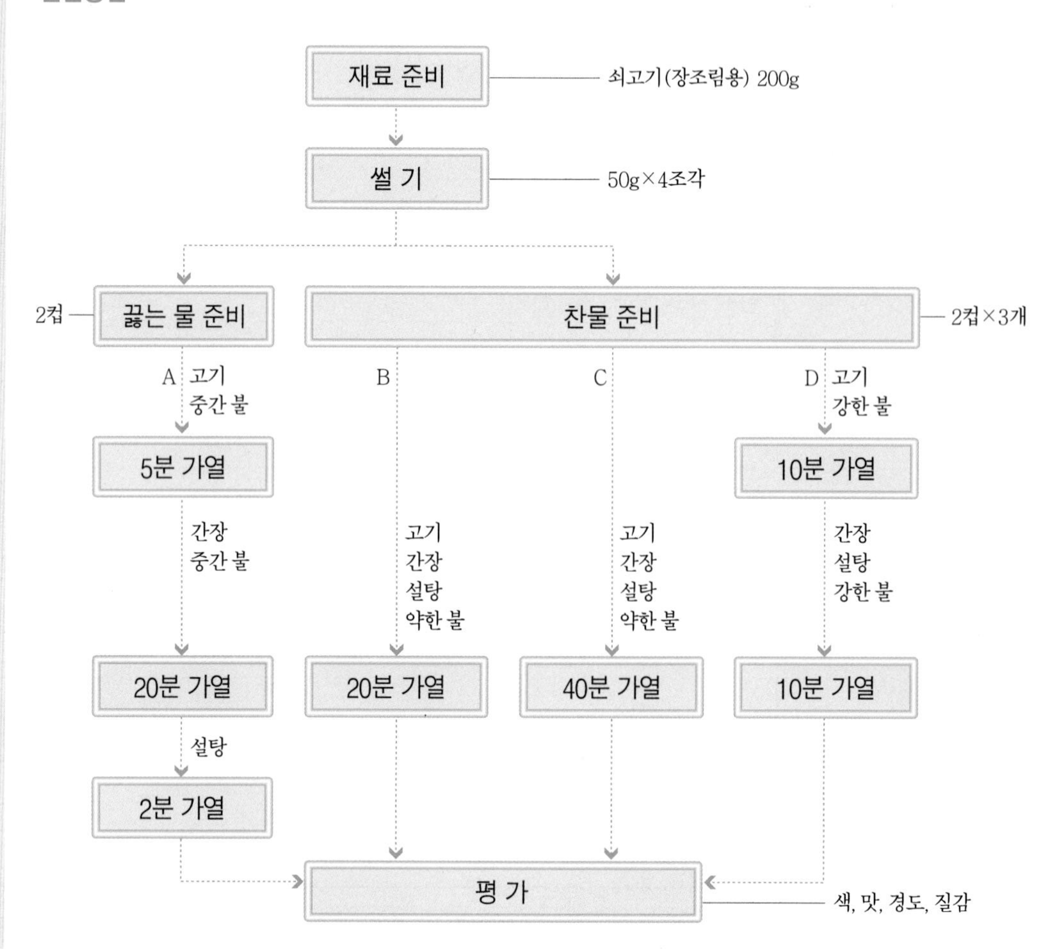

재료 및 분량

쇠고기(우둔)	200g(50g×4)	설탕	1.5Ts×4
간장	4Ts×4	물	2C×4

기구 및 기기

저울 · 계량스푼 · 계량컵 · 일반 조리기구

결과 및 고찰

재료 \ 항목	색[1]	맛[2]	경 도[3]	질 감[4]	전반적인 바람직성[5]
A					
B					
C					
D					

* 1)~5) 순위척도법 : 좋은 것부터

TIP

장조림에 적합한 쇠고기 부위는 홍두깨살, 우둔살, 사태 등 비교적 질긴 부위이다. 일반적으로 고기를 덩어리째로 부드럽게 물에 삶은 다음, 간장에 넣어 조린 후 설탕을 넣는다. 장조림은 가정에서 비교적 오래 두고 먹을 수 있다. 덩어리째 만든 장조림과 일정한 크기로 썰어 만든 것을 비교해 보고 그 차이를 알아보자.

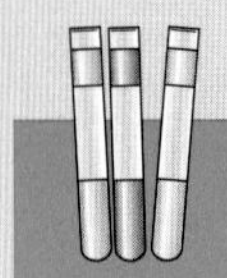

실험 3 연화제 처리에 따른 육류의 연화효과

실험목적

고기에 시판 연육제, 생과일즙을 첨가하여 연화되는 정도를 비교한다.

실험방법

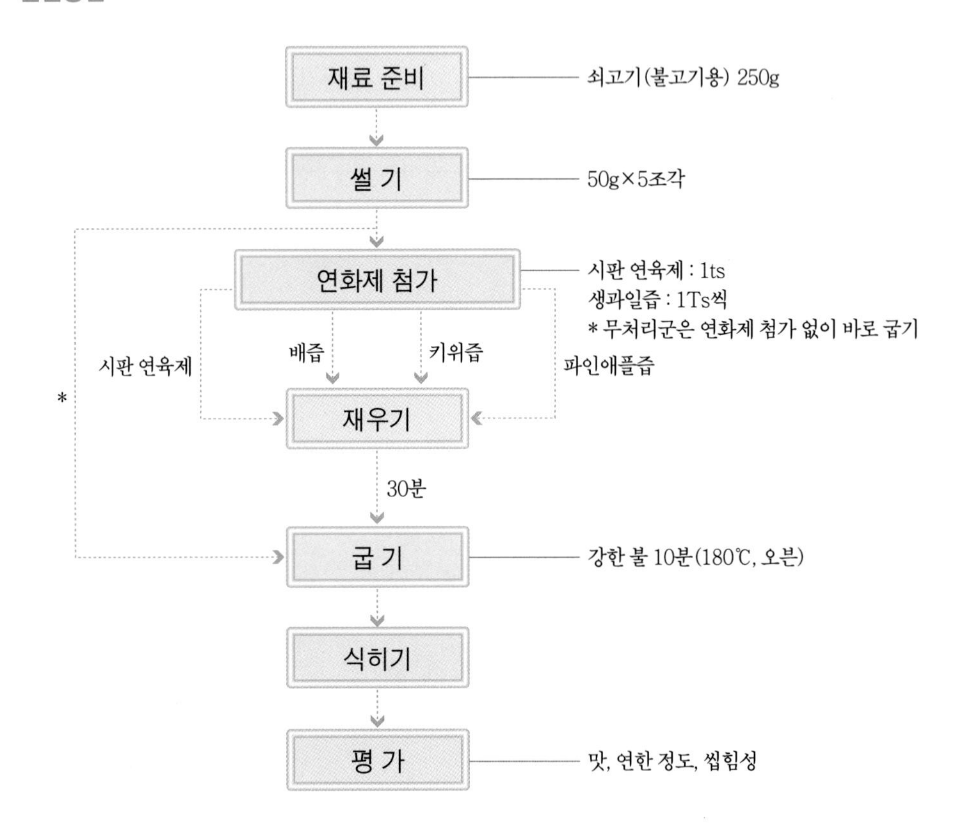

재료 및 분량

쇠고기(불고기감) (50g×5조각, 7×7×1cm)	250g
시판 연육제	1ts
생과일즙 (배즙, 키위즙, 파인애플즙)	1Ts

기구 및 기기

오븐 · 저울 · 계량스푼 · 일반 조리기구

결과 및 고찰

연화제 \ 항목		첨가량	관능평가		
			맛[1]	연한 정도[2]	씹힘성[3]
처리하지 않은 것 (무처리군)					
시판 연육제		1ts			
연화처리	배 즙	1Ts			
	키위즙	1Ts			
	파인애플즙	1Ts			

* 1), 3) 순위척도법 : 좋은 것부터
2) 순위척도법 : 연한 것부터

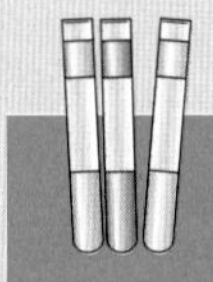

실험 4 고기의 배합비율에 따른 햄버거 패티의 품질 특성

실험목적

쇠고기와 돼지고기의 배합비율을 달리하여 만든 햄버거 스테이크용 패티의 품질 특성에 대하여 비교하고 바람직한 배합비율을 알아본다.

실험방법

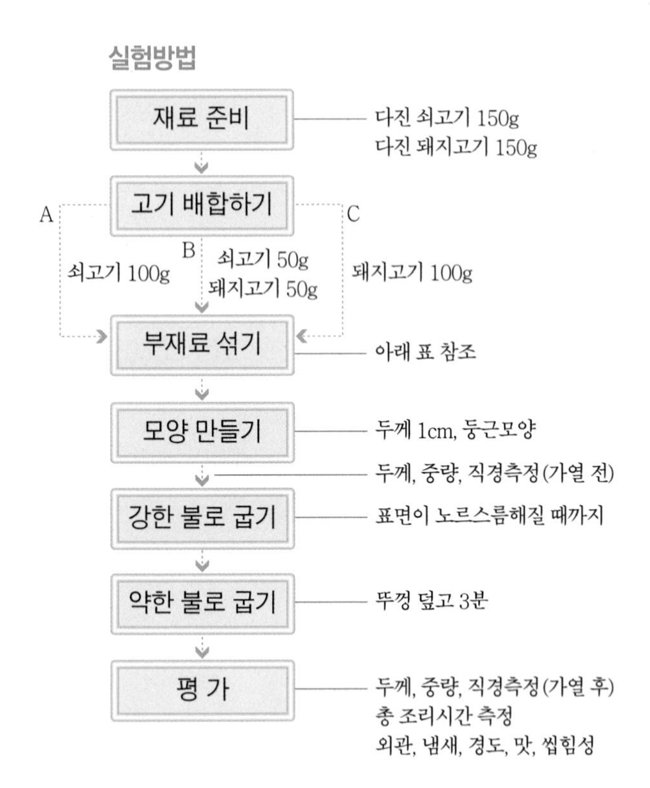

햄버거 패티의 재료배합 비율

시료 / 재료(g)	A	B	C
다진 고기	쇠고기 100	쇠고기 50 : 돼지고기 50	돼지고기 100
양 파	30	30	30
버 터	3	3	3
식 빵	15	15	15
우 유	15	15	15
달 걀	12	12	12
소 금	1.5	1.5	1.5
후 추	소 량	소 량	소 량

재료 및 분량

재료	분량	재료	분량	재료	분량
다진 쇠고기	150g	식빵	45g(15g×3)	후추	약간
다진 돼지고기	150g	우유	45g(15g×3)	식용유	30mL(10mL×3)
양파	90g(30g×3)	달걀	36g(12g×3)		
버터	9g(3g×3)	소금	4.5g(1.5g×3)		

기구 및 기기

저울 · 타이머 · 메스실린더 · 프라이팬 · 자 · 볼 · 일반 조리기구

결과 및 고찰

항목 \ 재료		A	B	C
가열시간				
가열 전 두께				
가열 전 직경				
가열 전 중량				
가열 후 두께				
가열 후 직경				
가열 후 중량				
*관능 평가	외 관[1]			
	냄 새[2]			
	경 도[3]			
	맛[4]			
	씹힘성[5]			
	전반적인 바람직성[6]			

* 1), 2), 4), 5), 6) 순위척도법 : 좋은 것부터
 3) 순위척도법 : 연한 것부터

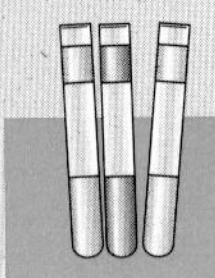

실험 5 첨가물이 어묵 형성에 미치는 영향

실험목적

생선살은 으깨어 갈아주면 탄력성과 보형성이 생긴다. 어묵을 만들 때 첨가되는 전분, 식용유의 영향에 대하여 알아보고 탄력성, 경도, 단면, 맛, 씹힘성 등의 관능 특성을 비교하여 그 차이를 알아본다.

실험방법

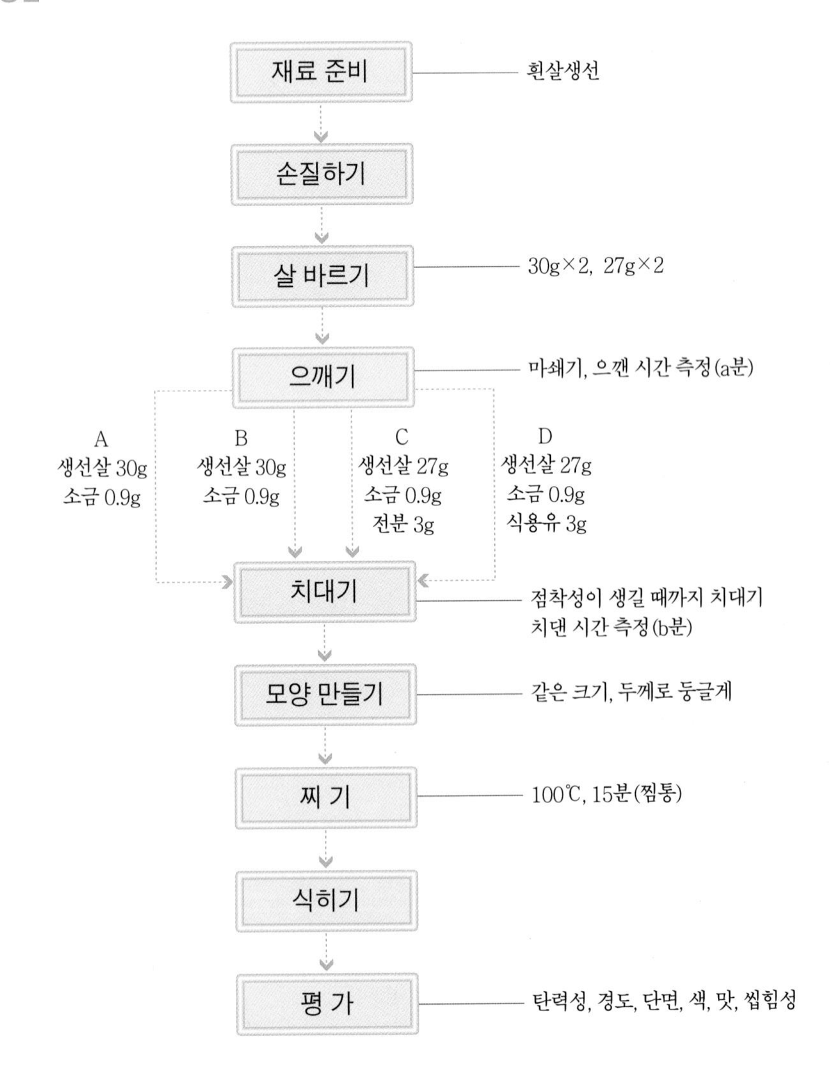

재료 및 분량

생선살(흰살생선)	114g (30g×2, 27g×2)	고운 소금	3.6g (0.9g×4, 생선살 중량의 3%)	전분	3g(생선살 중량의 10%)
				식용유	3g(전체의 약 10%)

기구 및 기기

저울 · 타이머 · 마쇄기 · 알루미늄 포일 · 찜통 · 일반 조리기구

결과 및 고찰

재료 \ 항목	으깬 시간(분)	찌기 전 상태		쪄낸 후 상태				
	a+b	끈 기[1]	점착성[2]	탄력성[3]	경 도[4]	색[5]	맛[6]	씹힘성[7]
A								
B								
C								
D								

* 1), 2), 3), 6), 7) 순위척도법 : 좋은 것부터
4), 5) 순위척도법 : 연한 것부터

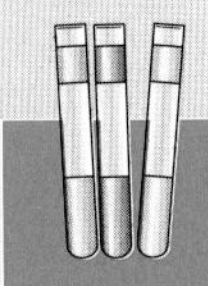

실험 6 오징어의 무늬별 수축 특성

실험목적

오징어의 근육구조를 이해하고, 수축 특성을 알아본다.

실험방법

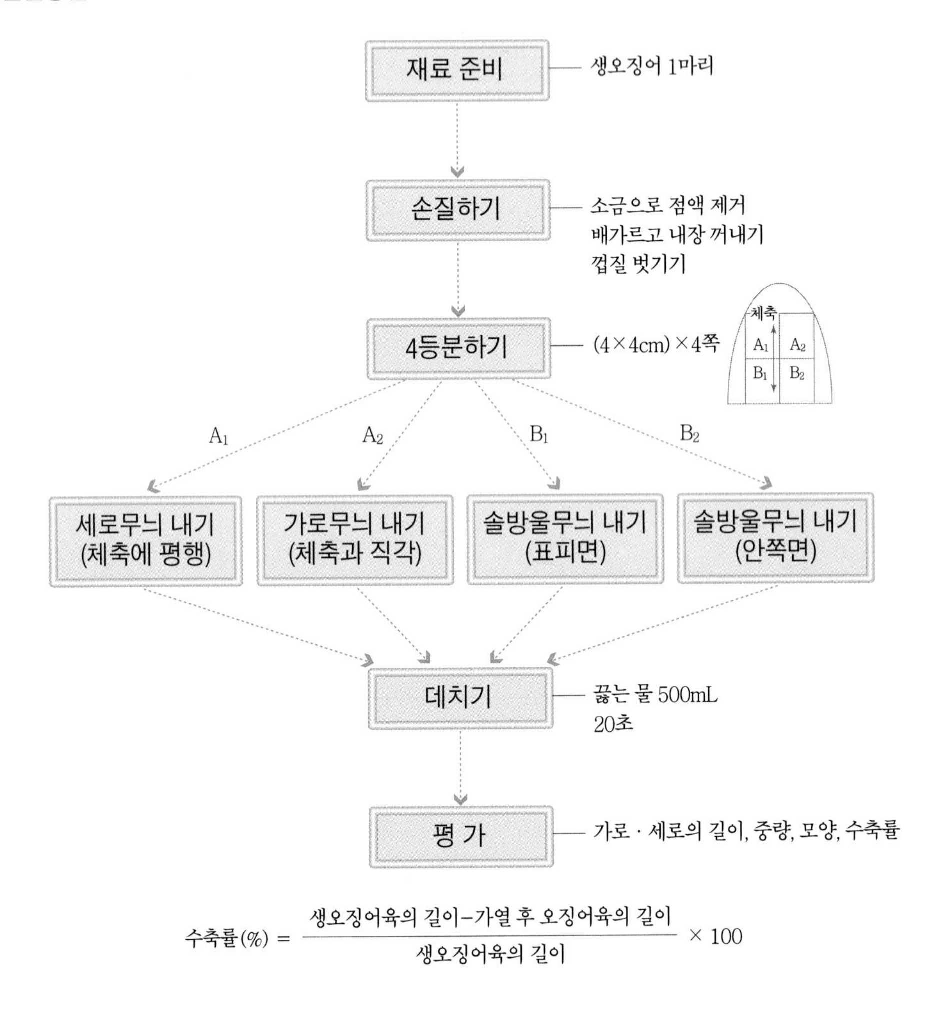

$$\text{수축률}(\%) = \frac{\text{생오징어육의 길이}-\text{가열 후 오징어육의 길이}}{\text{생오징어육의 길이}} \times 100$$

재료 및 분량

생오징어	1마리(4×4cm, 4조각)	소금(세척용)	약간

기구 및 기기

저울 · 자 · 스톱 워치(stop watch) · 온도계(100℃) · 일반 조리기구

결과 및 고찰

항 목 / 재 료	가열 전 길이(cm)	가열 후 길이(cm)	수축률(%)	*수축된 모양
A_1				
A_2				
B_1				
B_2				

* 묘사법

Chapter 5

유지류의 조리

Chapter 5

유지류의 조리

유지류는 상온에서 고체인 것을 지(fat), 액체인 것을 유(oil)라고 한다. 지(脂)는 포화지방산(팔미트산, 스테아르산)으로 동물성 기름(버터, 쇼트닝, 라드)에 많으며 유(油)는 불포화지방산(올레산, 리놀레산, 리놀렌산)이 많고 식물성 기름(콩기름, 들기름, 참기름)에 많이 포함되어 있다. 유지는 지용성 비타민, 필수지방산의 급원으로 비타민 B_1(티아민) 절약작용 등의 영양학적 의의를 가지며 조리 면에서는 다른 식품의 풍미를 증가시키며, 질감을 부드럽게 하여 감촉을 좋게 한다. 튀김에서는 열의 전달매체가 되고 케이크, 쿠키, 도넛 등에 부재료로 이용된다.

유지의 구성

유지는 화학적으로 글리세롤(glycerol) 한 분자에 지방산(fatty acid)분자가 에스테르(ester) 결합을 한 물질로, 글리세롤 한 분자에 지방산은 세 분자까지 결합할 수 있다. 결합된 지방산의 수에 따라 모노(mono)- 디(di)-, 트리글리세리드(triglyceride), 또는 트리아실글리세

CH_2OH		R_1-COOH		$CH_2O-CO-R_1$		
$CHOH$	+	R_2-COOH	→	$CH-CO-R_2$	+	$3H_2O$
CH_2OH		R_3-COOH		$CH_2O-CO-R_3$		
글리세롤		지방산		트리글리세리드 (트리아실글리세롤)		물

그림 5-1 유지의 구조

롤이라 부른다. 식용유지의 대부분은 트리글리세리드이고 약간의 모노글리세리드와 디글리세리드가 들어 있다.

유지의 구성성분인 지방산은 대부분 4~24개의 짝수 탄소 원자를 가진 포화 또는 불포화 지방산으로 말단에 한 개의 카르복실(carboxyl, −COOH)기를 가지며 일반식은 RCOOH로 표시한다. 탄소수가 C_{12} 이하를 저급지방산, C_{14} 이상을 고급지방산으로 분류하며 탄소분자의 결합상태에 따라 분자 내에 이중결합을 가지고 있지 않은 지방산을 포화지방산(saturated fatty acid)이라 하고 이중결합을 가지고 있는 지방산을 불포화지방산(unsaturated fatty acid)이라 한다. 지방을 구성하는 지방산은 여러 종류가 있으나 식용유지에 가장 흔하게 함유되어 있는 지방산에는 스테아르산(stearic acid), 팔미트산(palmitic acid) 및 올레산(oleic acid) 등이 있다. 각종 유지에 포함된 지방산의 종류와 명칭은 표 5−1과 같다.

표 5-1 지방산의 종류와 명칭

명 칭	탄소수	이중결합수	융점(℃)
부티르산(butyric acid)	4	0	−8
카프로산(caproic acid)	6	0	−1
카프릴산(caprylic acid)	8	0	16
카프르산(capric acid)	10	0	32
라우르산(lauric acid)	12	0	48
미리스트산(myristic acid)	14	0	58
팔미트산(palmitic acid)	16	0	64
스테아르산(stearic acid)	18	0	70
올레산(oleic acid)	18	1	14
리놀레산(linoleic acid)	18	2	−5
리놀렌산(linolenic acid)	18	3	−11
아라키딕산(arachidic acid)	20	0	77
아라키돈산(arachidonic acid)	20	4	−50
아이코사펜타엔산(eicosapentaenoic acid)	20	5	−54
베헨산(behenic acid)	22	0	75
에루스산(erucic acid)	22	1	34.7

불포화지방산은 이중결합을 이루는 탄소와 탄소에 결합하는 수소의 위치에 따라 시스(cis)형과 트랜스(trans)형으로 구분하는데, 천연에 존재하는 지방산은 대부분이 시스형이지만 조리가공 중에 트랜스형으로 전환되기도 한다. 시스형 분자는 꺾인 모양을 하고 트랜스형 분자는 직선상의 포화지방산과 유사한 구조를 가져 이를 포함한 트랜스지방은 밀도심장병과 동맥경화를 유발, 촉진시키며 암 및 당뇨병의 발생을 유발하는 등 건강에 좋지 않은 영향을 미치는 것으로 알려져 있다. 한국인의 트랜스지방 섭취량은 1일 평균 2~4g으로 추정되며 WHO에서는 1일 에너지의 1% 이내로 섭취할 것을 권고하고 있다.

유지의 성질

용해성

유지는 물에 녹지 않고 에테르, 벤젠, 클로로포름 등 유기용매에는 잘 녹는 성질이 있으며, 같은 용매에서는 탄소수가 많고 불포화도가 높을수록 잘 녹지 않는다.

비 중

자연에 존재하는 모든 기름의 비중은 0.91~0.99의 범위로 물보다 가벼워 물에 뜬다. 저급지방산이 많을수록 비중이 커진다. 또한 저급 불포화지방산 함량이 많을수록, 산화 중합된 유지는 비중이 증가한다.

비 열

0.47cal/g · deg 정도로 비열이 작기 때문에 쉽게 데워지고 쉽게 식는다(물의 비열은 1).

융 점

고체지방이 액체지방으로 되는 온도를 말하며 불포화지방산을 많이 함유하고 있는 식물성 유지는 융점(녹는점)이 낮아서 상온에서 액체이고 동물성 유지는 상온에서 고체이며, 식물성 유지보다 융점이 높다. 포화지방산의 탄소수가 증가함에 따라 융점이 높아진다.

발연점에 영향을 주는 조건

유리지방산의 함량 : 유리지방산의 함량이 높은 기름은 발연점이 낮다.

기름의 표면적 : 같은 기름이라도 기름을 담은 그릇이 넓어 기름의 표면적이 넓으면 발연점이 낮아진다(좁은 그릇 사용).

이물질의 존재 : 기름이 아닌 다른 물질이 기름에 섞여 있으면 발연점이 낮아진다.

사용횟수 : 사용을 반복한 기름은 횟수의 증가에 따라 발연점이 낮아진다. 한 번 사용할 때마다 10~15℃ 낮아진다.

지방 흡수와의 관계 : 발연온도는 지방의 흡수에 영향을 준다. 지방의 흡수는 가장 낮은 발연온도를 가진 지방이 크다.

발연점

유지를 가열할 때 유지의 표면에서 엷은 푸른 연기가 발생할 때의 온도를 발연점(smoke point)이라 한다. 발연점이 낮은 기름은 저온에서 아크롤레인과 같은 자극성 물질을 형성하고 이것이 튀긴 음식에 침투하여 음식의 맛과 냄새를 좋지 않게 하여 튀김기름으로서는 적당하지 못하다. 튀김용 기름은 발연점이 높은 유지를 사용하는 것이 바람직하다.

인화점

유지에서 발생되는 연기가 공기와 섞여서 점화되는 온도를 말하며, 일반적으로 발연점이 높은 유지들은 인화점도 높다.

표 5-2 지방과 기름의 발연점 · 인화점 · 연소점

지방/기름	발연점(℃)	인화점(℃)	연소점(℃)
식물성 쇼트닝 + 유화제	180~188	-	-
라 드	183~205	265	34
식물유	227~232	-	-
올리브유	199	-	-
옥수수유	227	249	287
콩기름	256	-	-
면실유	222~232	273	340

연소점

유지의 계속적인 연소가 지속되는 온도로, 유지의 발연점이 높을수록 대개 연소점도 높다.

유지의 종류

동물성 유지

버터

버터(butter)는 우유에서 크림을 분리하여 응집시키고 유화상태로 만든 제품으로 일반적 조성은 80~81%의 유지방과 16~18%의 수분, 1%의 고형분, 가염버터인 경우 2~3%의 소금으로 되어 있다. 버터의 종류에는 발효 여부에 따라 발효버터와 생버터가 있는데, 전자는 숙성과정 중 젖산발효세균을 접종시켜 숙성시킴으로써 젖산을 생성하게 한 것이다. 또한 식염첨가 유무에 따라 가염버터(salted butter)와 무염버터(unsalted butter)가 있는데, 가정용으로는 가염한 것이 이용된다. 버터의 특성으로는 가소성, 쇼트닝파워, 크리밍성이 있어 제과 · 제빵에서 중요한 역할을 한다. 버터의 독특한 향기는 휘발성 저급지방산과 다이아세틸(diacetyl) 등에 기인하며 영양학적으로 비타민 A가 풍부하고 다른 유지에 비해 소화가 잘되고 풍미가 좋다.

라드

돼지의 지방조직으로부터 분리 정제한 것으로 거의 100% 지방으로 되어 있다. 라드(lard)의 질은 지방을 추출한 부위와 정제과정 등에 따라 다르다. 다른 유지에 비해 쇼트닝파워가 크고 음식의 맛을 부드럽게 하는 작용이 강해서 제과용으로 많이 이용되고 있다.

식물성 유지

식물성유는 일반적으로 불포화도가 높은 지방으로 구성된다. 조리에 사용되는 식물성유는 냉장조건에서 결정화가 일어나지 않도록 동유처리(winterization)를 하는 경우가 있다. 동유처리란 액체유를 6~7℃의 낮은 온도에서 저장한 후 고체화된 트리글리세리드를 여과하여 제거하는 방법을 말하며 이와 같은 과정을 거친 기름은 융점이 낮아서 냉장 온도에서도 탁해지지 않고 맑은 액체 상태로 존재하여 샐러드드레싱의 원료로 사용된다.

대두유

대두유(soybean oil)는 전 세계에서 사용하는 식물성유의 55%를 차지하며 매년 수요가 증가하고 있는 추세이다. 지방산조성은 리놀레산과 올레산이 약 80%를 차지하고 있고 다른 식물성유에 비해 리놀렌산 함량이 높아 자동산화에 의한 산패가 빠르게 일어난다.

옥수수유

옥수수유(corn oil)는 옥수수의 배아에서 짠 기름으로 산화와 가열 안정성이 우수하고 연속적으로 튀김에 사용할 경우 발연점 저하가 낮아 오래 사용할 수 있으며 용도는 마가린 제조, 튀김용, 부침용으로 많이 사용된다.

면실유

면실유(cotton seed oil)는 목화씨에 함유된 기름을 짠 것으로 옛날부터 식용되었으나 고시폴(gossypol)이라는 독성성분이 있어 정제가 필요하다. 튀김용 기름으로 많이 사용하며, 동유처리 과정을 거친 후 샐러드유로 많이 사용한다.

참기름

참기름(sesame oil)은 참깨를 볶아서 압착법으로 제조하며 우리나라에서 가장 애호하는 기름이다. 올레산과 리놀레산이 각각 40% 정도를 차지한다. 참기름을 제조하는 동안 세사민(sesamin), 세사몰(sesamol), 세사미놀(sesaminol) 등 천연 항산화물질이 생성되어 높은 불포화도에도 불구하고 산화에 비교적 안정하다.

올리브유

올리브유(olive oil)는 지중해지역에서 조리용과 샐러드용으로 가장 많이 이용하고 있는 기름으로 독특한 향미를 지니고 있다. 80% 이상의 올레산을 함유하고 리놀레산의 함량이 낮아 산화에 비교적 안정하며 튀김용, 샐러드용, 마요네즈 제조에 이용된다.

미강유

미강유(rice bran oil)는 쌀겨에서 짜낸 기름으로 색이 짙고 맛이 떨어지나 정제하여 튀김용, 마가린, 쇼트닝, 마요네즈 등의 원료로 사용되고 있다.

카놀라유

카놀라유(canola oil)는 유채(rapeseed)의 품종을 개량하여 얻어지며 인체에 유해한 것으로 알려진 에루스산(erucic acid)의 함량을 2% 이하로 낮춘 기름으로 새롭게 시판되고 있다. 불포화지방산의 비율이 90% 이상으로 그 중 올레산 함량이 50% 이상이고 리놀렌산의 비율이 높으며 발연점도 높아 대두유와 유사한 특성을 가지고 있다. 샐러드드레싱, 마가린과 쇼트닝 제조에 이용되고 있다.

들기름

들기름(perilla oil)은 들깨의 씨앗을 압착하여 짜낸 기름으로 독특한 향기와 냄새가 있어 참기름과 함께 우리나라에서 가장 애호하는 기름으로 참기름의 대용품으로 사용되기도 한다. 리놀렌산 함량이 약 20%로 상당히 높고 천연 항산화제의 함량이 낮아 쉽게 산화되어 강한 산패 냄새가 발생되기 때문에 저장성이 상당히 낮다.

가공 유지

마가린

마가린(margarine)은 1869년 프랑스에서 개발 당시에는 값이 비싼 천연버터의 대용품으로 제조되었으나 최근에는 제과용, 가정용, 조리용 등 다양하게 이용되고 있어 중요한 유지제품이 되었다. 마가린의 원료 유지는 초기에는 주로 쇠기름을 사용하였으나 최근에는 식물성유와 그 외 여러 가지 유지를 혼합하여 천연버터의 융점에 가깝게 고체화한 후 유화제, 색소, 향료 등을 첨가하여 만든 W/O인 유화형태를 하고 있다. 마가린은 버터와 마찬가지로 80% 이상의 지방, 16~18%의 수분, 소량의 비타민 A와 D, 다이아세틸(diaceityl) 등의 향미물질, 레시틴(lecithin) 등의 유화제, 색소, 항산화제, 방부제 및 소금 등으로 구성되어 있다.

쇼트닝

쇼트닝(shortening)은 라드의 대용품으로 미국에서 처음 제조되었으나 현재는 라드보다 우수한 하나의 새로운 제품으로 자리 잡고 있다. 쇼트닝 제조 초기에는 동물성 지방과 수소화한 식물성유를 혼합하여 만들었으나 최근에는 몇 종류의 식물성유에 수소를 첨가하여 만든다. 수소를 첨가한 후 휘핑(whipping)을 해주면 공기가 포집되어 가소성이 증가하고 더욱 희게 보인다. 쇼트닝의 특징은 수분이 포함되어 있지 않고 거의 100% 유지로 구성되어 있으며 향미성분이 첨가되지 않아 무색, 무미, 무취이고 쇼트닝파워와 크리밍파워가 크기 때문에 제과·제빵류에는 거의 필수적으로 이용된다.

유지의 산패

식용유지와 유지함유식품은 몇 가지 원인에 의하여 산패가 일어나서 색, 맛, 냄새, 영양가 등이 변하게 된다.

가수분해적 산패

유지는 수분, 산, 알칼리, 효소 등에 의하여 가수분해되어 유리지방산과 글리세롤을 형성하는데 이런 현상을 가수분해적 산패라고 한다. 가수분해에 의한 유지의 변질은 특히 우유나 유제품에서 문제가 되는데 이들 제품은 수분함량이 높고 구성 지방산 중 부티르산, 카프로산(caproic acid), 카프릴산(caprylic acid) 등과 같은 휘발성 저급지방산을 함유하고 있어 이들이 유리되면서 불쾌한 냄새를 내게 된다. 가수분해 반응은 열에 의하여 촉진되는데, 뜨거운 기름에 수분이 많은 식품을 넣어 튀길 경우 기름의 가수분해가 촉진된다.

산화적 산패

산화에 의한 산패는 유지 중의 불포화지방산이 산소를 흡수하여 산화됨으로써 불쾌한 냄새와 맛을 형성하는 것을 말한다. 유지가 공기 중의 산소를 흡수하는 과정은 자연발생적으로 일어나고 흡수된 산소는 유지를 산화시켜 산화물질을 생성하는 자동산화(autoxidation)과정이다. 이 과정은 유리 라디칼(free radical)에 의한 연쇄반응(chain reaction)으로서 각 단계는 다음과 같이 일어난다.

유지분자(RH)로부터 수소가 떨어져 나감으로써 유리 라디칼(R·)이 생성되어 반응은 시작된다. 개시단계에는 광선, 가열, 금속촉매 등이 작용하는 것으로 생각된다. 전파단계에서는 일단 형성된 유리 라디칼이 공기 중의 산소와 결합하여 과산화기(peroxy radical, ROO·)를 형성하고 다른 유지분자로부터 수소를 빼앗아 과산화물(hydroperoxide)을 형성

개시 단계 : $RH \rightarrow R\cdot + H\cdot$

전파 단계 : $R\cdot + H_2 \rightarrow RO_2$

$RO_2 + RH \rightarrow ROOH + R\cdot$

종결단계 : $R\cdot + R\cdot \rightarrow R-R$

$RO_2 + R\cdot \rightarrow RO_2R$

$nRO_2\cdot \rightarrow (RO_2)_n$

그림 5-2 산화적 산패의 과정

한다. 종결단계에서는 유리 라디칼이 서로 결합하여 이중체(dimer), 삼중체(trimer) 등의 중합체를 형성하여 반응이 종결된다. 과산화물은 쉽게 분해되어 알데히드, 케톤, 알코올 등을 생성하여 산패취를 내게 되고 서로 중합하여 유지의 점도를 증가시킨다. 광선 중 자외선은 유지의 변패를 크게 촉진시키므로 어두운 곳에 보관하도록 한다. 또한 동(Cu), 철(Fe)과 같은 금속 등도 산화적 산패를 촉진시키므로 유지류를 조리할 경우에는 스테인리스 스틸이나 알루미늄 용기를 이용하는 것이 바람직하다.

가열산화에 의한 산패

유지를 고온으로 가열하게 되면 산화와 분해반응이 일어난다. 즉, 식용유지를 140~200℃에서 장시간 가열하면 유지의 에스테르 결합이 분해되어 유리지방산이 증가하고 분해된 유지분자들이 서로 결합하여 중합체 등을 형성함으로써 점도가 증가하며 풍미의 손실, 영양가의 감소, 독성물질의 형성 등이 일어난다. 또한 유지를 고온으로 가열하면 연기가 발생하는데 이는 유지가 가수분해되어 생성된 글리세롤이 분자 내 탈수반응에 의하여 휘발성이 크고

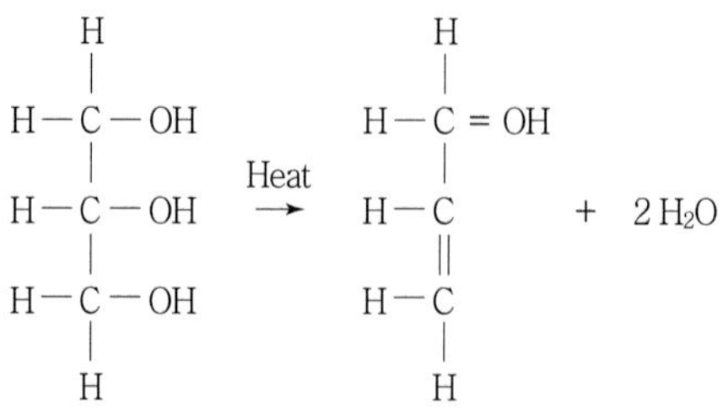

```
     H                  H
     |                  |
 H - C - OH         H - C = OH
     |        Heat      |
 H - C - OH    →    H - C             +   2 H2O
     |                  ||
 H - C - OH         H - C
     |                  |
     H                  H
  글리세롤           아크롤레인            물
```

그림 5-3 아크롤레인의 형성

자극성이 강한 아크롤레인(acrolein)을 생성하기 때문이다.

산화효소에 의한 산패

지방을 산화시키는 효소는 리폭시다아제(lipoxidase), 리포히드로 페르옥시다아제(lipohydroperoxidase)가 있으며 이들은 곡류나 콩류 등의 식물체에 광범위하게 분포되어 있다.

항산화제

항산화제는 유지의 산화를 억제하여 유지를 안정화시키고 보존기간을 연장시키는 물질이다. 항산화제는 산화반응의 개시단계를 지연시켜 연쇄반응을 중단시키지만 그 효과는 유지의 산화를 무한히 방지시키는 것이 아니라 유도기간을 연장하는 것이다. 항산화제에는 천연 항산화제와 합성 항산화제가 있으며 많이 사용되고 있는 종류는 표 5-3과 같다.

표 5-3 항산화제의 종류

구 분	항산화제
천연항산화제	토코페롤(tocopherol), 세사몰(sesamol), 고시폴(gossypol), 카테킨(catechin), 갈산(gallic acid)
합성항산화제	butylated hydroxyanisole(BHA), butylated hydroxytoluene(BHT), propyl gallate(PG), t-butyl hydroquinone(TBHQ)

유지류의 조리 특성

유지류는 조리과정에서 다양하게 이용될 수 있는 성질을 가지고 있다. 즉, 식품에 열을 전달하는 매체로 사용되며 입 안에서 촉감을 좋게 하여 음식의 맛을 증진시키는 역할을 하고 빵, 과자 등 밀가루제품의 조직을 부드럽게 하는 연화작용과 샐러드드레싱에서 유화작용을 하는 등 여러 용도로 사용되고 있다.

열전달 매체

기름은 열을 전달하는 매체로서 사용하며 거의 모든 식품을 조리할 수 있다. 조리법으로는 튀기기(deep fat frying), 지지기(pan frying)와 볶기 등이 있으며 식품을 높은 온도로 가열할 수 있기 때문에 식품을 빠르게 조리할 수 있고 독특한 향기와 맛, 색을 낸다. 튀김 시 기름의 온도는 175~200℃이므로 튀김용 기름은 발연점이 높은 것을 택해야 한다. 대부분의 식용유는 고도로 정제되어 있기 때문에 비교적 높은 발연점을 갖는다.

음식을 튀기는 동안에는 기름의 흡수가 최소로 일어나야 한다. 한꺼번에 많은 양의 식품을 넣고 튀기게 되면 기름의 온도가 저하되어 흡유량이 증가하며 음식에 기름이 많이 흡수되면 맛이 저하되고 소화 속도가 느려진다. 기름을 되풀이하여 튀김용으로 사용하면 점도가 높아지고 점도가 높을수록 기름의 흡수가 많아진다.

쇼트닝성

밀가루 제품에서 유지의 역할은 글루텐의 형성을 방해하여 연화시키는 작용을 하는 것이다. 유지는 밀가루 반죽 내의 글루텐 섬유 표면을 둘러싸서 글루텐이 길게 성장하거나 서로 연결되어 질기고 탄력성이 있는 3차원의 망상구조를 형성하는 것을 방해한다. 이와 같이 글루텐 섬유의 성장을 방해하여 짧아지도록 작용하는 유지의 능력을 쇼트닝파워(shortening power)라 하며 반죽을 연하게 하는 능력이라 할 수 있다. 쇼트닝파워는 유지의 종류, 첨가하는 유지의 양과 온도, 반죽에 첨가되는 물질의 종류에 따라 달라질 수 있다.

유지의 종류

불포화지방산이 많은 액체 유지는 이중결합에 의해 탄소 사슬이 구부러지면서 단단한 고체 지방보다 더 넓은 표면적을 덮을 수 있기 때문에 액체유 함량이 높고 가소성이 큰 지방은 쇼트닝성이 크다. 고체 지방 중에는 라드가 가장 쇼트닝성이 크고 그 다음은 쇼트닝, 버터, 마가린의 순으로 감소한다.

유지의 양

반죽에 첨가하는 유지의 양을 증가시키면 수분과 글루텐, 글루텐과 글루텐 사이에 존재하는 지방의 양이 많아지게 되어 쇼트닝파워는 커진다. 약과나 도넛 등 기름에 튀기는 음식에 유지를 너무 많이 첨가하면 밀가루제품의 모양이 부스러지게 된다.

유지의 온도

반죽 내에 존재하는 기름의 온도가 낮으면 잘 펴지지 못하여 글루텐의 표면을 넓게 둘러싸지 못하므로 쇼트닝파워는 감소하고, 반대로 기름의 온도가 높으면 더 넓게 퍼져 글루텐의 면적을 덮으므로 쇼트닝파워는 증가한다.

반죽에 들어 있는 다른 재료

반죽에 들어 있는 우유 단백질이나 달걀 단백질은 유지와 유화상태를 형성하기 위하여 유지의 일부가 사용되기 때문에 글루텐을 둘러싸는 데 필요한 유지의 양이 감소하여 결과적으로 쇼트닝파워는 감소하게 된다.

유화성(emulsion)

기름은 유화액의 성분으로 쓰인다. 유화액이란 한 액체가 그것과 혼합되지 않는 다른 액체에 작은 입자로 흩어져 분산되어 있는 상태의 물질을 말한다. 이때 작은 입자로 흩어져 분산된 상태를 분산상(dispersed phase)이라 하고 입자를 포함하고 있는 다른 액체를 분산매(dispersion medium)라 한다.

유화형

유화액에는 두 가지 형태가 있다. 그 중 하나는 분산매가 기름이고 분산상이 물인 유중 수적형(water in oil emulsion, W/O)이고 다른 하나는 분산매가 물이고 분산상이 기름인 수중유

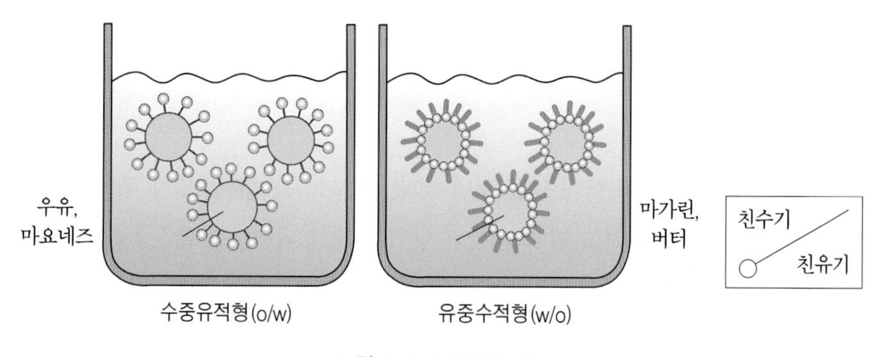

그림 5-4 유화액의 종류

적형(oil in water emulsion, O/W)이다. 버터나 마가린은 W/O형이고, 우유나 마요네즈는 O/W형이다.

유화제

물과 기름같이 서로 섞이지 않는 두 액체를 섞기 위해서는 두 액체에 친한 제3의 물질이 존재해야 한다. 이러한 물질을 유화제(emulsifier)라 하며 물과 기름 양쪽에 친화력을 가질 수 있도록 분자 내에 친수성인 부분과 친유성인 부분을 모두 가지고 있어야 한다. 유화제로는 난황에 함유되어 있는 레시틴(lecithin)이 대표적이며, 모노글리세리드, 디글리세리드, 우유 단백질 등이 있다.

유화액의 안정성

유화액은 그 안정성에 의하여 분류할 수 있는데, 수중유적형 유화액에는 일시적 유화액, 반영구적 유화액, 영구적 유화액이 있다.

일시적 유화액으로는 프렌치드레싱(french dressing)이 있는데, 물과 기름을 연결시켜 주는 유화제가 없어 분리된 상태로 있기 때문에 점도가 낮고 사용하기 전에 심하게 흔들어 주어야 한다. 반영구적 유화액으로는 샐러드드레싱이 있으며 진한 크림 정도의 점도를 가지고 있고 이 점도의 증가가 유화액의 분리를 지연시킨다. 영구적 유화액은 점성이 크기 때문에 분산상의 작은 입자가 거의 이동할 수 없어 서로 합쳐지는 것을 방지하므로 오랜 기간 분리되는 일이 없이 저장할 수 있다.

마요네즈

마요네즈는 식물성유, 식초, 난황을 주재료로 하여 제조된 수중유적형의 대표적인 유화 제품이다. 65% 이상의 기름을 함유하고 있지만 상쾌한 맛이 나고 보존성이 우수하여 식생활의 서구화와 함께 수요가 증가하고 있다.

재 료

주성분인 기름은 냄새가 없고 색이 엷은 것이 좋다. 산(acid)은 방부효과와 부드러움에 영향을 주는데 보통 식초를 사용하고 강한 신맛과 향기를 내기 위해서는 레몬즙을 사용하면 좋다. 그 외 소금, 겨자, 후추 등을 사용하는데, 소금은 수중유적형의 유화액을 안정화시키는 작용이 있고 겨자는 난황의 유화력을 증가시키고 방부효과가 있다. 난황은 난백이나 전란보다 유화작용이 더 우수하며 신선한 것일수록 안정된 유화액을 만든다.

혼합방법

마요네즈 제조를 위한 재료의 혼합방법은 여러 가지가 있으나 중요한 것은 기름을 첨가하는 첫 단계에서 신속하고 충분하게 저어주어야 분리가 일어나지 않는다. 또한 처음에 넣는 기름의 양이 적을수록, 천천히 첨가할수록 안정된 유화상태를 이루며 기름방울의 직경이 작아진다.

마요네즈의 분리 원인

처음에는 유화가 잘되다가 도중에 유화가 깨져 계속 저어도 다시 유화가 일어나지 않을 때가 있다. 그 원인은 처음에 첨가한 기름의 양이 많은 경우, 난황의 신선도가 저하된 경우, 기름의 온도가 너무 낮아 제대로 분산되지 않은 경우, 첨가하는 기름의 양과 젓는 속도의 불균형 등을 들 수 있다.

분리된 마요네즈의 재생

분리된 마요네즈를 재생시키는 방법은 새로운 난황 한 개에 분리된 마요네즈를 조금씩 넣어주면서 저어주거나 이미 잘 만들어진 마요네즈 1~2Ts에 분리된 마요네즈를 조금씩 넣어주며 젓는 방법이 있다.

가소성

버터, 라드, 쇼트닝, 마가린 등의 고체지방은 외부에서 가해지는 힘에 의하여 자유롭게 변하는 가소성(plasticity)이 있어 제과 반죽의 다양한 모양을 만들 수 있다. 라드가 가장 가소성이 크고 그 다음은 쇼트닝, 버터, 마가린의 순으로 감소한다.

크리밍성

버터, 마가린, 쇼트닝 등의 고체나 반고체의 지방은 빠르게 저어 주면 지방 안에 공기가 들어가 부피가 증가하고, 부드럽고 하얗게 변하는 크리밍성(creaming property)을 갖는다. 이 중 쇼트닝이 가장 크리밍성이 크고 마가린, 버터의 순이다. 버터는 크리밍하여 버터크림을 만들고 마가린이나 쇼트닝은 크리밍하여 케이크 제조에 사용된다.

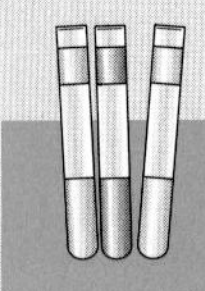

실험 1 마요네즈 유화 기초실험

실험목적

마요네즈 제조 시 혼합방법과 기름과 식초의 비율에 따른 유화액의 안정성을 비교한다.

실험방법

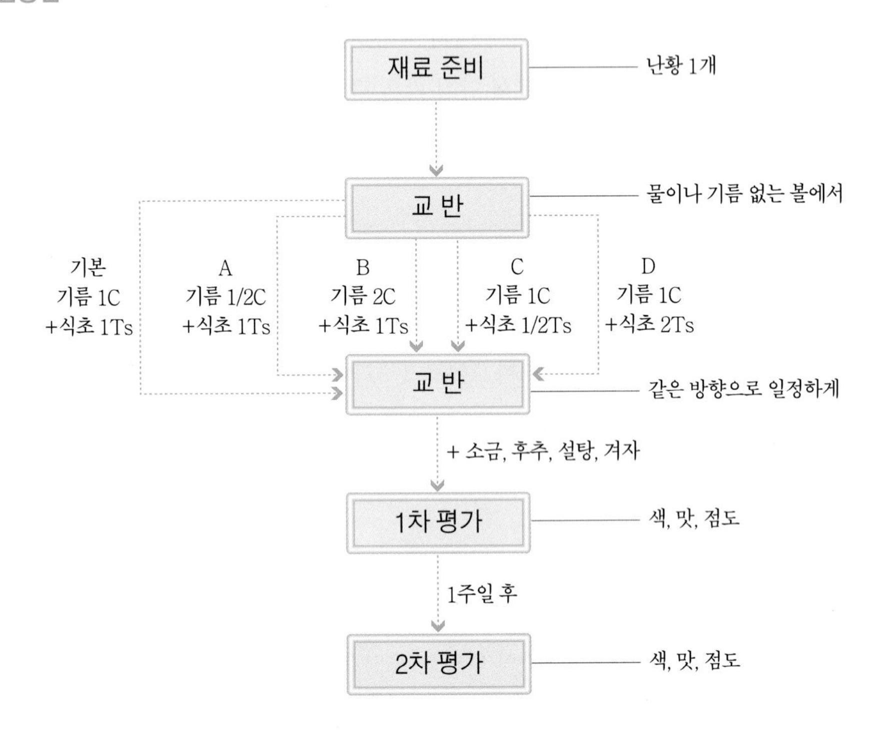

재료 및 분량

기본 재료

난황	1개
샐러드 기름	1C
식초	1Ts
소금	1/4ts
후추	약간
설탕	1/2ts
겨자	1/4ts

변경되는 재료

A : 샐러드 기름	1/2C
B : 샐러드 기름	2C
C : 식초	1/2Ts
D : 식초	2Ts

기구 및 기기

계량컵 · 계량스푼 · 스포이트 · 거품기 · 색차계 · 볼(사기, 플라스틱, 유리)

결과 및 고찰

재 료	색[1]		맛[2]		점 도[3]		비 고
	제조 후	1주일 후	제조 후	1주일 후	제조 후	1주일 후	
기 본							
A							
B							
C							
D							

* 1) 순위척도법 : 진한 것부터
2) 순위척도법 : 좋은 것부터
3) 순위척도법 : 높은 것부터

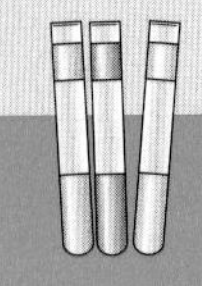

실험 2 발연점 측정

실험목적

유지의 종류에 따른 발연점을 측정하여 비교한다.

실험방법

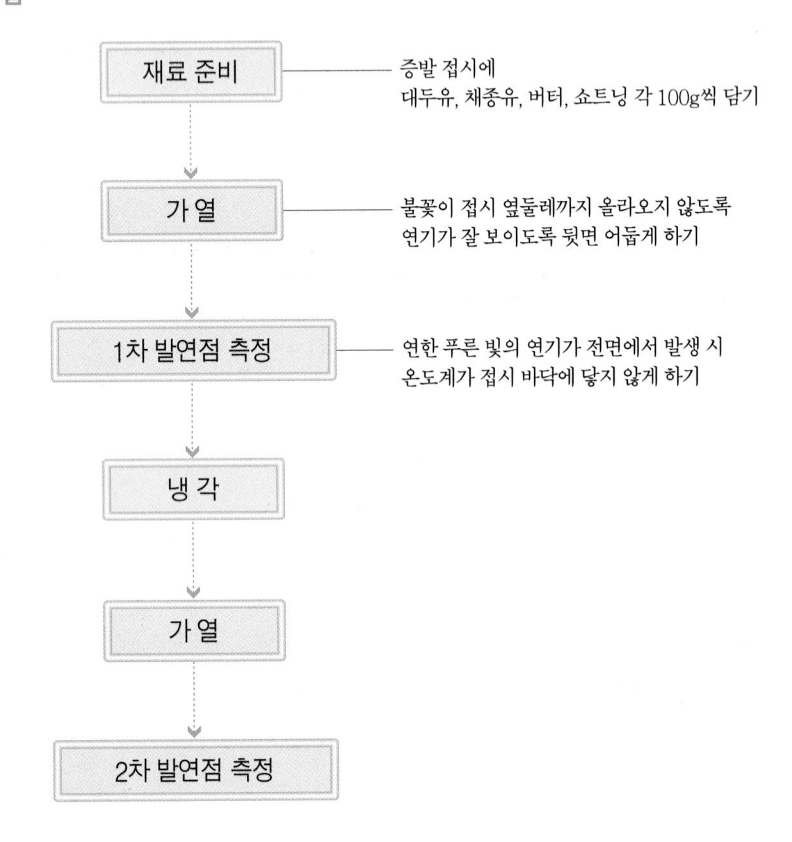

재료 및 분량

유지 각 100g씩
(대두유, 채종유, 버터, 쇼트닝)

기구 및 기기

온도계(300℃ 이상) · 증발접시 4개 · 일반 조리기구

결과 및 고찰

발연점(℃) \ 재료	대두유	채종유	버 터	쇼트닝
1차				
2차				

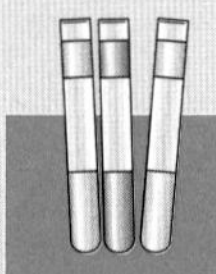

실험 3 고구마튀김의 튀김옷과 튀김온도가 품질에 미치는 영향

실험목적

튀김옷 재료와 튀김온도에 따른 튀김의 질을 비교한다.

실험방법

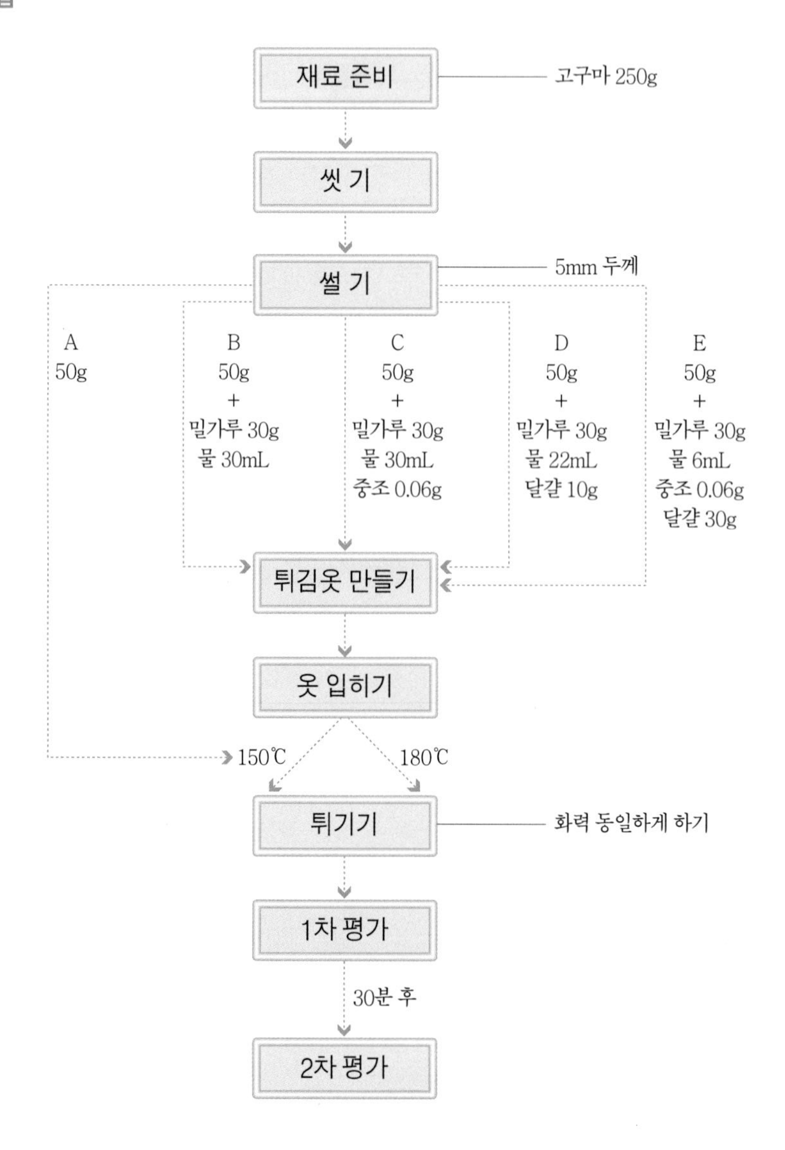

재료 및 분량

A : 고구마 50g
B : 고구마 50g · 밀가루 30g · 물 30mL
C : 고구마 50g · 밀가루 30g · 물 30mL · 중조 0.06g
D : 고구마 50g · 밀가루 30g · 물 22mL · 달걀 10g
E : 고구마 50g · 밀가루 30g · 물 6mL · 중조 0.06g · 달걀 30g

* 물의 양은 환수치에 따라 조정된 양이다.

기구 및 기기

저울 · 온도계 · 튀김냄비 · 일반 조리기구

결과 및 고찰

재 료	튀김 온도(℃)	색[1]		맛[2]		질 감[3]		비 고
		튀긴 직후	튀기고 30분 후	튀긴 직후	튀기고 30분 후	튀긴 직후	튀기고 30분 후	
A	150							
	180							
B	150							
	180							
C	150							
	180							
D	150							
	180							
E	150							
	180							

* 1), 2), 3) 순위척도법 : 좋은 것부터

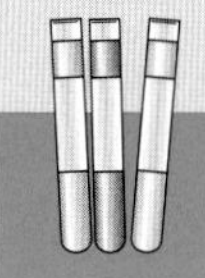

실험 4 튀김온도와 써는 방법에 따른 기름의 흡유량

실험목적

튀김온도와 써는 방법을 달리하여 만든 튀김의 흡유량을 비교한다.

실험방법

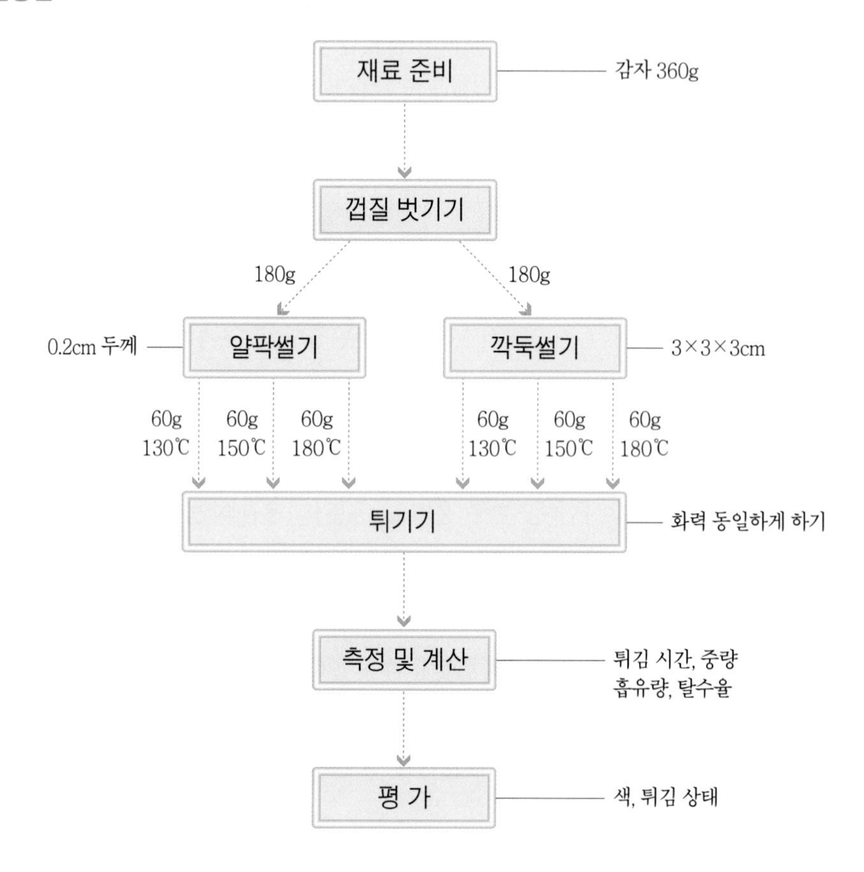

재료 및 분량

튀김 기름	500mL	감자	360g(60g×6)

기구 및 기기

저울 · 온도계(200℃) · 일반 조리기구

결과 및 고찰

튀김온도(℃)	130		150		180	
자르는 법	얄팍썰기	깍둑썰기	얄팍썰기	깍둑썰기	얄팍썰기	깍둑썰기
생재료 무게(g)	60	60	60	60	60	60
튀긴 후의 무게(g)						
튀김시간(분)						
흡유량(g)						
탈수율(%)						
색						
튀김상태*						

* 묘사법

흡유량 = 튀김 전의 기름의 무게 - 튀긴 후의 무게

탈수율(%) = 생재료 무게 - (튀긴 후의 무게 - 흡유량)/생재료 무게

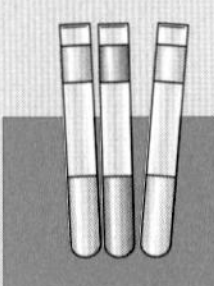

실험 5 튀김재료 분량에 따른 튀김유와의 관계

실험목적

튀김재료 분량에 따른 튀김기름의 온도변화 및 튀김시간과 기름의 소모량을 측정한다.

실험방법

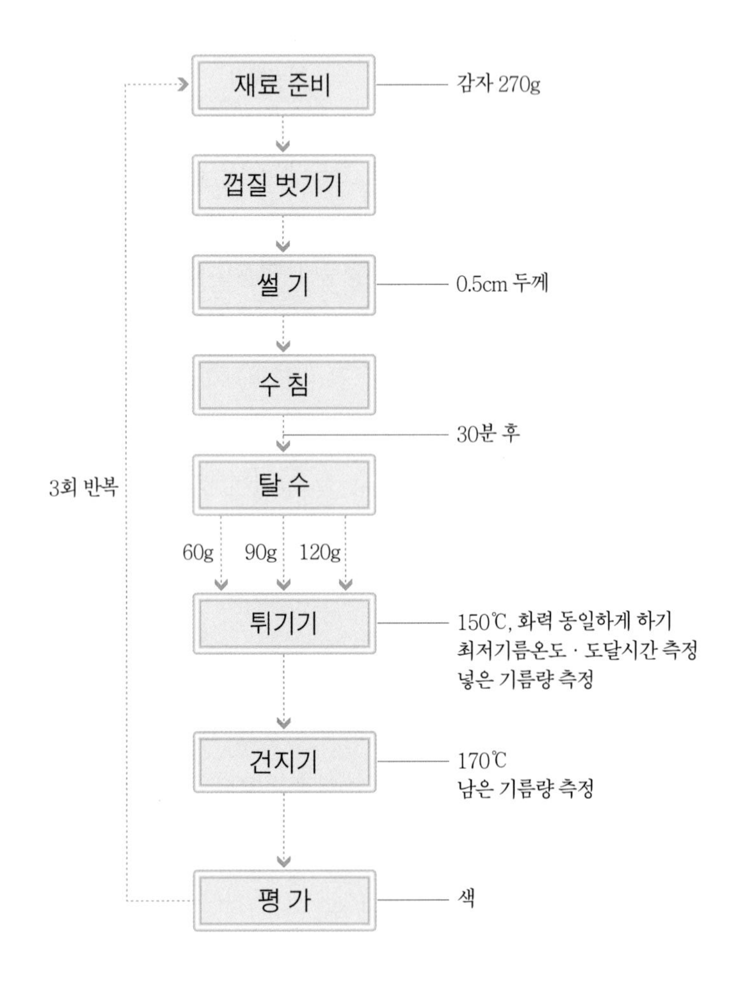

재료 및 분량

기름	300mL

감자	270g

기구 및 기기

온도계(200℃) 1개 · 스톱 워치(stop watch) · 일반 조리기구

결과 및 고찰

감자량 튀김횟수 / 기름의 변화	60g			90g			120g		
	1회	2회	3회	1회	2회	3회	1회	2회	3회
감자를 넣은 후 기름의 최저온도(℃)									
최저온도가 될 때까지의 소요시간(분)									
튀김완성 소요시간(분)									
사용된 기름량(g)									
색[1]									

* 1) 묘사법

Chapter 6

채소와 과일의 조리

Chapter 6

채소와 과일의 조리

식물세포의 구조 및 성분

식물세포의 구조는 세포벽으로 둘러싸여 있고 그 안에 원형질막이 있으며, 그 내부가 원형질이다. 원형질에는 핵이 있고 핵을 둘러싸고 세포질이 있으며, 세포질에는 액포, 미토콘드리아, 엽록체 같은 여러 색소체 등이 존재한다.

세포벽을 이루는 주요 구성성분으로는 셀룰로오스(cellulose), 헤미셀룰로오스(hemicellulose), 펙틴물질(pectic substances), 리그닌(lignin) 등이 있으며 사람의 소화기관에는 이들을 분해시킬 수 있는 소화효소가 없어서 에너지원으로는 쓰일 수 없지만 최근 식이섬유(dietary fiber)로서 그 영양학적 중요성이 강조되고 있다.

셀룰로오스

셀룰로오스(섬유소)는 β-D-포도당(glucose)이 β-1,4 결합으로 중합되어 연결된 다당류로서 세포벽에 질기면서도 부드러운 성질을 준다.

헤미셀룰로오스

세포와 세포 사이에서 펙틴물질과 함께 세포벽의 셀룰로오스 섬유 사이를 연결해 준다. 셀룰로오스만큼 고도로 중합되어 있지 않기 때문에 알칼리에 의해 쉽게 분해된다. 녹색 채소의 색을 선명하게 하기 위하여 식소다를 넣고 데쳤을 때 뭉그러지기 쉬운 것은 세포벽을 구성하고 있는 헤미셀룰로오스가 알칼리에 의하여 분해되기 때문이다.

리그닌

리그닌은 많은 고리(aromatic)구조들이 연결되어 있는 거대한 비소화성 다당류로서 식물성 식품에 질기고 딱딱한 질감의 나무와 같은 특성이 생기게 하기 때문에 조리과정에서 제거되어야 한다.

펙틴물질

펙틴물질은 α-D-갈락투론산(galacturonic acid)이 α-1,4 결합으로 중합된 다당류로서 세포벽을 구성하는 셀룰로오스, 헤미셀룰로오스 사이에서 이들을 붙여 주고, 세포와 세포 사이의 틈을 붙여 주는 시멘트(cement) 역할을 한다.

펙틴물질의 구조와 종류

프로토펙틴(protopectin)

숙성되지 않은 식물조직에 존재하여 딱딱한 질감을 주는 불용성의 펙틴물질로 식물이 숙성함에 따라 가수분해되어 수용성의 펙틴이 된다.

펙틴산(pectinic acid)

분자 중의 카복실기(-COOH)의 상당수가 메틸기($-CH_3$)와 결합되어 메틸 에스테르(methyl ester)를 형성하고 있는 교질상(膠質狀, colloid)의 갈락투론산 중합체이다. 분자 내에서 메틸기와 에스테르를 형성하고 있지 않은 카복실기의 전부가 염의 형태를 갖고 있는 중성염(normal salt), 카복실기의 일부만 염의 형태로 있고 나머지는 유리형으로 존재하는 산성염(acid salt) 또는 그 혼합물로 존재할 수 있다.

펙트산(pectic acid)

분자 내의 카복실기가 전혀 에스테르를 형성하고 있지 않은 갈락투론산의 중합체이며 펙틴산의 경우처럼 중성염, 산성염 또는 그 혼합물로 존재할 수 있다. 과숙(過熟)된 식물조직에 존재하며 이 상태가 되면 겔 형성 능력이 상실된다.

펙틴(pectin)

펙틴산, 펙틴산의 중성염과 산성염 또는 그 혼합물에 대한 일반적인 명칭으로 분자 내의 카

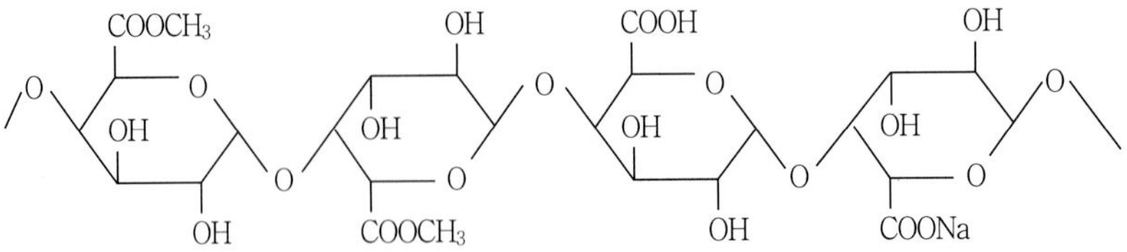

그림 6-1 펙틴 분자구조의 일부
출처 : 이혜수 외(2003), 조리과학.

복실기가 메틸 에스테르화되었거나, 염을 형성하고 있거나 유리 형태로도 존재한다. 구성 단위가 되고 있는 갈락투론산은 그림 6-1과 같이 α-1,4 결합을 통해 연결되어 있으며 식물 조직 내에서 이차적인 결합을 통해 집합체(aggregates)를 형성하며 적당량의 당과 산이 존재하면 겔(gel)을 형성할 수 있다.

펙틴의 종류와 겔 형성

펙틴은 이론적으로 16.32%의 메톡실기를 함유할 수 있으나 1,000~1,500개의 갈락투론산으로 형성된 펙틴의 모든 카복실기가 에스테르화된 상태는 생각할 수 없으므로 실제적인 최대 함량은 14% 정도이다. 그러므로 중간 함량인 7%를 기준으로, 메톡실 함량이 7% 이상인 고메톡실 펙틴(high methoxyl pectin)과 7% 이하인 저메톡실 펙틴(low methoxyl pectin)으로 분류된다.

고메톡실 펙틴

펙틴 분자들은 수용액 속에서 음전하를 띠는 친수성 교질물질로, 이 용액 내에서 펙틴 분자들은 수화현상(hydration)과 펙틴 분자들 상호간의 음전하 반발(repulsion) 현상에 의해 안정화되고 있다. 펙틴 분자들로 이루어진 교질 용액에 설탕을 첨가하면, 첨가된 설탕 분자들이 스스로 수화되도록 교질 용액 내의 물 분자나 펙틴 분자에 수화되어 있는 물 분자들을 제거하므로 펙틴 분자들은 수화에 의한 안정 상태가 파괴되고 침전되기 쉬운 불안정한 상태가 되어 펙틴 분자끼리의 결합이 쉬워진다. 또한 이때 산이 존재하면, 산에서 형성된 수소이온들이 펙틴 분자들이 가진 음전하를 중화시켜 펙틴 분자의 안정성 감소로 펙틴 분자끼리의 결합이 용이해진다.

이렇게 침전된 펙틴 분자들은 분자 속의 유기산기, 에스테르기, 히드록실기 등을 통해 직접 수소 결합을 하거나 설탕 분자, 물 분자 등과 간접적으로 수소결합을 하여 3차원의 망

(three dimensional network)을 형성한다. 이때 설탕을 비롯한 용질 분자들은 3차원의 망 사이의 공간에 들어가 평형 상태를 이루는 동시에 반고체의 겔이 형성된다.

저메톡실 펙틴

저메톡실 펙틴 분자들의 카복실기가 칼슘이나 마그네슘과 같은 다가(多價) 양이온들과 횡적인 이온결합을 하여 3차원적인 망인 겔을 형성한다. 따라서 당이나 산의 함량이 적어도 소량의 다가 양이온들이 존재하면 겔을 형성할 수 있다. 이러한 이유로 저열량의 펙틴 겔을 만들 수 있고, 고메톡실 펙틴의 겔 형성 범위가 pH 2.8~3.4로 한정되어 있는 반면 저메톡실 펙틴은 pH 2.5~6.5의 넓은 영역에서 겔을 형성할 수 있다.

펙틴의 겔 형성에 영향을 주는 요인

수소이온의 농도

펙틴 겔을 형성하기 위한 최적의 pH는 펙틴의 메톡실기 함량, 과즙에 존재하는 염의 함량, 당의 함량 등에 의해 좌우된다.

대부분의 과일은 pH 2.8~3.4(산의 함량으로는 0.3% 정도)에서 겔을 형성하며, pH가 높을수록 굳는 시간이 오래 걸린다. 또한 pH 3.5 이상이면 겔이 형성되지 않고 pH 2.8 이하에서는 상당히 높은 온도에서도 겔화가 일어난다. 이러한 최적 조건을 맞추려면 pH 미터를 이용하는 것이 가장 정확하나, 가정에서는 pH 미터가 없으므로 우선 과숙되지 않은 과일을 선택하는 것이 중요하다. 만일 과일의 산도가 충분히 낮지 않으면 pH 2.2~2.4의 레몬즙을 첨가하면 도움이 된다. 유기산으로는 이온화가 잘 되는 주석산이 구연산보다 효과가 크다.

당의 농도

펙틴 겔을 형성하기 위한 당의 농도는 60~65%가 가장 적당하다. 농축시킨 잼이나 젤리의 당 함량을 측정하려면 당도계를 사용하는 것이 좋으나, 가정에서는 온도계로 끓는점을 측정하여 간접적으로 설탕 농도를 측정하면 된다. 보통 60%의 설탕 용액은 103℃에서, 65%는 104℃에서, 그리고 68%의 것은 105℃에서 끓으므로 대부분의 펙틴 겔은 103~105℃까지 끓이면 된다.

펙틴의 농도

펙틴 겔이 형성되기 위한 펙틴의 함량은 0.5~1.5% 정도이며, 이를 위해 다음과 같은 점을

표 6-1 알코올 침전법에 의한 펙틴의 함량 측정

알코올에 의한 변화	펙틴 함량	가당량
젤리 모양으로 응고하거나 큰 덩어리가 된다.	많다	과즙의 1/2~1/3량(부피)
여러 개의 젤리 모양 덩어리를 만든다.	보통	과즙과 같은 양
작은 덩어리가 생기거나 전혀 안 생긴다.	적다	농축시키거나 다른 과즙 또는 펙틴을 넣는다.

고려해야 한다.

- **과일의 종류** : 펙틴 함량이 많은 과일을 택해야 하는데, 펙틴의 함량은 표 6-1과 같이 95%의 알코올과 동량의 과즙을 섞어 확인하는 펙틴 침전법으로 알 수 있으며, 그 양으로 펙틴 겔의 형성 여부와 필요한 설탕의 양을 알 수 있다. 실제로 표 6-2에 제시된 것처럼 펙틴 함량이 많은 포도, 딸기, 오렌지, 귤 등이 잼, 젤리, 마멀레이드 등에 많이 이용되며 펙틴 함량이 적을 때는 펙틴을 첨가하거나 농축시켜야 한다.
- **과일의 숙성도** : 적당히 잘 익은 과일을 선택해야 하는데, 과숙된 과일은 펙틴이 펙틴 가수분해효소에 의해 분해되어 겔 형성이 되지 않고, 미숙한 과일 또한 프로토펙틴이 많아 물에 녹지 않으므로 겔 형성이 잘 되지 않는다.
- **물의 양** : 만일 과량의 물을 넣고 가열하면 과즙 중의 펙틴이 모두 추출되었다 하더라도 지나치게 희석되어 그대로는 겔화되기 어렵고 또 농축시키기 위해 장시간 지나치게 가열해야 하므로 펙틴의 분해가 일어나 겔화되기 더욱 어렵다.

표 6-2 과일 중의 펙틴과 산의 함량 정도

펙틴과 산의 함량	종 류
펙틴과 산이 많은 것	사과, 포도(미국산), 개살구, 귤, 레몬, 오렌지
펙틴이 많고 산이 적은 것	복숭아, 무화과, 바나나, 스위트 체리
펙틴이 적고 산이 많은 것	살구, 딸기
펙틴과 산이 중간 정도인 것	과숙 사과, 포도(유럽산)
펙틴과 산이 적은 것	서양배, 감, 과숙 복숭아, 과숙 과일

색 소

과일과 채소에 존재하는 색소는 클로로필(chlorophyll), 카로티노이드(carotenoids), 안토시아닌(anthocyanins), 안토크산틴(anthoxanthins) 등의 천연색소들이다.

클로로필

녹색의 클로로필(엽록소, chlorophyll)은 식물의 잎과 줄기세포 내 엽록체에 단백질과 결합되어 존재하며 구조는 그림 6-2와 같다.

클로로필은 녹색 채소뿐 아니라 익지 않은 과일에 많은데, 과일이 익으면서 클로로필은 줄어들고, 카로티노이드(carotenoid)와 같은 다른 색소들이 클로로필보다 많아져서 익은 과일 특유의 색깔이 나게 된다.

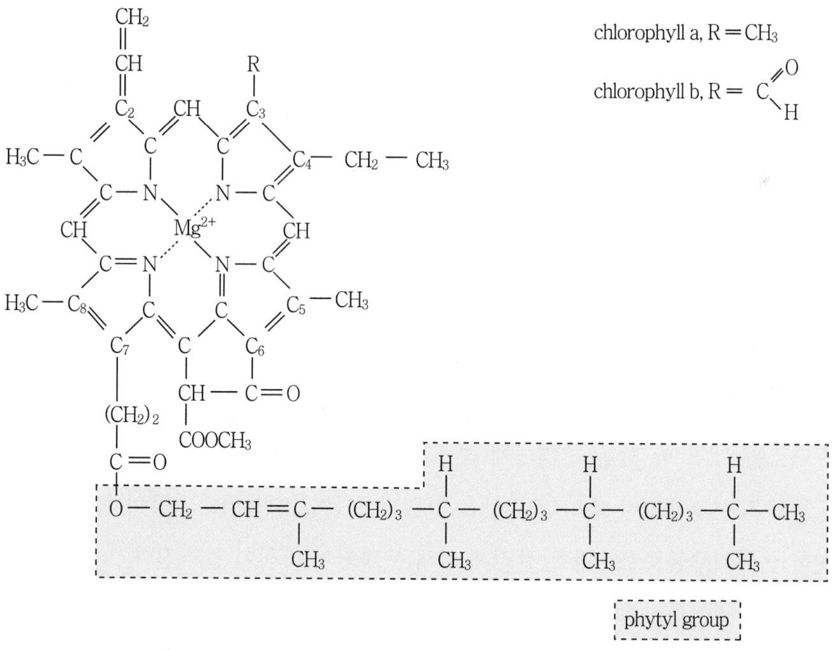

CH_2
CH
R
C_2 CH C_3
$H_3C - C$ C C $C_4 - CH_2 - CH_3$
$C - N$ $N - C$
CH Mg^{2+} CH
$C = N$ $N - C$
$H_3C - C_8$ C C $C_5 - CH_3$
C_7 C C_6
$CH - C = O$
$(CH_2)_2$ $COOCH_3$
$C = O$
$O - CH_2 - CH = C - (CH_2)_3 - C(H)(CH_3) - (CH_2)_3 - C(H)(CH_3) - (CH_2)_3 - C(H)(CH_3) - CH_3$
CH_3

chlorophyll a, R = CH_3

chlorophyll b, R = $C(=O)H$

phytyl group

그림 6-2 클로로필의 구조
출처 : 이혜수 외(2003), 조리과학.

산에 의한 변화

클로로필을 산으로 처리하면 클로로필의 포르피린 고리에 결합된 마그네슘(Mg)이 수소이온과 치환되어 갈색의 페오피틴(pheophytin)이 생성된다. 이 페오피틴에 계속해서 산이 작용하면 클로로필에 존재하는 피톨이 떨어져 나가 갈색의 페오포비드(pheophorbide)가 형성된다.

이러한 변화는 조리과정 중에 많이 볼 수 있는데, 녹색 채소를 천천히 오래 삶을 때 갈색으로 변하는 것은 클로로필을 안정화시키고 있던 단백질과의 결합이 끊어져 클로로필이 유리되어 조직 중의 유기산과 반응하여 페오피틴이나 페오포비드를 생성하기 때문이다. 녹색 채소를 데칠 때 이러한 변색을 억제하기 위해서는 물이 끓으려 할 때 채소를 넣고 처음 2~3분간은 뚜껑을 열어 휘발성 산을 신속히 증발시키고, 고온 단시간 동안 가열하여 클로로필과 산의 접촉시간을 짧게 해야 한다. 또한 간장이나 된장 등의 산성 식품이나 녹색 채소 양념 시의 식초는 마지막에 넣어야 변색을 최소화할 수 있다.

녹색 채소로 만든 김치나 오이지를 오래 저장했을 때 갈색을 띠는 것은 발효에 의해 생성된 초산이나 젖산에 의한 것이고, 푸른 잎을 방치하면 점점 갈색을 띠는 것도 자기 소화에 의해 식물 속에 있던 유기산이 각각 클로로필에 작용하여 페오피틴이나 페오포비드를 생성하기 때문이다.

알칼리에 의한 변화

클로로필의 마그네슘은 알칼리에서 안정하나 피톨은 알칼리에서 가열 시 떨어져 나가 진한 청록색의 수용성 클로로필리드(chlorophyllide)가 형성되고 계속해서 메탄올이 떨어져 역시 짙은 청록색의 클로로필린(chlorophylline)이 형성된다.

녹색 채소를 데칠 때 색을 선명하게 하려고 탄산수소나트륨($NaHCO_3$)과 같은 알칼리를 가하면 녹색은 선명해지나 비타민 C 같은 알칼리에 불안정한 비타민들이 파괴되고 세포벽을 구성하는 헤미셀룰로오스가 알칼리에 의해 분해되어 조직이 물러진다. 이때 중탄산나트륨 대신에 중성염이기는 하나 소금을 조금 넣으면 색이 선명해지고 비타민 C 파괴율도 감소되며 조직도 물러지지 않는다.

클로로필라아제에 의한 변화

식물조직에 널리 분포되어 있는 클로로필라아제(chlorophyllase)는 식물조직이 파괴될 때 유리되어 클로로필에 작용하면 피톨을 분리시켜 진한 청록색의 수용성 클로로필리드를 생성한다. 이때 계속해서 알칼리가 존재하면 클로로필리드는 다시 진한 청록색의 클로로필린을 생성하지만 산이 존재하면 갈색의 페오포비드가 된다.

녹색 채소를 데칠 때 찬물에 넣고 데치면 물이 끓을 때까지 여러 효소들이 작용할 수 있으나 끓는 물에 채소를 넣으면 클로로필라아제를 비롯한 성분 변화를 주는 효소들(갈변효소, 펙틴 분해효소, 비타민 C 산화효소)을 파괴할 수 있다. 또한 세포와 세포 사이에 차 있던 공기가 빠져 나가는 대신 수분이 채워지고 열에 의해 세포막이 변성 · 파괴되면서 모든 조직이 액체로 채워져 반투명해지면서 녹색이 선명해지는 효과도 있다.

이때 주의해야 할 점은 앞에서도 언급했듯이 뚜껑을 열고 고온 단시간 동안 데쳐야 클로로필과 비타민 C의 파괴를 최소로 할 수 있다. 또한 데치는 물의 양도 중요한데, 만약 물의 양이 적으면 채소를 넣은 후의 온도가 많이 내려가서 다시 끓을 때까지의 시간이 많이 걸려 클로로필라아제(최적 온도 75~80℃) 활동이 활발해지고 액포에서 나온 유기산이 클로로필

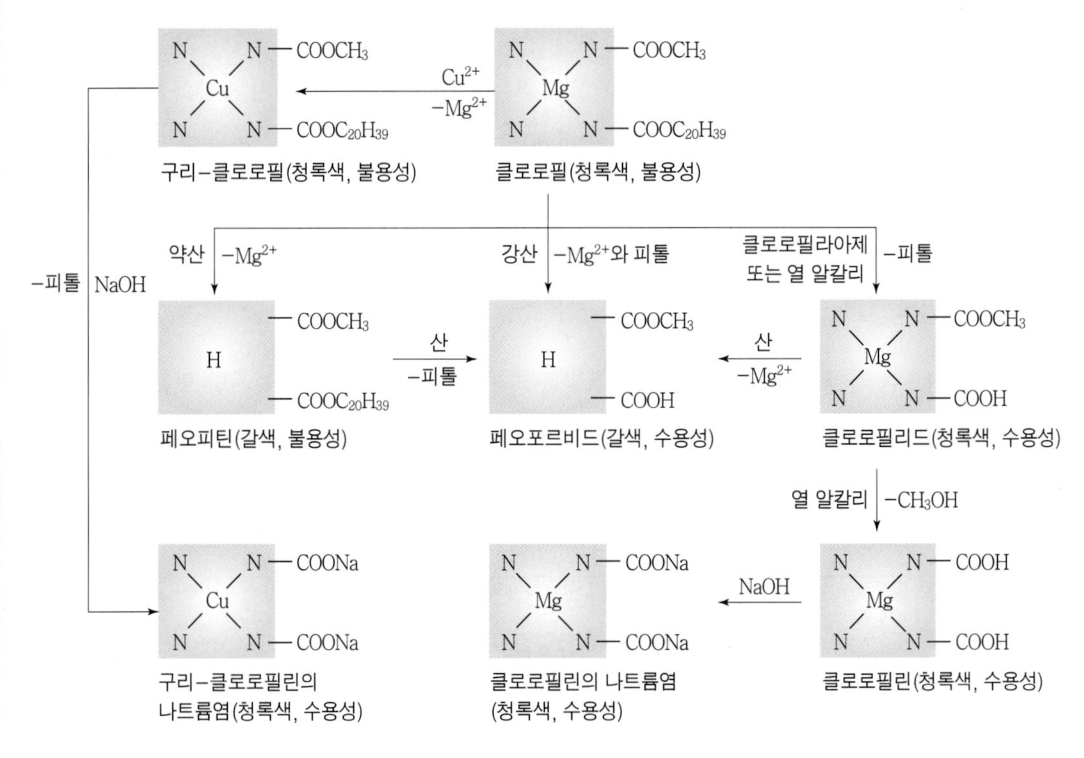

그림 6-3 클로로필의 종합적인 변화과정
출처 : 이혜수 외(2003), 조리과학.

에 많이 접촉하여 갈색으로 변할 수 있다. 반면 물의 양이 많으면 채소를 넣은 후의 온도가 덜 내려가 단시간 내에 다시 끓어오르므로 클로로필라아제를 파괴시키고 용출된 유기산도 희석되어 색의 변화는 적지만 용출되는 비타민 C의 양이 많아져 영양적 손실이 커진다. 데치는 물의 양은 채소 무게의 다섯 배가 적당하다.

데친 후에도 온도가 높게 유지되면 열에 의해 변색될 우려가 있고 비타민 C 산화효소가 파괴되었음에도 불구하고 비타민 C의 자가분해가 일어날 수 있으므로 즉시 냉수에 헹구어 급냉시켜야 한다.

금속이온에 의한 변화

클로로필은 구리(Cu)나 철(Fe) 등의 이온 또는 이들의 염과 함께 가열하면 클로로필 분자 중의 마그네슘(Mg)과 치환되어 선명한 청록색의 구리-클로로필 또는 선명한 갈색의 철-클로로필을 형성한다.

또 녹색 채소가 산에 의해 갈색의 페오피틴으로 변한 경우에도 구리의 염을 첨가시키면 분자 내의 수소이온이 구리이온으로 치환되어 구리-클로로필이 되므로 진한 청록색으로 만들 수 있다. 이러한 구리의 클로로필 안정화 효과는 완두콩 통조림 제조 시 소량의 황산구리($CuSO_4$)를 넣으면 가열 살균 시의 변색이 억제되는 것과 오이지 제조 시 놋그릇 닦던 수세미를 넣으면 오이가 녹색을 유지하는 데서 찾아볼 수 있다.

카로티노이드

카로티노이드란 황색, 주황색, 적색 등의 색깔을 가지며, 물에 녹지 않으나 지방 또는 유기용매에 잘 녹고 구조가 서로 비슷한 한 무리의 색소를 말한다. 식물성 식품의 카로티노이드는 식물체에서 합성되어 클로로필과 함께 잎의 엽록체 속에 존재한다.

카로티노이드는 탄소와 수소만으로 구성된 카로틴(carotenes)과 그 외에 산소를 가지고 있는 크산토필(xanthophylls)로 나뉜다. 그림 6-4와 같이 기본구조의 양끝이 α-이오논(ionone) 핵 또는 β-이오논 핵과 같이 고리 모양으로 되어 있는 경우와 슈도(pseudo) 이오논 핵과 같이 사슬 모양으로 되어 있는 경우가 있으며 이러한 양끝의 구조에 따라 색과 화학적 성질이 달라진다.

카로틴에는 α-카로틴, β-카로틴, γ-카로틴, 리코펜(lycopene) 등이 있는데 이 중에서 α-카로틴, β-카로틴, γ-카로틴은 β-이오논 핵을 가지고 있어 체내에서 분해되어 비타

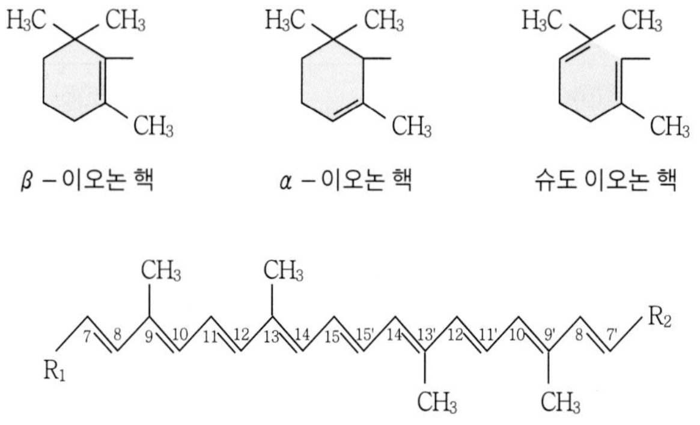

H_3C CH_3 CH_3 — β-이오논 핵 / α-이오논 핵 / 슈도 이오논 핵

R_1 … 7 8 9 10 11 12 13 14 15 15' 14' 13' 12' 11' 10' 9' 8' 7' … R_2 (CH_3 곁사슬)

그림 6-4 카로티노이드의 기본구조와 이오논 핵

민 A로 전환될 수 있으므로 식품의 색뿐 아니라 영양소로도 작용한다. 특히 β-카로틴은 카로틴 중에서 식물에 가장 널리 함유되어 당근, 고구마, 호박, 감귤류 등에 존재한다.

크산토필에는 고추나 파프리카의 캡산틴(capsanthin), 감이나 옥수수의 크립토크산틴(cryptoxanthin), 감이나 파파야의 비올라크산틴(violaxanthin) 등이 있다.

카로티노이드는 물에 녹지 않으나 기름에 녹고 열에 비교적 안정하며 조리에 사용될 정도의 약산과 약알칼리에는 파괴되지 않으므로 조리과정 중에 성분의 손실이 거의 없으나, 불포화도가 높아 산화에 매우 약한 성질을 갖는다. 그러므로 공기 중의 산소나 산화효소인 리폭시다아제(lipoxidase), 리포페르옥시다아제(lipoperoxidase), 페르옥시다아제(peroxidase) 등에 의해 쉽게 산화되어 퇴색되고 햇빛은 이러한 산화를 촉진시킨다.

이러한 카로티노이드의 변색을 방지하려면 가열에 의한 효소의 불활성화, 탈기나 가스치환에 의한 산소와의 접촉방지, 항산화제를 이용한 산화방지, 건조 전의 고분자 물질에 의한 피막화 등을 실시해야 하며 햇빛 차단을 위해 포장이나 용기의 선택에도 주의해야 한다.

안토시아닌

안토시아닌은 꽃이나 과일의 적색, 청색, 자색 등의 수용성 색소를 총칭하는 한 무리의 색소로 식물체의 액포에 존재한다. 대부분이 당류(글루코오스, 람노오스, 갈락토오스)와 결합한 배당체로 존재하는데, 비당 부분을 안토시아니딘(anthocyanidins)이라 하며, 안토시아닌과 안토시아니딘을 일반적으로 안토시안이라 부른다.

안토시아닌의 기본구조는 산소가 양이온 상태인 $C_6-C_3-C_6$의 플라빌리움(flavylium) 화합

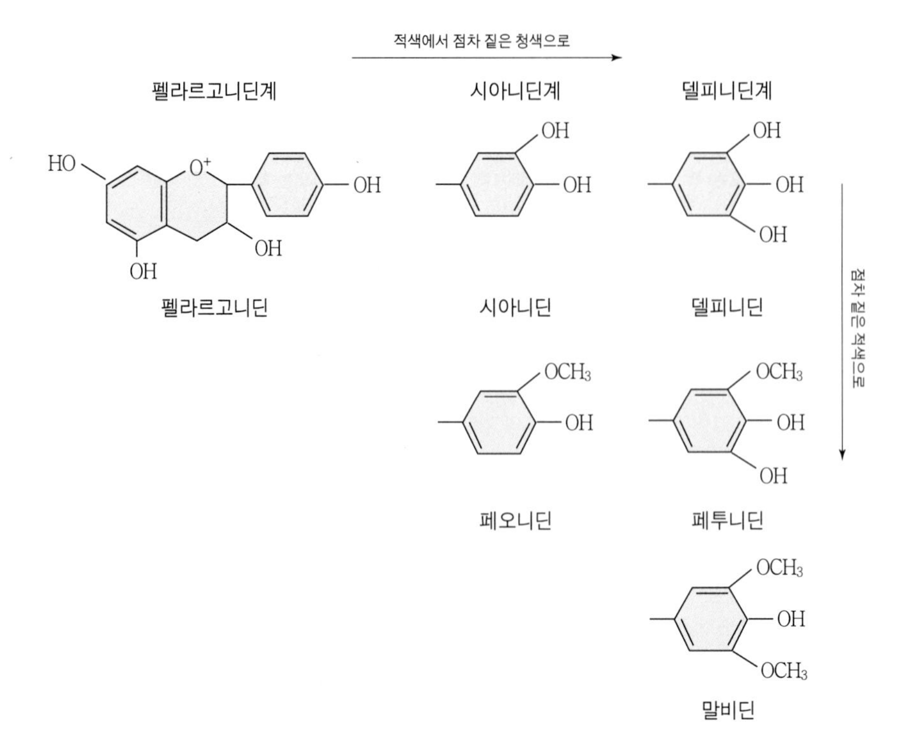

그림 6-5 안토시아니딘의 구조에 따른 색의 변화

물로서 전체 구조가 공액이중결합으로 연결되어 있어 여러 가지 아름다운 색을 낼 수 있다.

자연식품에는 6종의 안토시아니딘이 존재하며(그림 6-5), $-OH$기가 증가할수록 청색이 증가하며, $-OCH_3$기가 증가할수록 적색이 증가된다. 시아니딘은 사과, 앵두, 복숭아, 자두 등에서 발견되고, 펠라고니딘은 딸기에 함유되어 있으며, 델피니딘은 가지에서 볼 수 있다.

pH에 따른 변화

안토시아닌은 매우 불안정한 색소 중 하나로, pH에 의하여 색이 변한다.

pH 3 또는 그 이하에서는 적색의 플라빌리움염의 형태로 존재하며 pH 4~5에 이르면 무색의 슈도(pseudo)염을 거쳐 pH 8.5에 이르면 자색으로 변하고 더욱 알칼리를 넣으면 청색이 된다. 이러한 변화들은 가역적이므로 산을 넣으면 다시 적색이 된다.

안토시아닌을 함유하는 과일이나 채소를 가공 조리할 때 산을 가하여 pH를 낮추면 아름다운 적색이 보존된다. 실제로 적색의 양배추로 샐러드를 만들 때 식초를 조금 넣은 물에 담그거나, 매실지(梅室漬)에 차조기의 잎을 넣으면 고운 적색을 띠는 것은 이러한 원리를 응용한 것이다.

금속에 의한 변화

안토시아닌은 각종 금속과 반응하여 착화합물을 만든다. 즉, 철과는 청색, 주석(Sn)과는 회색이나 자색, 아연(Zn)과는 녹색의 화합물을 형성한다. 실제로 가지절임(가지를 단무지처럼 쌀겨 된장 속에 절임)할 때 그 속에 쇳조각을 넣어두면 갈변이 방지되고 가지가 고운 청색을 띤다.

산소와 효소에 의한 변화

안토시아닌과 안토시아니딘은 산소가 존재하면 효소에 의해 산화되어 갈변한다. 실제로 과즙 또는 과일, 오래된 포도주는 산화되어 갈변하고 가지절임할 때 가지의 나수닌(nasunin)이라는 안토시아닌에 속하는 색소가 폴리페놀옥시다아제(polyphenol oxidase)에 의해 산화되어 o-퀴논(o-quinone)이라는 갈색의 중합체를 형성한다.

안토크산틴

안토크산틴은 거의 무색이거나 담황색이며, 식물세포에서는 액포에 존재하는 수용성 색소이다. 이 색소는 감자, 쌀, 양파와 같은 흰색 식물에 단독으로 존재하기도 하지만, 안토시아닌과 함께 존재하기도 한다. 자연계에 널리 분포되어 있어서 이 색소를 함유하고 있지 않는 식물이 거의 없다. 대부분 글루코오스, 람노오스(rhamnose), 갈락토오스(galactose), 루티노오스(rutinose) 등과 결합된 배당체로 존재한다.

채소와 과일에 많은 안토크산틴은 플라본(flavone), 플라보놀(flavonol), 플라바논(flavanone) 등으로 그 구조는 그림 6-6과 같다.

안토크산틴은 일반적으로 산에는 안정하나, 알칼리에서는 비당부분(aglycone)의 고리구조가 열려 칼콘(calcone)이 생성되어 황색이나 갈색을 띠거나 배당체들이 가수분해되어 진한 황색을 띤다. 실제로 밀가루에 중탄산나트륨($NaHCO_3$)을 첨가하여 빵이나 튀김옷을 만들면 황색이 되고 양배추, 양파, 감자, 고구마, 콩 등을 가열 조리 시 물에 존재하는 알칼리염에 의해 황색이 선명히 나타난다.

또한 안토크산틴은 폴리페놀(polyphenol) 화합물의 갈변과 같이 쉽게 산화되어 갈변되고, 금속과도 쉽게 결합하여 착화합물을 만들어 변색된다. 즉, 알루미늄(Al)과는 황색, 납

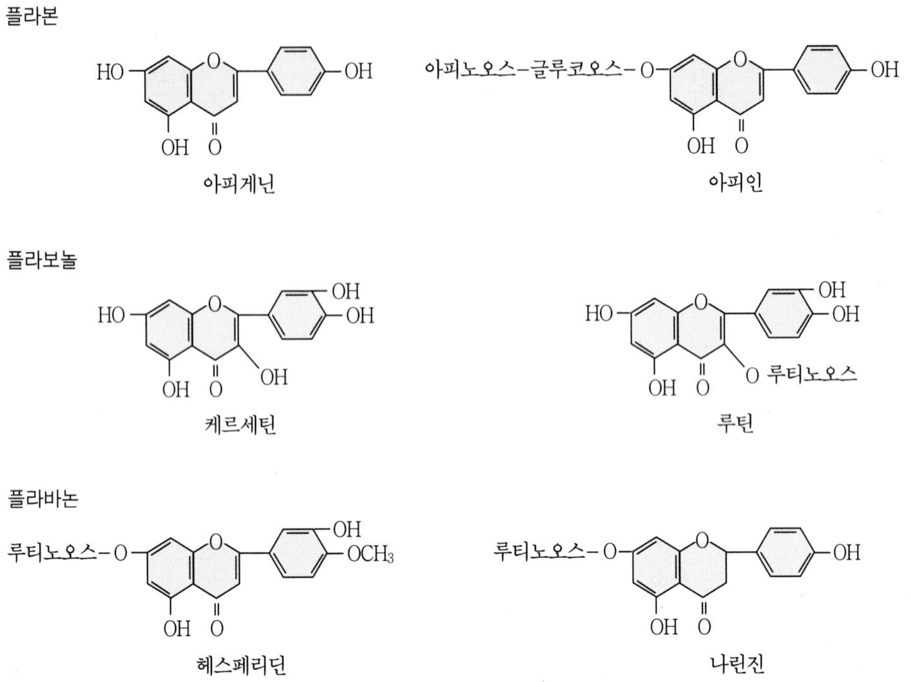
플라본
HO
OH
아피노오스-글루코오스-O
OH
OH O
아피게닌
아피인
플라보놀
OH
O 루티노오스
케르세틴
루틴
플라바논
루티노오스-O
OCH3
헤스페리딘
나린진

그림 6-6 주요 안토크산틴의 구조
출처 : 이혜수 외(2003), 조리과학.

(Pb)과는 흰색이나 황색, 크롬(Cr)과는 적갈색, 철(Fe)과는 적색, 적갈색, 녹색의 화합물을 형성한다. 실제로 감자를 철제 칼로 썰면 적색이나 적갈색, 양파를 알루미늄 냄비에서 삶으면 황색을 띤다.

갈변현상

사과, 배, 복숭아, 바나나, 감자, 가지, 양송이 등의 흰색 과일이나 채소는 껍질을 벗기거나 파쇄할 때 갈색으로 변하는데, 이는 이들에 존재하는 폴리페놀(polyphenol) 화합물이나 티로신(tyrosine)이 각각 공존하는 폴리페놀옥시다아제(polyphenol oxidase)와 티로시나아제(tyrosinase, monophenol oxidase)에 의해 산화되어 갈색의 멜라닌(melanin)으로 전환되는 효소적 갈변에 의한 것이다.

폴리페놀옥시다아제에 의한 갈변

폴리페놀옥시다아제는 구리(Cu)를 함유하는 금속 효소로서 그림 6-7과 같이 폴리페놀류를 산소의 존재 하에서 퀴논 화합물로 산화시키고, 생성된 퀴논은 계속해서 산화되고 중합 또는 축합되어 갈색의 멜라닌을 형성한다.

폴리페놀옥시다아제가 작용하는 기질에는 갈산(gallic acid), 카페산(caffeic acid), 클로로겐산(chlorogenic acid), 카테킨(catechin), 에피카테킨(epicatechin), 피로카테킨(pyrocatechin), 카테콜(catechol), 케르세틴(quercetin), 피로갈롤(pyrogallol), 헤스페리딘(hesperidin), 루틴(rutin), 알부틴(arbutin), 퀴놀(quinol) 등이 있으며, 이들 기질 및 효소의 함량과 분포는 식물의 종류나 품종에 따라 달라 이에 대한 갈변 정도도 식품의 종류에 따라 다르다.

사과나 배를 깎아서 공기 중에 놓아두면 갈변하는데, 이것은 클로로겐산, 피로카테킨 등의 폴리페놀류가 폴리페놀옥시다아제에 의해 퀴논으로 산화되고 이것이 산화되고 중합 또는 축합되어 갈색의 멜라닌을 형성한다. 폴리페놀옥시다아제의 활성은 구리(Cu)나 철(Fe)이온에 의해 촉진되고 염소(Cl)이온에 의해 억제되므로 사과나 배의 갈변은 금속 용기를 피하고 묽은 소금물에 담그면 방지할 수 있다.

폴리페놀류의 효소적 갈변은 일반적으로 바람직하지 못하지만, 녹차가 발효되어 홍차가 될 때 녹차에 존재하는 카테킨, 갈로카테킨 같은 탄닌이 산화, 중합하여 홍차의 적색 색소인 테아플라빈(theaflavin)이 생성되는 것은 반대로 품질을 향상시키는 예이다.

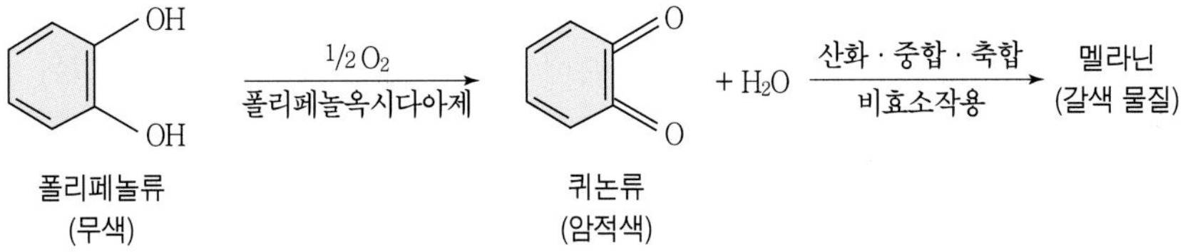

OH OH 폴리페놀류 (무색) —$1/2\ O_2$, 폴리페놀옥시다아제→ O O 퀴논류 (암적색) $+ H_2O$ —산화 · 중합 · 축합, 비효소작용→ 멜라닌 (갈색 물질)

그림 6-7 폴리페놀옥시다아제에 의한 갈변

티로시나아제에 의한 갈변

티로시나아제는 페놀옥시다아제로서 그 성질 및 작용은 폴리페놀옥시다아제와 거의 비슷하여 구리(Cu)를 함유하고 구리이온에 의해 활성화되고 염소이온에 의해 활성이 억제되는

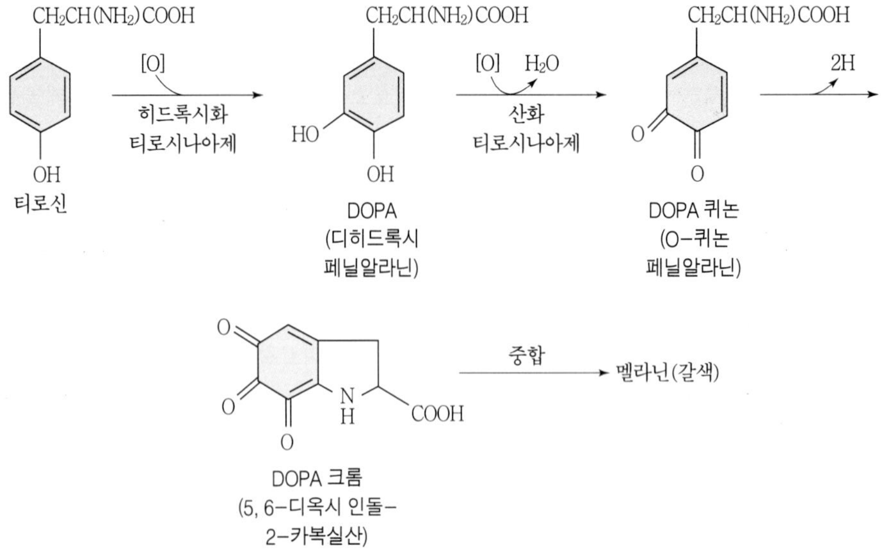

$CH_2CH(NH_2)COOH$ → [O] 히드록시화 티로시나아제 → DOPA → [O] H_2O 산화 티로시나아제 → DOPA 퀴논 → 2H →

티로신

DOPA
(디히드록시
페닐알라닌)

DOPA 퀴논
(O-퀴논
페닐알라닌)

DOPA 크롬 —중합→ 멜라닌(갈색)

DOPA 크롬
(5, 6-디옥시 인돌-
2-카복실산)

그림 6-8 티로시나아제에 의한 갈변

산화 효소이다.

티로시나아제에 의한 갈변반응은 그림 6-8과 같다. 즉, 티로시나아제의 작용에는 티로신으로부터 DOPA를 생성하는 페놀히드록시다아제(phenol hydroxidase)의 작용과 DOPA로부터 DOPA 퀴논을 생성하는 본래의 티로시나아제 작용 두 가지가 있으며, DOPA 퀴논은 더욱 산화되어 적색의 DOPA 크롬(chrome)을 생성하며 이것이 중합하여 갈색의 멜라닌을 형성한다.

티로시나아제에 의한 갈변은 과일, 채소 중 특히 감자의 갈변과 밀접한 관계가 있는데, 티로시나아제는 수용성이므로 깎은 감자를 물속에 담그면 티로시나아제가 용출되어 감자의 갈변을 막을 수 있다.

효소적 갈변의 억제

효소적 갈변은 효소, 기질, 산소의 세 가지 요소가 있을 때 일어나므로 이 중 하나만이라도 없애면 갈변을 억제할 수 있다.

식품의 냉장

대부분의 폴리페놀옥시다아제 효소의 최적 온도는 40±10℃이므로 냉장하여 효소의 활동을 억제시켜 갈변을 방지할 수 있다.

가 열

열은 효소활동을 억제 또는 파괴하므로 데치기 등에 의해 갈변을 방지할 수 있다.

pH

효소의 최적 pH(pH 5.8~6.8)에서 멀게 하면 갈변이 억제된다. 대개 pH 2.5~2.7이 되면 효소의 활동을 거의 완전히 방지할 수 있으며 사과산이 구연산보다 갈변방지에 더 효과적이라고 알려져 있다.

항산화제의 사용

과일 특히 과즙의 갈변을 방지하기 위하여 아스코르브산(ascorbic acid)을 사용하는데, 이는 아스코르브산이 항산화제로서 역할을 하기 때문이다. 아스코르브산은 쉽게 산화되어 수소 한 분자가 떨어져 디히드로아스코르브산(dehydroascorbic acid)이 되며, 이 수소는 DOPA와 결합하여 다시 디히드록시페놀(dihydroxyphenol) 상태로 되돌아가 산화가 진행되지 않기 때문이다. 또한 pH의 저하효과 때문에 효소의 활동이 점차 감소해서 아스코르브산이 충분히 존재하면 효소는 완전히 불활성화된다.

이산화황의 사용

과일의 갈변을 방지하기 위하여 오래 전부터 이산화황(SO_2)이 사용되어 왔다. 과일을 건조시킬 때 먼저 이산화황 가스에 노출시키고 이산화황 용액에 담그거나 또는 설파이트(sulfite), 바이설파이트(bisulfite), 메타설파이트(metasulfite) 용액에 담근다. 또는 얇게 썬 사과를 희게 보존하기 위하여 조절된 방법으로서 다이포타슘 포스페이트(dipotassium phosphate, K_2HPO_4)에 5분간 과일을 담근 후 소디움 설파이트(sodium sulfite)의 묽은 용액(0.25%)에 45분간 담근다. 이 방법을 사용하면 사과가 희게 될 뿐 아니라 아삭아삭한 질감도 보존된다.

염소이온의 이용

염소이온은 폴리페놀옥시다아제의 활동을 방지하는 성질을 가지고 있으므로 0.2%의 소금 용액으로 깎은 사과의 갈변을 방지할 수 있다. 그러나 염소이온의 효력은 일시적이고 영구적 방지를 위해서는 상당량의 소금이 필요하므로 음식의 맛을 변경시킬 우려가 있다.

진공포장

과일 통조림을 만들 때 진공으로 하면 산소를 차단하므로 갈변을 방지할 수 있다.

설탕 또는 시럽의 사용

과일에 설탕을 뿌리거나 설탕시럽에 과일을 담그면 공기 중의 산소가 과일 표면으로 침입하는 것을 막아 갈변을 방지할 수 있다.

텍스처

채소와 과일의 조직은 살아 있는 세포의 팽압(turgor)과 지지세포의 양과 세포의 접착 정도에 의하여 달라지며, 가열조리 시에는 이러한 세포의 팽압과 세포 간 접착성의 변화로 인해 텍스처(질감, texture)가 변화된다.

팽 압

팽압은 대부분이 수분인 세포의 내용물이 세포벽에 가하는 압력으로 이 압력으로 인하여 내부에서 외부로 세포벽이 늘어나면 세포벽은 세포가 살아 있는 한 세포 내부로 다시 되돌아가게 하는 압력이 생긴다. 이렇게 세포벽이 내외로 가하는 압력은 같아 평형상태이며, 이 압력은 식물의 종류에 따라서 다르다.

팽압에 의하여 세포벽의 경직성이 생기고 팽대된 세포가 상호간에 주는 압력이 자라나는 식물이 직립할 수 있는 힘을 주고, 거두어들인 채소와 과일의 아삭아삭한 질감을 준다.

세포는 내용물의 양이 감소하면 말랑말랑해지거나 시들시들해지고, 반면 내용물의 양이 증가하면 단단해진다. 세포의 내용물이 세포벽이 견딜 수 있는 한계를 넘도록 증가하면 세포가 찢어지고 내용물이 흘러나오고, 따라서 경직성이 없어진다.

세포막은 수분함량을 조절하기 위한 선택적 투과층으로 작용하여 세포 내외의 농도 차이에 의한 삼투성에 의해 세포 내의 수분함량이 조절된다. 즉, 채소나 과일을 물에 담그면 세포 내의 용질이 담근 물보다 많으므로 삼투성에 의하여 수분이 세포로 침투해 들어가서 세포가 팽창하므로 아삭아삭한 정도(crispness)가 증가한다. 반면 농축된 설탕물이나 소금물에 식물의 조직이 닿으면(배추 절임) 삼투성에 의하여 세포로부터 수분이 빠져나와 절임채소의 질감을 갖게 된다.

채소나 과일을 가열하면 세포막은 단백질이 변성되어 선택적 투과성을 잃게 되므로 수분은 확산에 의하여 세포 내외로 이동한다. 따라서 식물조직에서 대부분의 물을 함유하고 있는 액포는 물을 잃게 되므로 팽압이 소실되어 조직은 시들시들해진다.

세포 간의 접착성

세포벽을 구성하는 성분의 종류와 양, 그리고 세포벽의 구조적 조직이 채소와 과일의 특성에 영향을 준다. 세포벽을 형성하는 물질인 셀룰로오스와 헤미셀룰로오스의 양과 세포와 세포를 붙여 주는 펙틴 물질 그리고 리그닌의 양이 식물조직에 힘을 주고, 씹거나 썰거나 할 때 저항력에 영향을 준다.

과일은 숙성적기 또는 숙성적기를 약간 지났을 때 향기성분의 함량이 최고에 달하는 동시에 펙틴물질 중 불용성 펙틴이 최대로 수용성 펙틴으로 변하기 때문에 가장 품질이 우수하다.

채소는 약간 미성숙할 때 수확하여 먹는 것이 좋다. 대부분의 채소들은 숙성기에 도달하면 즙이 적어지고 섬유질이 많아져서 덜 연하고 세포벽은 두꺼워지며 목질이 많이 쌓이므로 질겨서 거의 먹지 못하게 된다.

채소나 과일을 가열하면 세포와 세포를 접착시켜 주고 있던 프로토펙틴이 수용성 펙틴으로 분해되어 질감이 연해진다. 이때 목질화된 부분은 가열해도 연해지지 않으므로 조리 전 제거하는 것이 좋다.

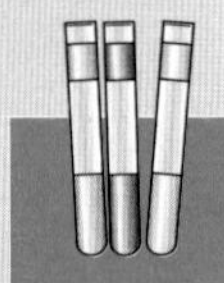

실험 1 과일 젤리에 관한 실험

실험목적

과일의 종류, 설탕 첨가량 및 pH에 따른 펙틴 겔의 특성을 비교한다.

실험방법

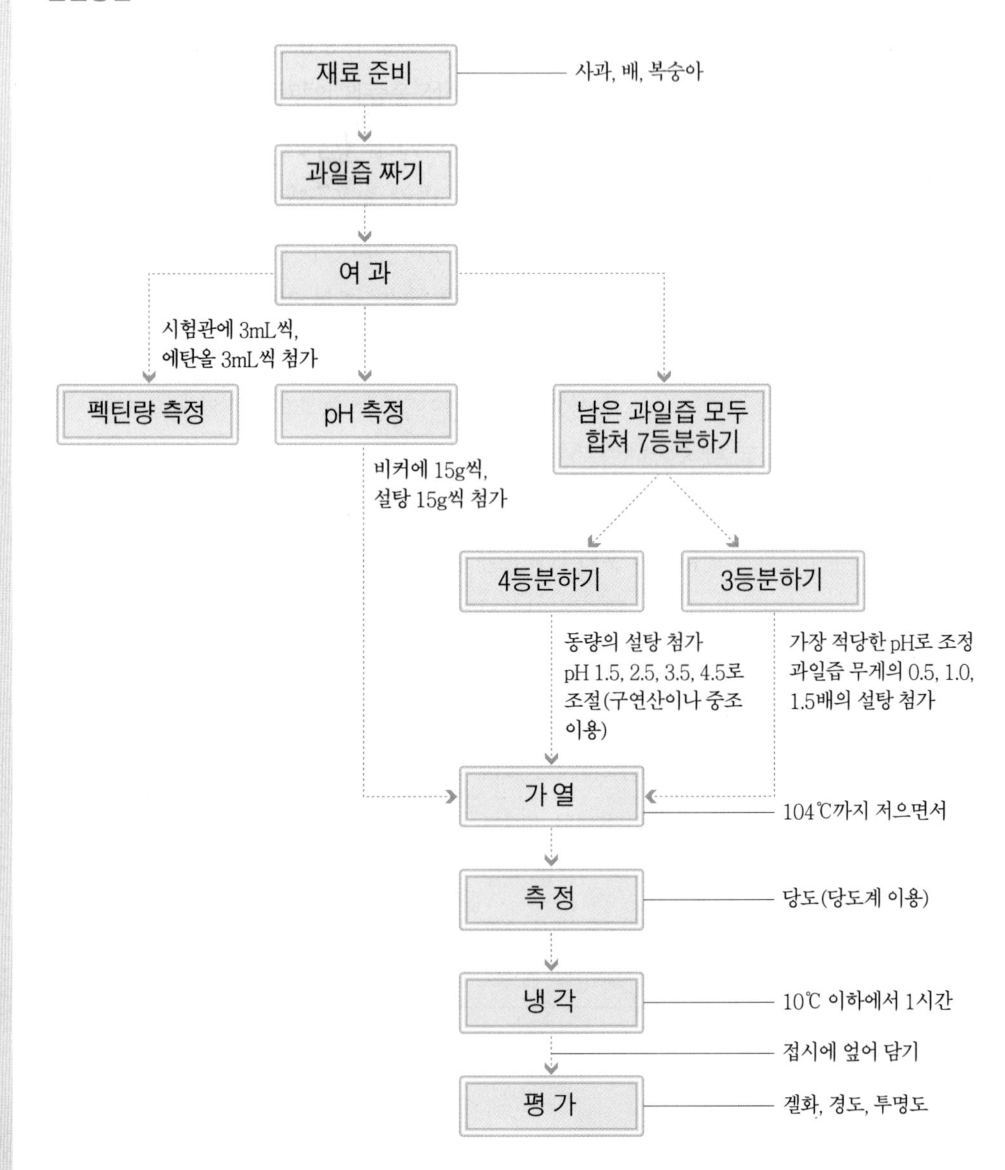

재료 및 분량

사과 과즙	50mL
배 과즙	50mL
복숭아 과즙	50mL
설탕	200g
에탄올	20mL
5% 중조	20mL
20% 구연산	20mL

기구 및 기기

pH 시험지(또는 pH 미터) · 당도계 · 온도계 · 시험관 3개 · 비커(50mL) 20개 · 여과지 · 깔때기 · 저울 · 접시 · 일반 조리기구(접시)

결과 및 고찰

과일 종류에 따른 겔 특성 비교

항 목 \ 과일 종류	사 과	복숭아	배
펙틴량[1]			
pH			
겔 화[2]			
경 도[3]			
투명도[4]			
당 도			

* 1) 순위척도법 : 많은 것부터
  2) 순위척도법 : 빠른 것부터
  3), 4) 순위척도법 : 높은 것부터

설탕 첨가량에 따른 겔 특성 비교

항 목 \ 첨가량	0.5배	1.0배	1.5배
겔 화[1]			
경 도[2]			
투명도[3]			
당 도			

pH에 따른 겔 특성 비교

항 목 \ PH	1.5	2.5	3.5	4.5
겔 화[1]				
경 도[2]				
투명도[3]				
당 도				

* 1) 순위척도법 : 빠른 것부터
  2), 3) 순위척도법 : 높은 것부터

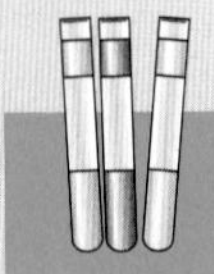

실험 2 사과의 종류와 설탕의 양을 달리하여 가열한 사과조직의 특성 비교

실험목적

사과의 종류와 첨가하는 설탕의 양을 달리하여 사과를 끓인 후 사과조직의 변화를 관찰한다.

실험방법

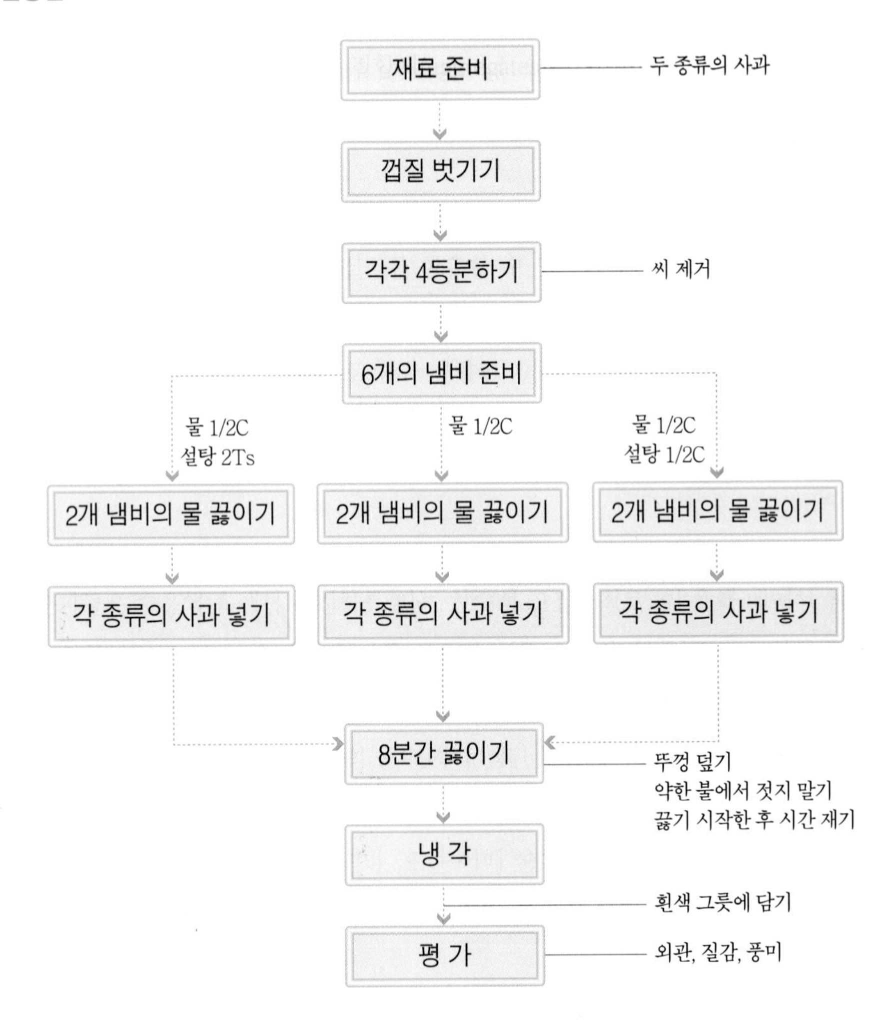

재료 및 분량

홍옥	3개	부사나 다른 종류의 사과	3개	설탕	$1\frac{1}{2}$C

기구 및 기기

계량컵 · 계량스푼 · 흰색 그릇 · 타이머 · 냄비 · 일반 조리기구

결과 및 고찰

조리 조건 / 항목	물 1/2C		물 1/2C + 설탕 2Ts		물 1/2C + 설탕 1/2C	
	홍 옥	기 타	홍 옥	기 타	홍 옥	기 타
외 관						
질 감						
풍 미						

* 묘사법

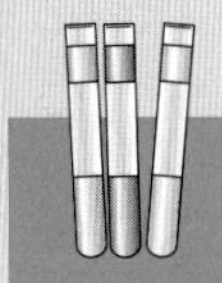

실험 3 채소 색소에 관한 실험

실험목적

채소의 주된 색소인 클로로필, 카로티노이드, 안토시아닌, 안토크산틴이 여러 가지 조리 조건에 따라 어떻게 변하는지 알아본다.

실험방법

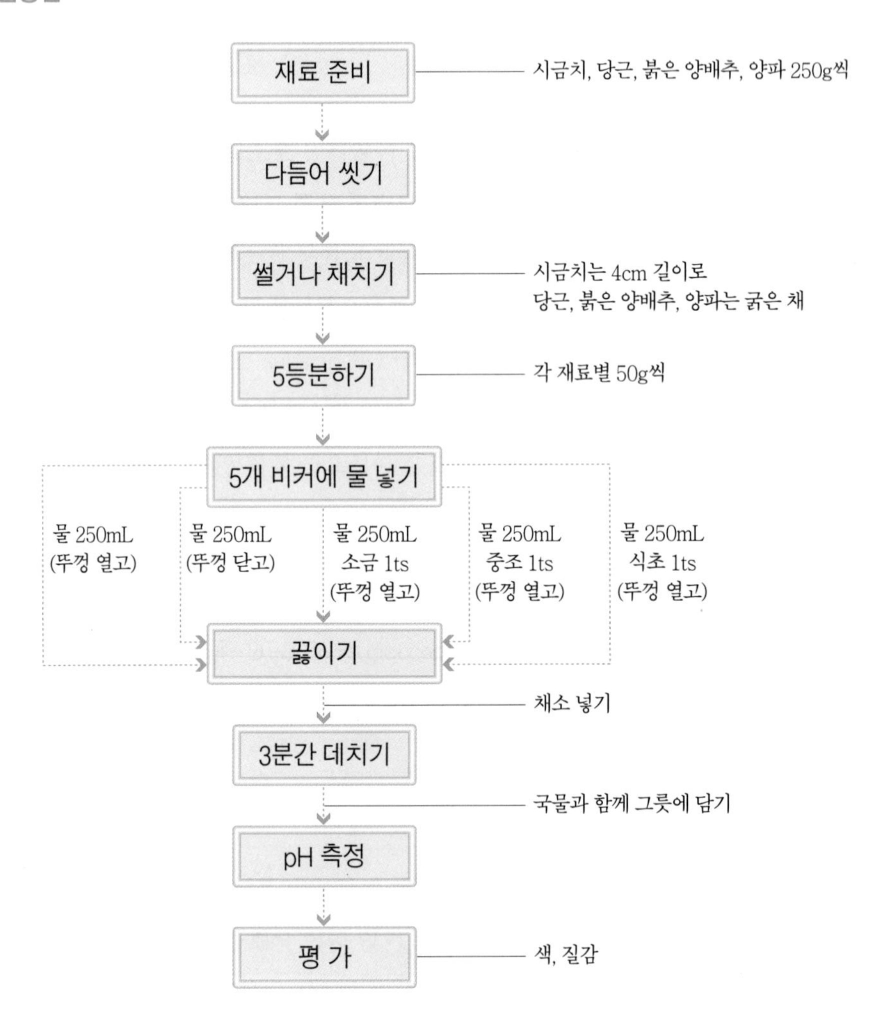

재료 및 분량

시금치	250g(50g×5)	양파	250g(50g×5)	중조	4Ts
당근	250g(50g×5)	소금	4Ts		
붉은 양배추	250g(50g×5)	식초	4Ts		

기구 및 기기

비커(50mL) 20개 · 저울 · pH 시험지(또는 pH 미터) · 계량스푼 · 타이머 · 흰색 그릇 · 일반 조리기구

결과 및 고찰

항 목	조리 조건	뚜껑 열기	뚜껑 닫기	소금 1ts	중조 1ts	식초 1ts
pH	시금치					
	당 근					
	붉은 양배추					
	양 파					
색	시금치					
	당 근					
	붉은 양배추					
	양 파					
질 감	시금치					
	당 근					
	붉은 양배추					
	양 파					

* 묘사법

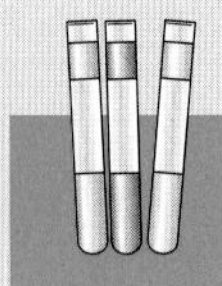

실험 4 녹색 채소 데치기에 관한 실험

실험목적

녹색 채소를 데칠 때 물의 양, 가열온도, 가열시간, 데친 후의 처리방법 등이 채소의 색과 질감에 미치는 영향을 알아본다.

실험방법

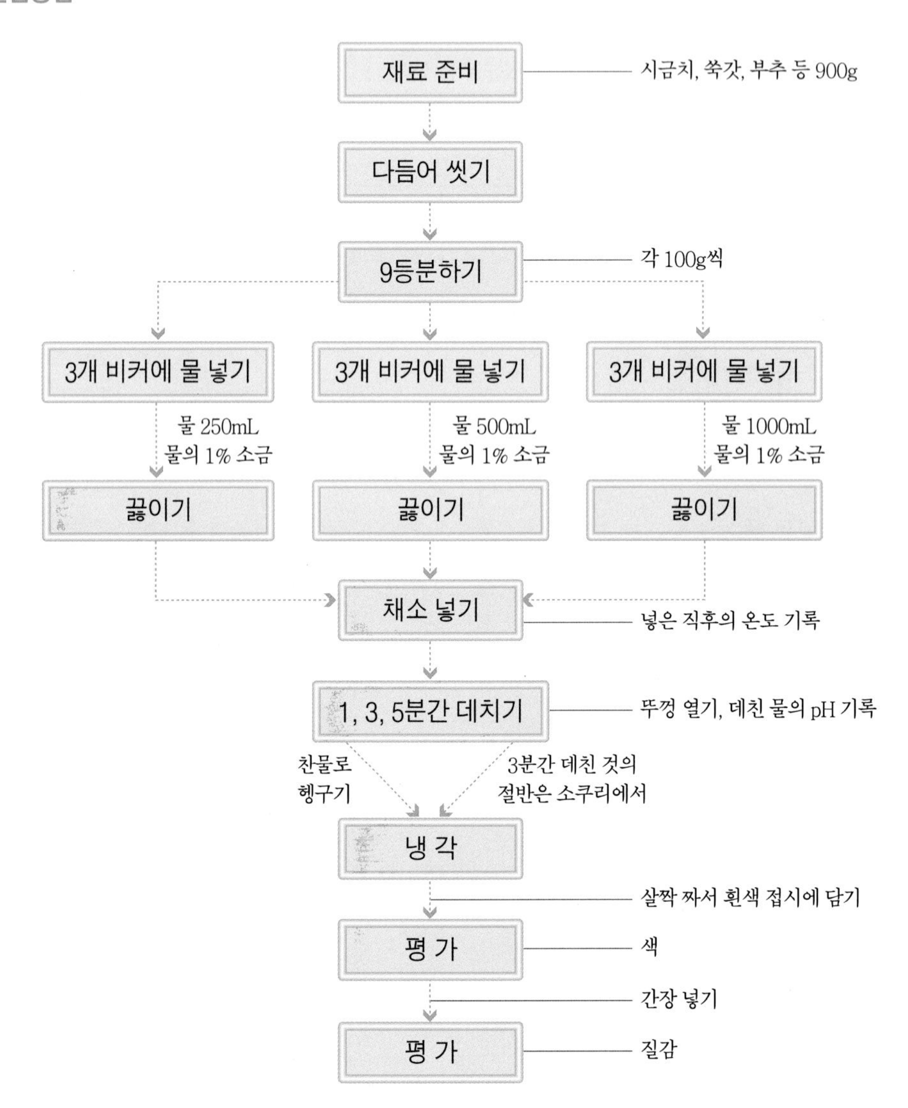

재료 및 분량

녹색 채소 (시금치, 쑥갓, 부추 등)	900g(100g×9)	소금	약간
		간장	약간

기구 및 기기

온도계 · 저울 · 타이머 · pH 페이퍼(또는 pH 미터) · 계량컵 · 흰색 접시 · 일반 조리기구

결과 및 고찰

항 목 / 조리 조건	내려간 온도	pH	색[1]	익은 정도[2] (질감)
물 250mL 1분간				
물 250mL 3분간 찬물에 식힌 것				
물 250mL 3분간 소쿠리에 방치				
물 250mL 5분간				
물 500mL 1분간				
물 500mL 3분간 찬물에 식힌 것				
물 500mL 3분간 소쿠리에 방치				
물 500mL 5분간				
물 1,000mL 1분간				
물 1,000mL 3분간 찬물에 식힌 것				
물 1,000mL 3분간 소쿠리에 방치				
물 1,000mL 5분간				

* 1) 묘사법
2) 순위척도법 : 좋은 것부터

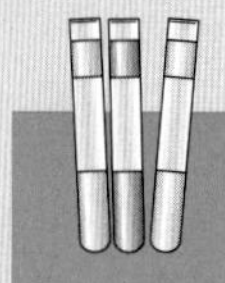

실험 5 채소와 과일의 갈변 방지에 관한 실험

실험목적

공기 중에서 쉽게 갈변하는 채소와 과일들의 갈변을 방지할 수 있는 여러 가지 방법들을 확인하고 그 원리를 이해하고자 한다.

실험방법

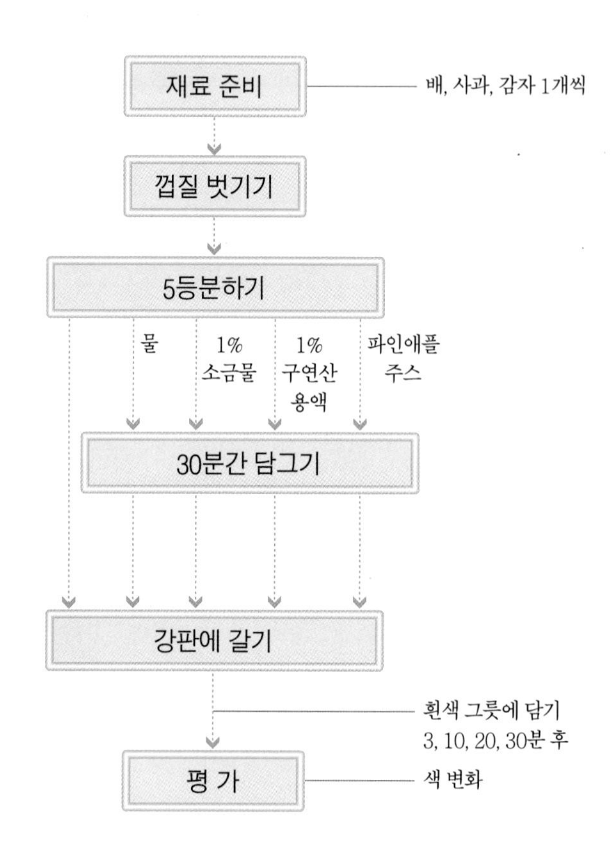

재료 및 분량

배	1개	물	300mL	파인애플 주스	300mL
사과	1개	1% 소금물	300mL		
감자	1개	1% 구연산 용액	300mL		

기구 및 기기

메스실린더 · 타이머 · 일반 조리기구(흰색 그릇, 강판)

결과 및 고찰

경과 시간(분)	재 료 / 항 목	배	사 과	감 자
3	그냥 간 것			
	물			
	1% 소금물			
	1% 구연산 용액			
	파인애플 주스			
10	그냥 간 것			
	물			
	1% 소금물			
	1% 구연산 용액			
	파인애플 주스			
20	그냥 간 것			
	물			
	1% 소금물			
	1% 구연산 용액			
	파인애플 주스			
30	그냥 간 것			
	물			
	1% 소금물			
	1% 구연산 용액			
	파인애플 주스			

* 묘사법

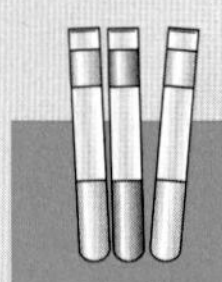

실험 6 침수 시간에 따른 건조식품의 흡수율

실험목적

건조식품(콩과 팥)의 침수시간 경과에 따른 흡수속도와 흡수율을 비교해 본다.

실험방법

콩과 팥의 흡수율

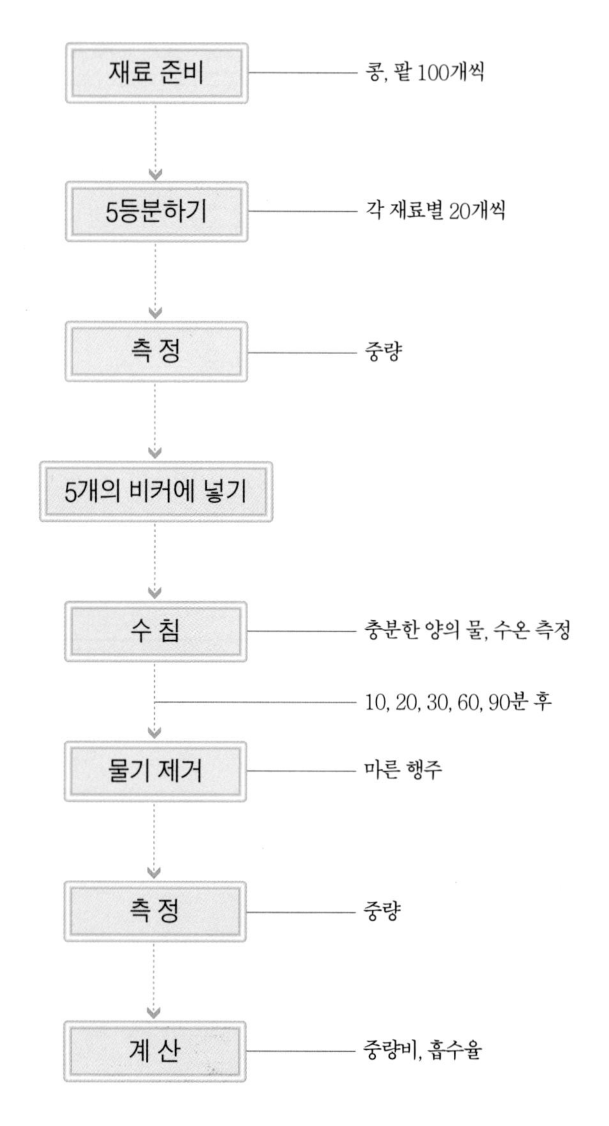

재료 및 분량

콩	100개(20개×5)	팥	100개(20개×5)

기구 및 기기

비커 · 온도계 · 저울 · 타이머 · 소쿠리 · 마른 행주나 종이타월 · 일반 조리기구

결과 및 고찰

(수온 : ℃)

항목	침수시간(분)	10	20	30	60	90
콩	침수 전의 중량(g)					
	침수 후의 중량(g)					
	흡수 후 중량비					
	흡수율(%)					
팥	침수 전의 중량(g)					
	침수 후의 중량(g)					
	흡수 후 중량비					
	흡수율(%)					

$$* \text{ 흡수 후의 중량비} = \frac{\text{침수 후의 중량}}{\text{침수 전의 중량}}$$

$$\text{흡수율(\%)} = \frac{\text{침수 후의 중량} - \text{침수 전의 중량}}{\text{침수 전의 중량}} \times 100$$

실험목적

건조식품(미역, 고사리, 표고)의 침수시간 경과에 따른 흡수속도와 흡수율을 비교해 본다.

실험방법

미역, 고사리, 표고의 흡수율

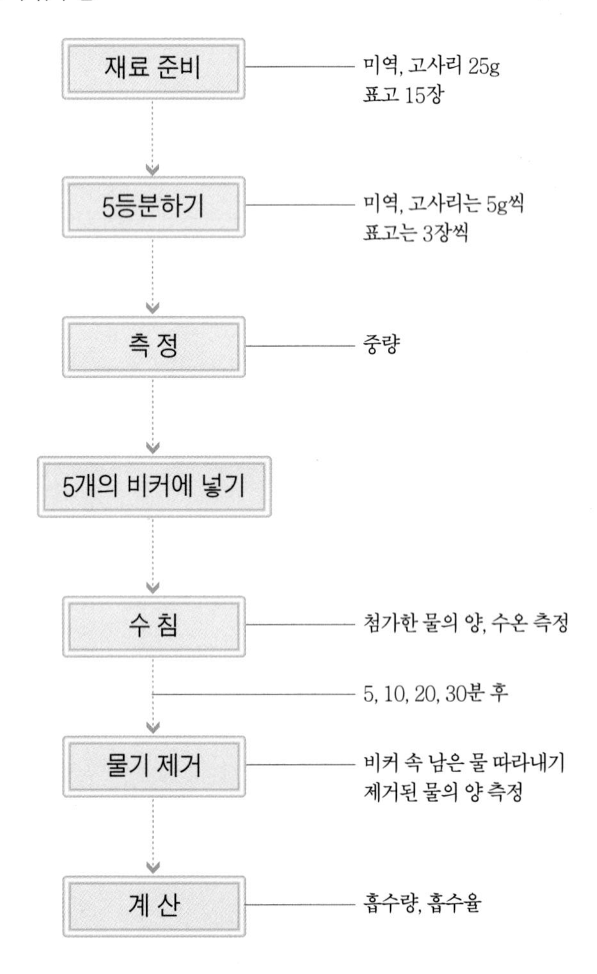

재료 및 분량

마른 미역	25g(5g×5)
마른 고사리	25g(5g×5)
마른 표고	15장(3장×5)

기구 및 기기

비커 · 온도계 · 저울 · 타이머 · 소쿠리 · 마른 행주나 종이타월 · 일반 조리기구

결과 및 고찰

(수온 :　　℃)

항 목	침수시간(분)	5	10	20	30
미 역	침수 전의 중량(g)				
	처음 첨가한 물의 양(g)				
	비커 속에 남은 물의 양(g)				
	흡수량(g)				
	흡수율(%)				
고사리	침수 전의 중량(g)				
	처음 첨가한 물의 양(g)				
	비커 속에 남은 물의 양(g)				
	흡수량(g)				
	흡수율(%)				
표 고	침수 전의 중량(g)				
	처음 첨가한 물의 양(g)				
	비커 속에 남은 물의 양(g)				
	흡수량(g)				
	흡수율(%)				

* 흡수량(g) = 처음 첨가한 물의 양 – 비커 속에 남은 물의 양

$$\text{흡수율(\%)} = \frac{\text{흡수량}}{\text{침수 전의 중량}} \times 100$$

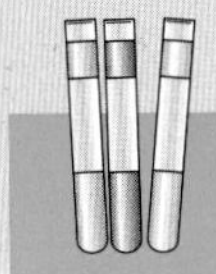

실험 7 냉수에 담근 채소의 흡수와 질감의 변화

실험목적

채소를 썰어 냉수에 담갔을 때 물을 흡수한 채소의 질감 변화를 관찰한다.

실험방법

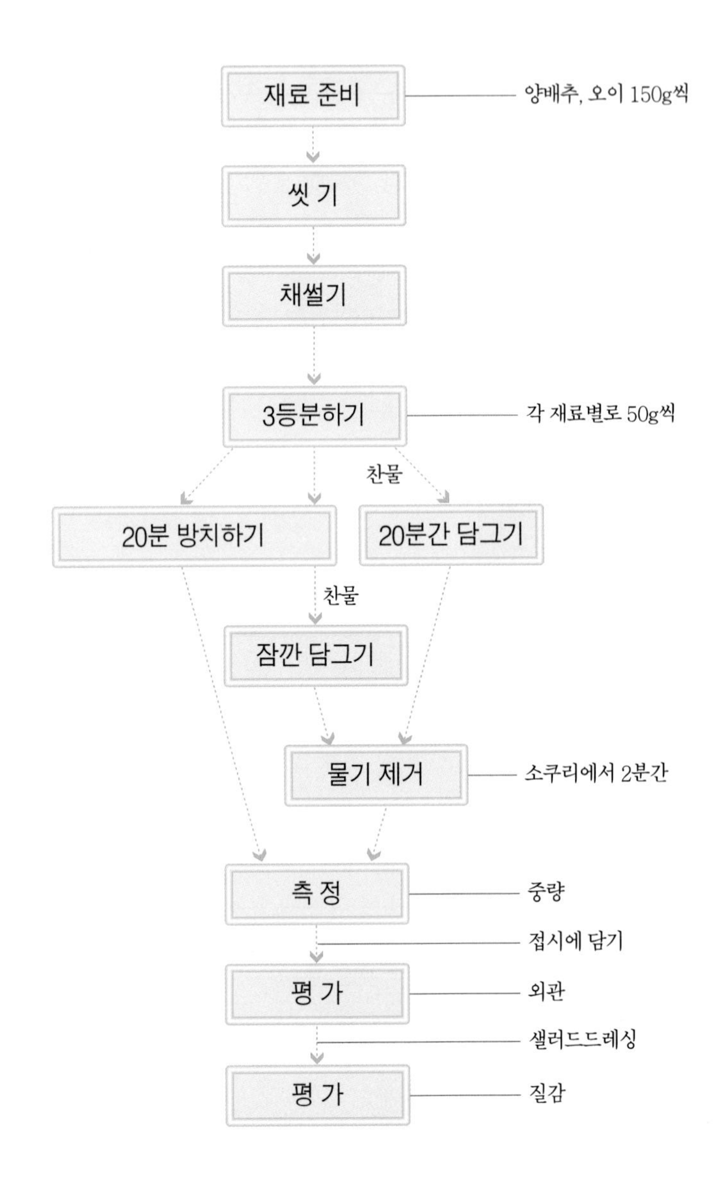

재료 및 분량

양배추	150g(50g×3)	오이	150g(50g×3)	샐러드드레싱	1/2C

기구 및 기기

저울 · 타이머 · 소쿠리 · 그릇 · 접시 · 일반 조리기구

결과 및 고찰

조리 조건 \ 항 목		각 처리 후의 중량(g)	외 관[1]	질 감[2]
양배추	그대로 20분 방치			
	20분 방치 후 찬물			
	찬물에 20분			
오 이	그대로 20분 방치			
	20분 방치 후 찬물			
	찬물에 20분			

* 1), 2) 순위척도법 : 좋은 것부터

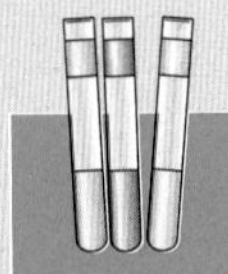

실험 8 소금 농도에 따른 채소의 방수량과 질감의 변화

실험목적

소금 농도를 달리하여 채소를 절였을 때 시간 경과에 따른 채소의 방수량과 질감의 변화를 관찰한다.

실험방법

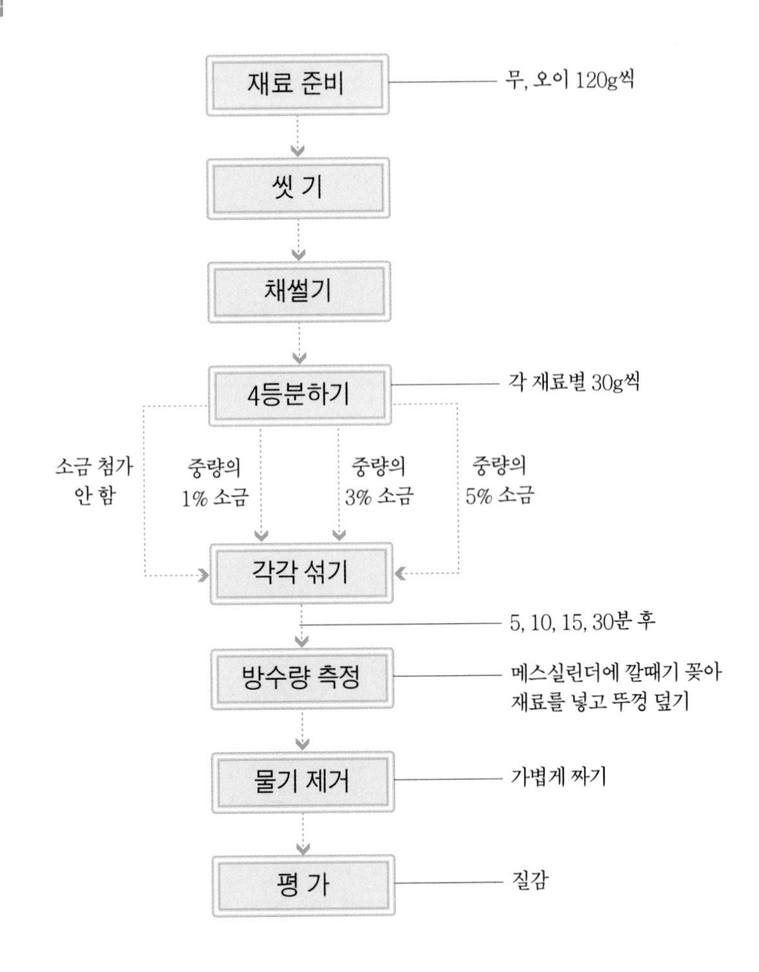

재료 및 분량

무	120g(30g×4)	오이	120g(30g×4)	소금	약간

기구 및 기기

유리 깔때기 · 메스실린더 · 저울 · 타이머 · 일반 조리기구

결과 및 고찰

조리 조건 \ 항 목		방수량(mL)				질 감[1]
		5분 후	10분 후	15분 후	30분 후	
무	소금 첨가 안 함					
	1% 소금 첨가					
	3% 소금 첨가					
	5% 소금 첨가					
오 이	소금 첨가 안 함					
	1% 소금 첨가					
	3% 소금 첨가					
	5% 소금 첨가					

* 1) 순위척도법: 좋은 것부터

Chapter 7

우유의 조리

Chapter 7

우유의 조리

우유는 포유동물의 유선에서 분비되는 액체를 살균 또는 멸균처리한 제품으로 거의 모든 영양소가 들어 있는 완전식품이며, 소화 · 흡수도 잘 되는 알칼리성 식품이다.

우유의 종류 및 특성

우유 및 유가공품

유제품은 우유를 주원료로 하여 가공한 제품으로 많은 종류가 있으나 가공방법이나 상태에 따라 다음과 같이 구분할 수 있다.

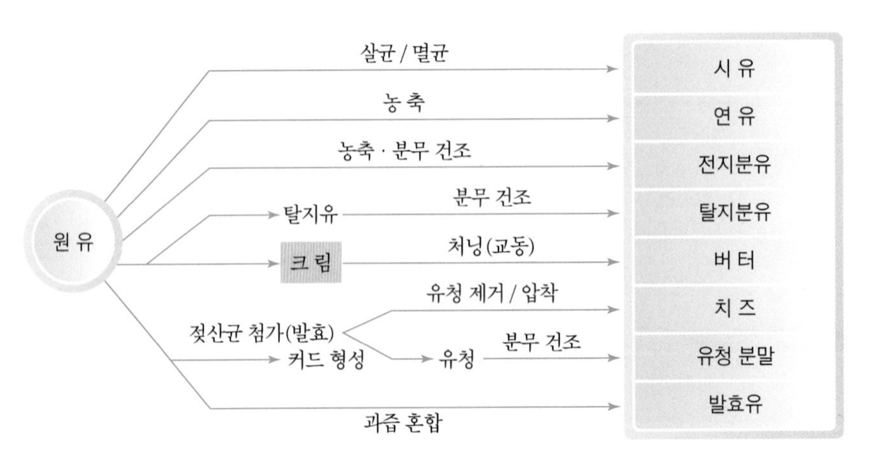

그림 7-1 유제품의 종류

표 7-1 특수우유의 종류

특수우유	성분 특성
강화우유	인체에 필요한 영양소(비타민 A, 비타민 D, Ca, Fe, Se, DHA 등)를 첨가한 우유
환원우유	전지분유나 농축유를 물에 용해시켜 원유의 고형분 함량대로 환원시킨 우유
유당분해우유	유당불내증을 지닌 사람에게 배탈 · 설사 · 팽만감을 일으키는 유당을 효소(lactase)로 분해하여 소화가 잘 되게 만든 우유
저지방우유	3.2%의 유지방 함량을 2% 내외로 줄인 우유
무지방우유	3.2%의 유지방 함량을 0.5% 이하로 줄인 우유
살균우유	병원성 미생물을 제거하여 냉장(0~10℃)온도에서 5일간 유통이 가능한 우유
ESL우유	청정공기 주입, 우유팩 살균, 무균 자동화라인 등 우유 위생을 극대화하는 ESL(Extended Shelf Life) 시스템으로 원유에서 우유까지 전 제조과정의 미생물 오염원을 차단하여 시유의 맛과 향을 유지한 채 유통기한을 약 40~60일까지 연장한 우유

우유 가공품

시유(살균, 멸균시유), 가공우유(강화, 환원, 딸기, 멜론, 초콜릿, 바나나, 바닐라, 커피, 현미, 검은참깨, 검은콩우유), 유음료(과즙우유), ESL우유 등이 있다.

농축 유제품

우유의 수분을 증발시켜서 고형분 함량이 30~50% 정도로 농축한 제품으로 설탕의 사용 유무에 따라 가당연유, 무당연유로 나눈다.

건조 유제품

우유의 수분을 거의 제거하여 가루 상태로 만든 제품으로 전지분유, 탈지분유, 조제분유, 가당분유, 혼합분유, 분말유청, 분말버터밀크, 분말크림 등이 있다.

발효 유제품

우유에 유산균을 첨가하여 발효한 제품으로 발효유, 치즈, 유산균 음료 등이 있다.

냉동 유제품

우유에 여러 가지 원료나 첨가물을 넣어 동결한 제품으로 아이스크림이 있다.

지방성 유제품

우유의 지방을 기계적인 방법으로 분리하여 모은 크림이 있고, 크림을 교동(churning)하여 좁쌀처럼 엉긴 지방을 모아서 만든 버터가 있다.

우유의 성분

우유의 성분은 젖소의 종류, 착유기, 연령, 사료, 질병의 유무에 따라 달라지나 수분, 지질,

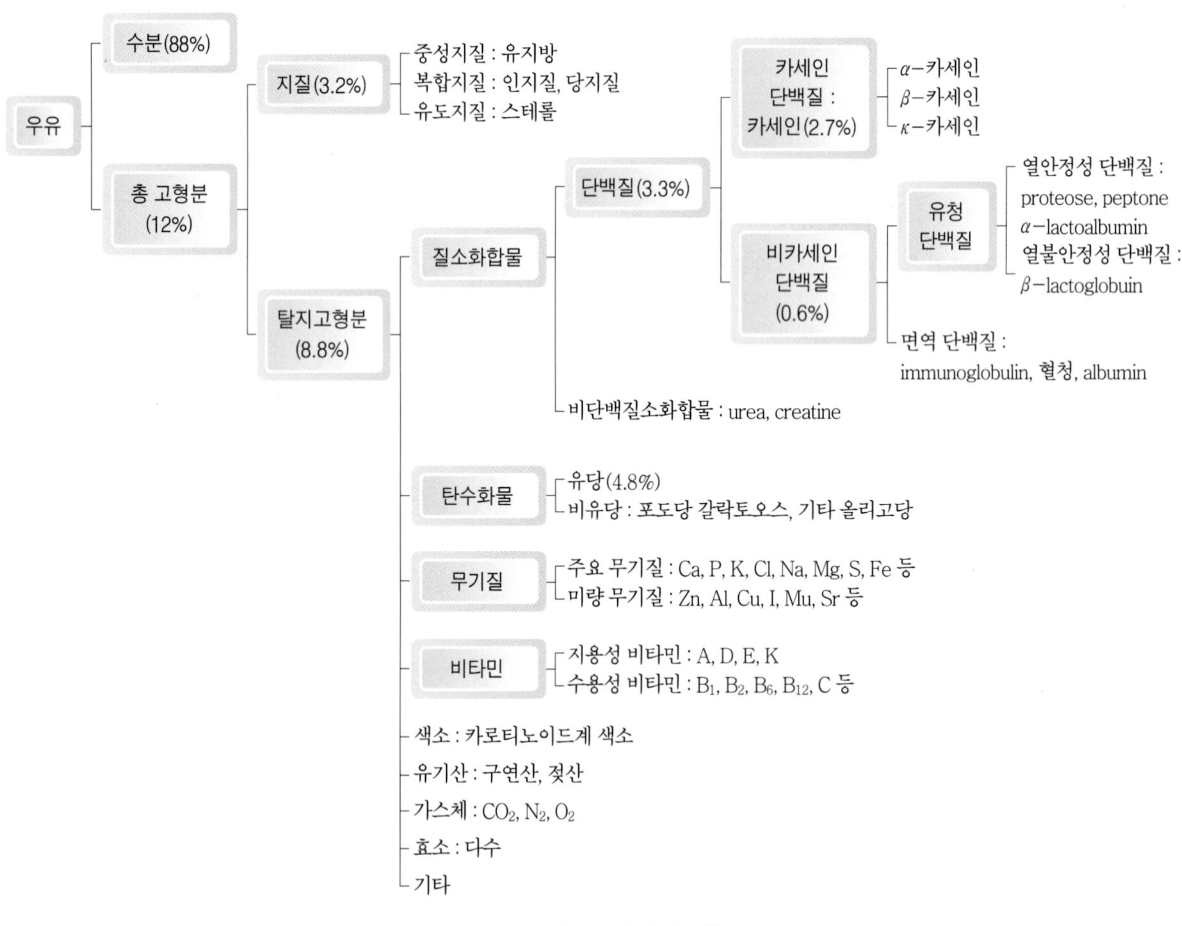

그림 7-2 우유의 조성
출처 : 이혜수 외(2003), 조리과학.

단백질, 탄수화물, 무기질, 비타민 등 여러 종류의 영양소가 골고루 함유되어 있다. 우유는 우리가 필요로 하는 영양소의 종류, 양, 이용효율 면에서 볼 때 가장 완전에 가까운 식품으로 우유의 성분 조성은 그림 7-2와 같다.

우유의 제조

원유의 검사 및 저유

원유를 받아서 성분, 신선도(산도, 알코올 검사), 비중, 유지방, 잔류 항생 물질, 미생물 수 등의 품질을 검사하고 계량한다.

원유의 여과 및 청징

원유에 있는 먼지, 이물질, 우유 응고물 등 비교적 큰 불순물을 여과포나 금속망으로 걸러 내는 것을 여과(filtration)라 하고, 원심력에 의해 기계적으로 더 작은 불순물을 전부 제거하는 것을 청징(clarification)이라고 한다.

표준화

생산하려는 제품의 성분 규격에 알맞게 우유의 지방과 무지고형분, 강화성분(비타민, 철분)을 첨가하여 함량을 조정한다. 첨가되는 원료의 양도 결정하며, 지방 등 우유의 성분을 표준화시킬 수 있다.

균질화

원유의 유지방은 지름 1~10㎛의 지방입자 상태로 우유에 분산되어 있다. 우유를 일정 시

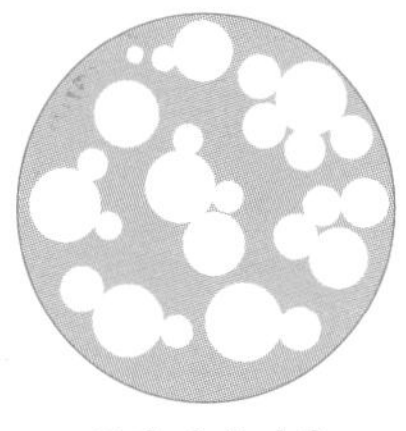

균질 전 유지방

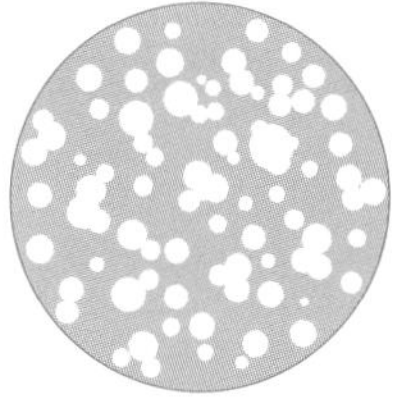

균질 후 유지방

그림 7-3 균질 전과 후의 유지방

표 7-2 우유의 살균법

살균법	살균온도(℃)	살균시간	특 성
초고온순간살균법(UHT; Ultra High Temperature method)	130~135	2~3초	• 모든 미생물의 완전 사멸 • 대부분의 시유와 멸균우유에 이용
고온단시간살균법(HTST; High Temperature Short Time method)	72~75℃	15초	• 연속살균에 의한 대량처리 가능 • 일부 시유에 이용
저온장시간살균법(LTLT; Low Temperature Long Time method)	63~65℃	30분	• 유해 미생물의 살균 • 원유의 색, 풍미, 영양소 파괴 최소화

간 동안 놓아두면 지방입자가 큰 것일수록 상층으로 빨리 떠올라 크림층을 형성한다. 균질은 지방입자를 0.1~2.2㎛로 균일하게 미세화시키는 것이다.

우유를 균질화시켜 주는 기계를 균질기(homogenizer)라고 하며, 우유를 균질화함으로써 크림층 형성 방지, 유지방의 소화율 증진, 우유 단백질을 부드럽게 커드(curd)화하는 효과를 얻을 수 있다.

살 균

우유에 있는 각종 미생물을 사멸시키고 효소를 파괴하여 위생적으로 안전하며, 저장성이 높은 우유를 만들기 위하여 살균처리를 한다. 온도와 처리시간에 따라 세 가지 방법이 있다.

냉각 · 저장

살균이 끝난 우유는 5℃ 이하로 냉각하여 스테인리스로 만든 우유 저장 탱크에 저장한다.

포 장

200 · 500 · 1,000mL 카톤팩(종이팩)으로 포장하고 있으며, 최근에는 500 · 1,000 · 1,800 · 2,500mL 폴리에틸렌 병에 포장된 제품도 시판되고 있다.

가열에 의한 변화

피막현상

우유를 데울 때 뚜껑을 덮지 않고 산소에 노출시키면 우유의 표면에 얇은 피막이 생기는데, 이는 우유의 지방구를 둘러싸고 있는 단백질인 락트알부민(lactalbumin)과 락토글로불린(lactoglobulin)이 변성, 응고한 것이다. 피막을 제거하면 영양소가 손실되며, 이 피막은 제거해도 또다시 생긴다. 피막형성을 방지하기 위해서는 그릇의 뚜껑을 덮고 조리하거나 우유를 희석하는 방법이 있으며 또한 거품을 내어 데우거나 저어주면서 조리는 방법도 있다.

단백질 응고

우유 단백질 카세인(casein)은 보통의 가열로는 응고하지 않으며, 100℃에서 12시간, 135℃에서 1시간 가열해야 응고되나 락트알부민은 65℃ 이상의 온도로 가열하면 응고하기 시작하고 침전한다. 우유를 냄비에 넣고 직접 가열하면 냄비의 밑바닥에 눌어붙는 현상이 생긴다. 이는 락트알부민이 냄비의 바닥에서 열 응고하여 갈변됨으로써 눌어붙게 되는 것이다. 우유가 눌어붙는 것을 방지하려면 우유를 저으면서 가열하거나, 중탕으로 가열하는 방법이 있다.

지방구의 응집

지방구를 둘러싸고 있는 단백질의 피막이 열에 의하여 파열되면서 지방구가 재결합하여 응집하게 된다.

메일라드 반응

우유에는 단백질과 유당이 공존하고 있다. 따라서 가열하게 되면 메일라드 반응이 가속화되어, 리신이 손실되고 멜라노이딘(melamoidine)이라는 갈색화 물질이 형성된다. 즉, 연유를 농축할 때 연유의 색이 메일라드 반응에 의해서 엷은 갈색을 나타낸다.

맛과 냄새

우유를 끓이면 신선할 때에 비해 맛이 없어지는데, 이는 가열에 의해 우유 속에 있던 탄산가스와 산소가 휘발되기 때문이다.

우유를 74℃ 이상으로 가열하면 익은 냄새가 난다. 이것은 β-락토글로불린이나 지방구피막단백질의 열변성에 의해서 활성화한 SH기에서 생겨난 것으로서 특히 휘발성 황화물이나 황화수소로 이루어져 있다.

가열취는 고온처리로 차츰 캐러멜취로 변하는데, 캐러멜취의 발생은 유당과 카세인의 관여 때문인데, 가열처리에 의하여 α-아미노산이 분해해서 알데히드를 생성하기 때문이다.

산에 의한 변화

신선한 생우유를 실내온도에 방치하면 젖산균의 작용으로 유당이 젖산으로 전환되어 우유의 pH가 저하되므로 카세인 단백질 미립자의 안정성이 파괴되어 우유가 응고하게 된다. 그러나 시유의 제조 시 살균과정에서 이 세균이 사멸되기 때문에 이 세균을 다시 접종하지 않으면 산이 쉽게 생성되지 않는다.

우유의 카세인은 우유 자체에서 생성된 산이나 외부로부터 산을 첨가하면 응고되고 침전된다. 과일이나 채소에 함유된 유기산도 우유를 응고시키는 원인이 된다.

우유의 pH(pH 6.5~6.8)를 카세인의 등전점인 pH 4.8 부근으로 낮추면 카세인이 응고된다. 이러한 원리는 치즈의 제조에 이용된다.

조리할 때 우유의 응고를 방지하기 위해서는 카세인의 등전점인 pH 4.6~4.8의 범위를 피해야 한다. 토마토 페이스트와 우유를 함께 사용하는 경우에 토마토에 있는 산 때문에 카세인이 응고되어 버물버물한 덩어리가 생기므로 토마토 페이스트를 먼저 가열하여 산을 휘발시킨 후 우유와 혼합해야 pH가 낮아져 우유가 응고하는 일이 없어진다. 또는 우유에 과일을 첨가하여 음료로 만들 경우에는 먹기 직전에 첨가하는 것이 바람직하다.

레닌에 의한 변화

레닌(rennin)은 포유동물의 위에서 분비되는 단백질 분해효소이며, 카세인이 가수분해되기 전에 카세인을 응고시키는 효소이다.

레닌은 10~65℃까지 작용하지만, 최적 작용온도는 40~42℃이다. 낮은 온도에서는 반응이 서서히 일어나 응고물이 매우 부드러우나, 높은 온도에서는 반응이 급속히 일어나 단단한 응고물을 만든다.

레닌이 작용하기 적당한 상태는 약산성으로 알칼리에서는 전혀 작용이 일어나지 않으며, 우유에 응고물이 생길 정도의 산성에서도 작용하지 않는다.

카세인이 레닌에 의해 응고되는 경우는 산에 의한 응고와는 달리 칼슘이 유청으로 분리되지 않고 카세인에 그대로 붙어 있다. 따라서 레닌으로 만든 체다 치즈(cheddar chease)가 산 침전으로 만든 코티지 치즈(cottage cheese)보다 단단하고 질기지만 칼슘은 더 많이 함유하고 있다.

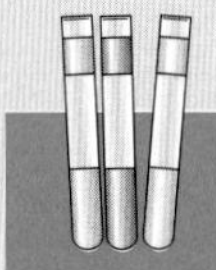

실험 1 가열조건이 우유의 응고 및 피막형성에 미치는 영향

실험목적

우유를 가열했을 때 생성되는 표면의 피막과 침전물의 생성에 대해 관찰한다.

실험방법

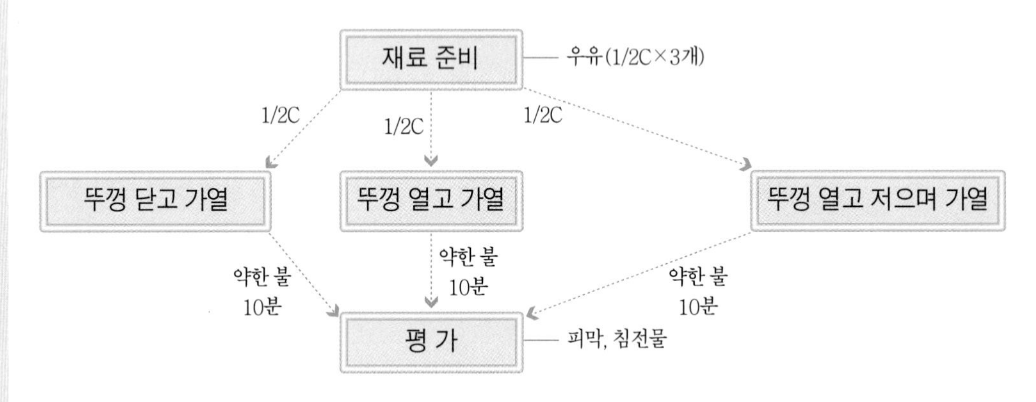

재료 및 분량

우유	$1^1/_2$C (1/2C×3)

기구 및 기기

비커(혹은 작은 냄비) · 온도계 · 면장갑 · 에그비터(egg beater) · 그물망

결과 및 고찰

항 목 / 가열 조건	표면에 피막이 형성된 정도	냄비 바닥에 응고된 정도
A		
B		
C		

* 순위척도법(scaling) : 많은 것부터

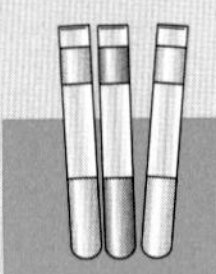

실험 2 토마토수프 만들기에 관한 실험

실험목적

여러 가지 종류의 토마토수프(tomato soup)를 만들 때 우유 혼합방법이 응고물 형성에 미치는 영향에 대해 관찰한다.

실험방법

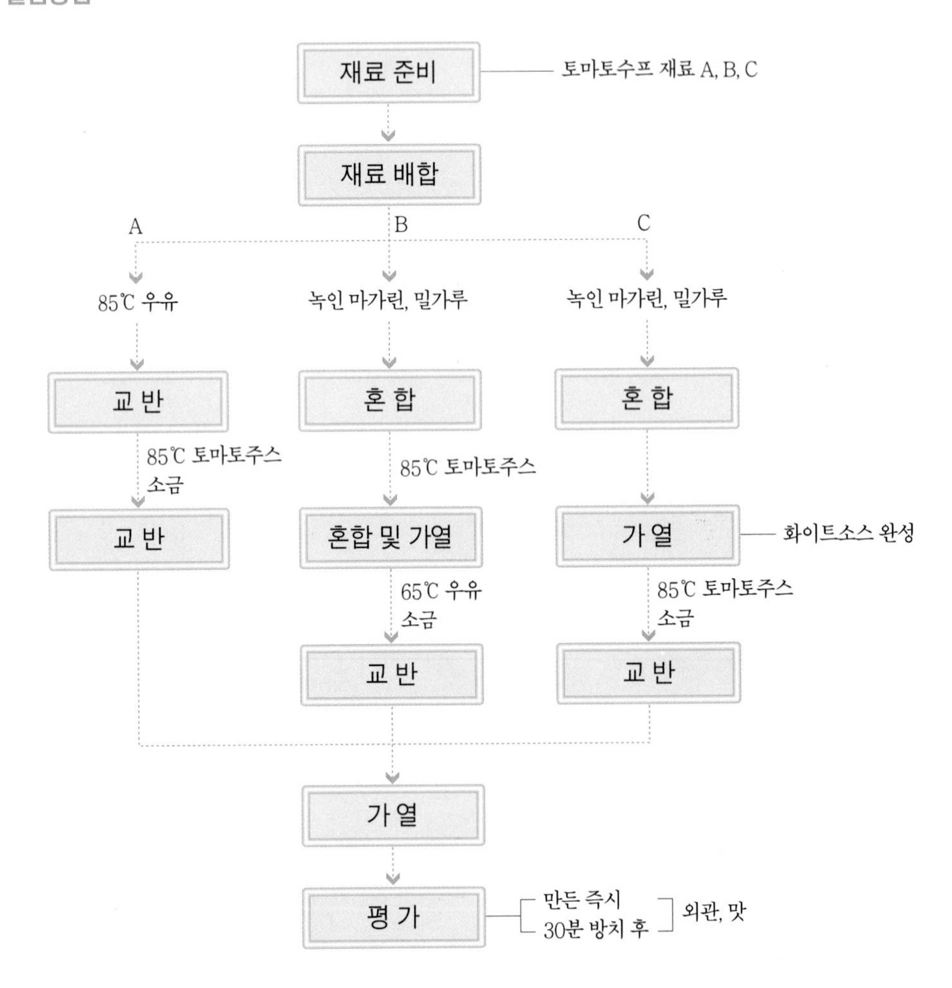

재료 및 분량

A 재료

우유	1/3C
토마토주스	1/3C
소금	약간

B 재료

우유	1/3C
마가린	1ts
밀가루	1ts
토마토주스	1/3C
소금	약간

C 재료

우유	1/3C
마가린	1ts
밀가루	1ts
토마토주스	1/3C
소금	약간

기구 및 기기

온도계 · 냄비 · 주걱 · 일반 조리기구

결과 및 고찰

항 목 / 재 료	외 관[1]		맛[2]	
	만든 즉시	30분 방치 후	만든 즉시	30분 방치 후
A				
B				
C				

* 1) 묘사법
2) 순위척도법 : 좋은 것부터

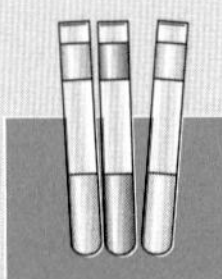

실험 3 우유 종류에 따른 푸딩의 특성 비교

실험목적

우유의 조리특성을 알아보기 위하여 우유의 종류를 달리하여 푸딩(pudding)을 만들어 비교 · 관찰한다.

실험방법

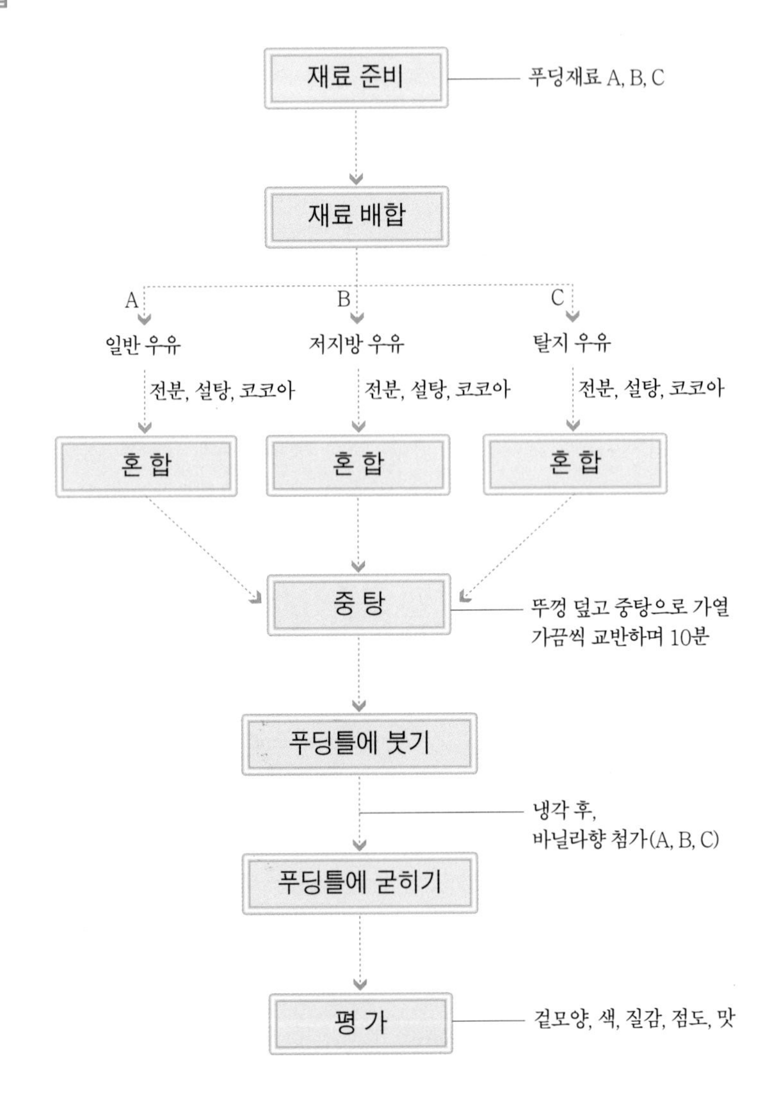

재료 및 분량

A 재료

재료	분량
일반 우유	1/2C
전분	1Ts
설탕	$1\frac{1}{2}$ts
코코아	1ts
바닐라향	약간

B 재료

재료	분량
저지방 우유	1/2C
전분	1Ts
설탕	$1\frac{1}{2}$ts
코코아	1ts
바닐라향	약간

C 재료

재료	분량
탈지 우유	1/2C
전분	1Ts
설탕	$1\frac{1}{2}$ts
코코아	1ts
바닐라향	약간

기구 및 기기

찜통 · 푸딩틀 · 일반 조리기구

결과 및 고찰

항 목 / 재 료	겉모양1)	색2)	질 감3)	점 도4)	맛5)
일반 우유 (A)					
저지방 우유 (B)					
탈지 우유 (C)					

* 1) 묘사법
2) 흰색, 크림색, 회색, 담황색
3) 매끄럽다, 거칠거칠하다, 끈끈하다, 부드럽다
4), 5) 순위척도법

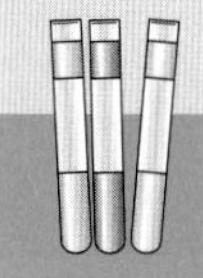

실험 4 여러 가지 우유로 만든 요구르트 특성 비교

실험목적

우유의 종류를 달리하여 요구르트(yoghurt)를 만들고 각각의 특성을 비교한다.

실험방법

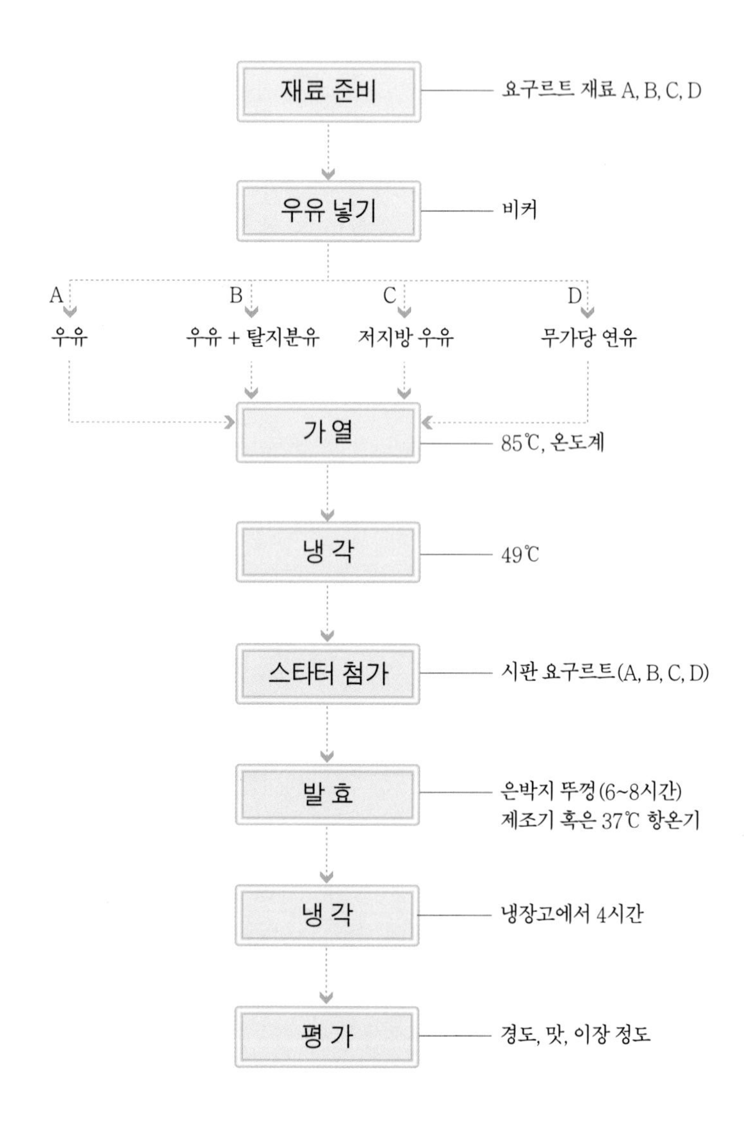

재료 및 분량

A 재료

우유	1C
시판 요구르트(starter)	1Ts

B 재료

우유	1C
탈지분유	20g
시판 요구르트(starter)	1Ts

C 재료

저지방 우유	1C
시판 요구르트(starter)	1Ts

D 재료

무가당 연유	1C
시판 요구르트(starter)	1Ts

기구 및 기기

비커 · 온도계 · 은박지 · 항온기 · 일반 조리기구

결과 및 고찰

항 목 / 재 료	경 도[1]	맛[2]	이장 정도[3]
일반 우유 (A)			
우유 + 탈지분유 (B)			
저지방 우유 (C)			
무가당 연유 (D)			

* 1) 순위척도법 : 단단한 것부터
2) 순위척도법 : 좋은 것부터
3) 순위척도법 : 이장률이 적은 것부터

Chapter 8

달걀의 조리

Chapter 8

달걀의 조리

달걀은 단백질이 우수한 아미노산으로 조성되어 있는 양질의 단백질로 영양적으로 매우 우수하며 값이 저렴하여 가장 많이 이용되고 있는 식품 중의 하나이다. 식품 조리에 관련된 기능성이 풍부하여 열 응고성, 난황의 유황성, 난백의 기포성 등의 특성이 여러 가지 형태로 이용되고 있다.

달걀의 구조와 성분

달걀은 보통 50~70g 정도의 무게이며 구조는 난각, 난백, 난황으로 이루어져 있다. 난각은 두께가 0.3mm 정도이며 다공질막으로 외부를 둘러싸고 있는 부분으로 수분과 이산화탄소가 이 구멍을 통하여 휘발하며 내부를 보호하는 역할을 한다. 난각막은 단백질인 케라틴(keratin)으로 형성되어 있으나 뮤신과 알부민도 함유하고 있다. 난백은 난황 주위에 있는 불투명하고 점도가 높은 농후난백과 점도가 낮은 수양난백으로 이루어져 있고 신선한 달걀의 경우 농후난백은 약 57% 정도이며, 산란 후 시간이 경과됨에 따라 점차 수양화된다. 난백은 약 90%의 수분을 함유하고 고형성분 중 대부분이 단백질이며 그 외 지질과 당질을 함유하고 회분으로 인과 철분이 많다. 알끈(chalaza)은 나선형의 실구조를 구성하는 난백의 변성 물질로서 난황막으로부터 시작하여 난백을 지나 거의 속껍질까지 연결되어 있으면서 난황을 중앙에 고정시키는 역할을 한다. 난황은 탄력성 있는 비텔린막(vitelline membrane)에 싸여 있으며 약 50%씩 수분과 고형물로 이루어져 있다.

고형물 중에는 지질과 단백질이 많고 당질과 회분은 적게 함유되어 있다. 난황 단백질의

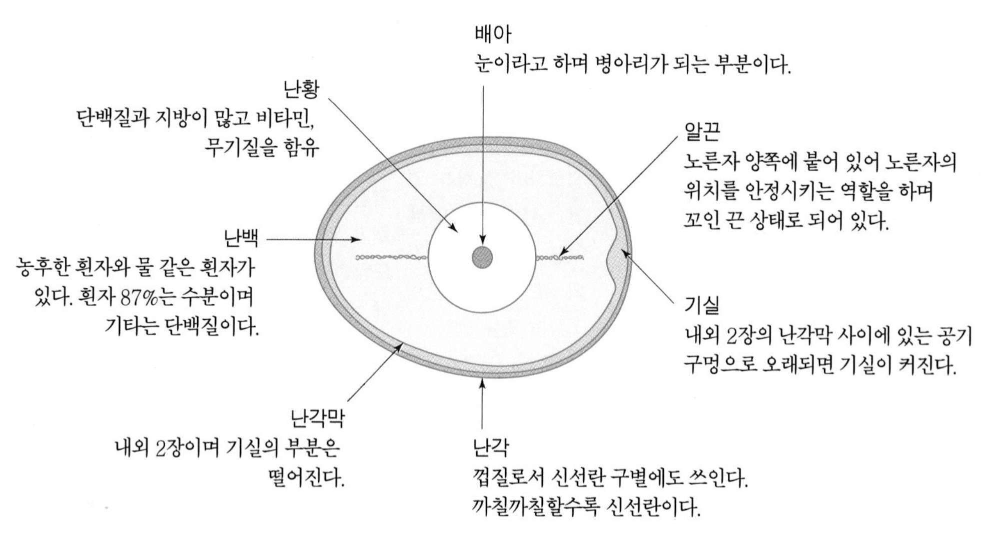

그림 8-1 달걀의 구조

표 8-1 달걀의 주성분

구 분	수분(g)	단백질(g)	지질(g)	회분(g)	Ca(mg)	P(mg)	Fe(mg)	비타민
전 란	74.7	13.3	10.5	0.9	55	200	1.8	–
난 백	87.3	10.4	0.2	0.7	9	11	0.1	B_2
난 황	49.5	17.5	31.2	1.7	140	520	4.6	A, B_1, B_2, D

대부분은 인단백이 지질과 결합된 리포프로테인(lipoprotein)의 형태로 존재한다. 산란 후 시간이 경과하면 난황막이 약하게 되어 터지기 쉽게 된다. 삶은 난황이 쉽게 부스러지는 것은 난황이 구상의 미립자로 구성되어 있기 때문이다.

달걀의 품질

달걀의 품질은 크기, 신선도 및 껍질의 상태에 따라 결정된다.

달걀의 크기는 크고 균일한 것이 좋으며 껍질이 까칠까칠하며 균열과 광택이 없는 것이 신선하다. 반면 오래된 것은 껍질이 매끈하며 광택이 있다.

신선한 달걀은 비중이 1.08~1.09이고 신선도가 저하됨에 따라 수분의 증발로 비중이 감

표 8-2 우리나라 축산물 등급에 의한 달걀의 등급 판정법

판정항목		품질기준			
		A급	B급	C급	D급
외관판정	난 각	청결하며 상처가 없고 달걀의 모양과 난각의 조직에 이상이 없는 것	청결하며 상처가 없고 달걀의 모양에 이상이 없으며 난각의 조직에 약간의 이상이 있는 것	약간 오염되거나 상처가 없으며 달걀의 모양과 난각의 조직에 이상이 있는 것	오염되어 있는 것, 상처가 있는 것, 달걀의 모양과 난각의 조직이 현저하게 불량한 것
투광판정	기 실	깊이 4mm 이내	깊이 8mm 이내	깊이 12mm 이내	깊이 12mm 이상
	난 황	중심에 위치하며 윤곽이 흐리나 퍼져 보이지 않는 것	거의 중심에 위치하며 윤곽이 뚜렷하고 약간 퍼져 보이는 것	중심에서 상당히 벗어나 있으며 현저하게 퍼져 보이는 것	중심에서 상당히 벗어나 있으며 완전히 퍼져 보이는 것
	난 백	맑고 결착력이 강한 것	맑고 결착력이 약간 떨어진 것	맑고 결착력이 거의 없는 것	맑고 결착력이 전혀 없는 것
할란판정	난 황	위로 솟음	약간 평평함	평평함	중심에서 완전히 벗어나 있는 것
	농후난백	많은 양의 난백이 난황을 에워싸고 있음	소량의 난백이 난황 주위에 퍼져 있음	거의 보이지 않음	이취가 나거나 변색되어 있는 것
	수양난백	약간 나타남	많이 나타남	아주 많이 나타남	
	이물질	크기가 3mm 미만	크기가 5mm 미만	크기가 7mm 미만	크기가 7mm 이상
	호우단위(H.U)	72 이상	60 이상~72 미만	40 이상~60 미만	40 미만

출처 : http://www.apgs.co.kr

소되며, 3~4%의 소금물로 판단하는 비중법이 있다. 난백계수와 난황계수로 판정하는 것으로 난백계수는 농후난백의 높이를 난백의 지름으로 나눈 값이다.

난황계수는 난황이 얼마나 넓게 퍼졌는가의 정도를 판정하는 것으로 난황의 높이를 난황의 지름으로 나눈 값이다. 오래된 달걀일수록 난황계수가 작아진다. 신선한 달걀의 난황계수는 0.36~0.44이며 0.25 이하인 것은 달걀을 깨뜨리면 난황막이 쉽게 터진다.

달걀의 조리성

달걀은 영양적으로도 우수하지만, 열에 의한 응고성, 유화성, 기포 형성, 특유의 색과 향기 등의 많은 조리 특성이 있어 단일 식품으로 조리할 때도 매우 다양하게 이용된다.

열 응고성(coagulation)

달걀은 가열을 하거나 산, 알칼리, 염, 기계적 교반, 방사선 등의 처리에 의하여 난백과 난황이 유동성을 잃고 응고한다. 이것은 달걀의 단백질 성분의 변성에 의한 것으로 단백질의 농도, pH, 염, 당에 의해 영향을 받는다.

달걀의 응고상태는 달걀의 부위와 농도에 따라 다르다. 난백은 55~57℃에서 응고하기 시작하여 60℃에서는 젤리와 같이 되고 65℃에서는 완전히 응고된다.

난황은 난백보다 약간 높은 온도에서 응고되는데, 62~65℃에서 응고하기 시작하여 70℃가 되면 완전히 응고한다. 따라서 난백이 난황에 비해 먼저 응고된다. 달걀을 껍질째로 65℃의 물에 약 30분간 두면 난황은 겔화 되나 난백은 유동성을 약간 잃은 상태로 되어 반숙란과 반대 상태인 온천란이 된다.

열 응고에 영향을 주는 첨가 재료는 다음과 같다.

소 금

소금은 단백질분자의 부전하를 중화시켜 응집성을 높여 열 응고를 촉진시켜도 응고 온도는 저하된다.

칼 슘

칼슘은 소금과 같이 응고를 촉진시키는 역할을 한다. 우유를 사용한 달걀요리가 더 잘 굳어지는 원리와 같은데, 커스터드푸딩에서도 우유에 든 칼슘의 역할을 볼 수 있다.

산

산을 첨가하면 요리의 열 응고를 더욱 촉진시킨다. 난백 알부민은 등전점 pH 4.8 부근에서는 60℃가 되면 응고한다. 그러나 그 이하로 내려가면 역으로 굳어지기 어려워지며 pH 4.25에서 95℃이라도 응고되지 않는다.

설탕

설탕은 열 응고를 지연시키는 작용을 한다. 즉, 응고온도를 높여 응고물을 부드럽게 만드는 역할을 한다. 이 현상은 달걀구이 · 푸딩 · 스펀지케이크 등의 조리에서 볼 수 있다.

유화성

난황은 난백에 비하여 강한 유화력을 가진 식품이며, 수중유적형의 유화상태이다. 난황의 유화성(emulsification)은 인지질인 레시틴(lecithin)이나 리포프로테인(lipoprotein)은 분자내에 친수기와 소수기를 동시에 갖고 있어서 계면활성제로 작용하여 기름과 물로 형성된 유화액을 안정화시킨다. 난황의 유화성을 이용한 대표적인 식품은 마요네즈이다. 유화액은 신선한 난황을 사용해야 안정성이 높다.

난백의 기포성(foaming properties)

난백을 교반하면 기포가 형성되어 부피가 증가한다. 기포성은 부드러운 미각을 주며 팽화의 성질은 머랭, 엔젤 케이크 등의 조리에 이용되어 질감에 영향을 준다. 기포형성이 잘 되고 안정성이 있는 기포형성은 액체의 표면장력이 적고 기포를 싸고 있는 막이 튼튼하면 좋다. 기포성에 영향을 미치는 인자는 난백의 종류, 온도, 달걀의 신선도, 교반하는 방법, pH, 첨가물 등이다.

난백의 종류 중 점도가 낮은 수양난백은 점도 높은 농후난백보다 기포형성력이 좋지만 안정성은 적다. 신선한 달걀보다 오래된 달걀의 경우에는 농후난백이 수양화되어 기포형성력이 증가한다. 난백의 온도가 높을수록 기포형성이 잘 되는데, 온도가 상승하면 표면장력이 낮아지기 때문이다.

교반을 강하게 할수록 기포형성이 쉽고 난백의 등전점인 pH 4.8 부근에서는 용해도가 적고 점도가 낮아져 교반하기 쉬워 기포형성이 잘 된다. 그래서 거품낼 때 레몬즙이나 주석산을 첨가하면 좋은 결과를 얻을 수 있다. 설탕을 첨가하면 난백 단백질의 표면 변성을 억제하고 점도를 높여 기포형성에 시간은 걸리지만 안정성은 증가된다. 기름은 극소량이라도 기포형성을 방해하고 거품의 안정성을 떨어뜨린다.

점착성

생달걀이 식품의 좋은 응고제라고 하는 것은 생달걀에 유동성이 있어 다른 식품과 잘 접촉하고, 강한 점착력을 가지고 있으므로 다른 식품을 연결시켜 주기 때문이다. 햄버거스테이크를 만들 때 쓰이는 재료는 다진 고기, 양파, 식빵, 달걀 등이다. 다진 고기만으로도 날것일 때는 그 모양을 유지하나 가열하면 열변성 때문에 겨우 모양을 유지할 수 있다. 다진 양파와 식빵은 점착력이 없으므로 음식의 조리형태를 갖게 하기 위하여 달걀의 역할이 중요하다.

그 밖에 생달걀의 점착성을 이용하는 조리에는 완자, 크로켓 등이 있다. 달걀의 사용량은 재료의 10% 이상이면 적당하고, 가열 온도는 달걀이 응고되지 않는 저온을 요한다. 또 크로켓과 프라이에 달걀을 사용하는 것은 달걀의 점착성을 이용해 빵가루를 묻힐 수 있기 때문이다.

알칼리 응고성

중국요리의 피단은 중국에서 처음 시작된 달걀의 가공품이다. 달걀을 껍질째 식염을 포함한 강알칼리성의 베스트로 덮고 달걀 내용물에 서서히 알칼리를 투입시켜서 응고시킨다. 알칼리에 의하여 난백단백질은 변성해서 젤리화하여 흑갈색을 띠고 난황도 변성해서 청흑색의 응고체가 된다. 청흑색은 단백질에서 발생한 황화수소와 난황 중의 철과의 화합물에서 형성된 색이다.

소 화

달걀의 단백질은 소화율이 높고 지방도 미세한 유탁액이라 잘 흡수되나 난황막, 난각막은 케라틴질이라 거의 소화가 안 되나 난황막은 아주 얇기 때문에 문제가 안 된다.

생달걀의 소화시간이 긴 것은 난백 중의 오보뮤코이드가 트립신에 대하여 강한 저해작용을 나타내기 때문이며, 이 뮤코이드는 pH 9.0이나, 80℃의 가열처리에 의하여 저해작용을 잃고 나면 난백은 소화가 잘 된다. 또 생달걀 중에는 그 생난백 중의 아비딘(avidin)이란 물질이 비오틴과 결합되어 미생물의 발육을 저해하고 있는데, 가열하면 아비딘은 불활성화되어 비오틴이 유리된다. 생달걀을 많이 먹으면 비오틴 결핍증에 걸리는 것은 이 때문이다.

달걀의 변색

달걀을 100℃ 끓는 물에서 15분 이상 가열하면 난황과 난백 사이의 표면에 암녹색을 형성하고 색과 향미가 좋지 않다. 이것은 난황의 철과 난백의 황화수소(H_2S)가 결합하여 황화제1철(FeS)을 형성하기 때문이다. 이런 현상은 가열온도가 높고 가열시간이 길수록 심하게 나타난다. 오랜 시간 달걀을 가열하면 달걀 외부로부터 열이 가해져 외부의 압력은 높고, 중심부의 압력이 낮아져 난백의 황화수소가 난황 쪽으로 이동해 간다. 난황에 도달한 황화수소는 난황에 존재하는 철분과 반응하여 황화제1철이 형성된다.

달걀의 변색에 영향을 주는 요인은 달걀의 pH와 가열온도, 시간을 들 수 있다. 달걀의 신선도가 저하되어 pH가 상승하면 황화제1철의 형성이 잘 되고 pH 4.5 이하로 유지하면 변색이 일어나지 않는다. 그리고 100℃에서 15분 이상 가열하면 황화제1철이 생성되는데, 70℃에서 1시간 가열하거나 85℃에서 30~35분간 가열하면 황화제1철은 거의 형성되지 않는다. 또한 가열한 달걀을 즉시 냉수에 담그면 달걀 표면의 압력이 낮아지므로 어느 정도 방지할 수 있지만 끓는 물에서 30분 이상 가열하면 아무리 냉수에서 즉시 냉각하여도 황화제1철은 형성된다.

달걀의 저장 중 변화

달걀은 저장하는 동안 미생물의 작용을 받지 않아도 내부의 질이 서서히 변화되며 시일이 지나면 눈으로 확인할 수 있는 변화가 발생한다. 달걀은 5~6℃에서 1일간 냉각시킨 뒤 0.5~1℃에서 냉장하면 6개월 정도 보관할 수 있다. 현재 시중에서 판매되고 있는 달걀의 유통기한은 2~4주 정도이다.

외관상 변화

산란된 직후의 달걀은 수양난백과 농후난백의 비율이 대개 4 : 6이다. 그러나 달걀을 저장하는 동안 된 난백의 점도가 저하되면서, 묽어져 된 난백의 양이 감소하며 달걀을 깨뜨렸을 때 난백이 넓게 퍼지는 것을 볼 수 있다. 산란 직후에는 없던 공기집이 시일이 경과함에 따라 커지는데, 이는 겉껍질에 있는 작은 구멍을 통해 공기가 들어오고, 수분과 이산화탄소가 증발하여 공기집이 점차 커져 비중이 가벼워진다. 또한 저장 중 달걀의 수분이 난황막을 통해 난백에서 난황으로 이동하여 난황막이 늘어나고 약해져 깨뜨렸을 때 난황이 터지기 쉽다. 신선한 달걀은 겉껍질이 까칠까칠하고 투명한 듯하면서도 붉은 기운이 있으나 오래된 달걀은 희고 매끄럽다.

화학적 변화

달걀은 저장하는 동안 단백질이 분해되어 유리 아미노산과 비단백 질소의 함량이 증가하고 난황의 지방이 난백으로 이동하며 비타민도 시일이 경과할수록 감소한다.

신선한 난백의 pH는 7.6 정도이나 시일이 지남에 따라 이산화탄소가 껍질의 기공을 통해 증발하여 2~3일 내에 pH가 9.0~9.7이 된다. 난백의 pH가 알칼리로 기울어지면 농후난백이 묽어지고 담황색을 띠게 된다. 신선한 난황의 pH는 5.9~6.1 정도이며 시일이 지나면 pH 6.8 정도로 증가한다.

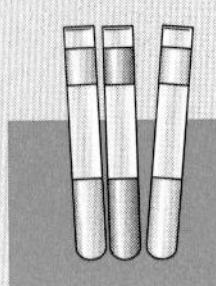

실험 1 달걀의 신선도 측정

실험목적

달걀의 외관, 난백계수, 난황계수, 농후난백률, pH를 측정하여 선도를 감별하여 비교해 본다.

실험방법

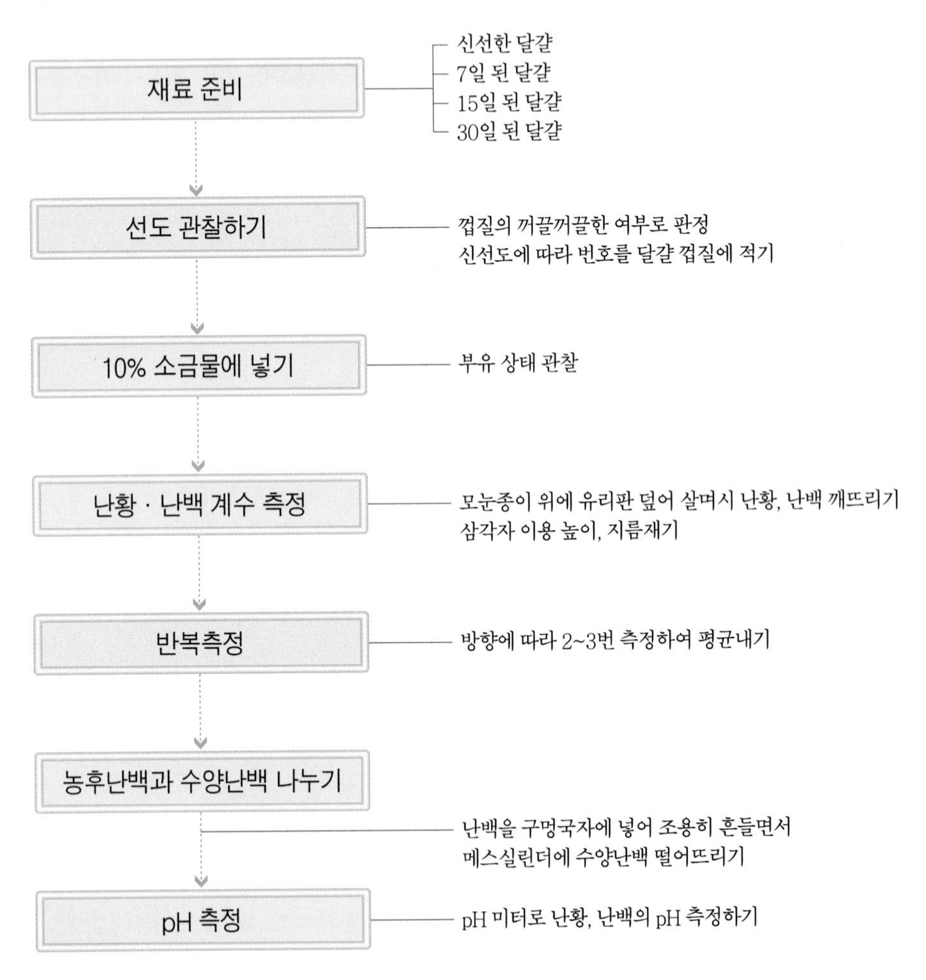

재료 및 분량

신선한 달걀	5개	15일 된 달걀	5개	10% 소금물	약 1,000mL
7일 된 달걀	5개	30일 된 달걀	5개		

*달걀은 동일한 품종을 동시에 구입하여 냉장보관한다.

기구 및 기기

비커 · 메스실린더 · pH미터 · 유리판 · 삼각자 · 모눈종이 · 일반 조리기구

결과 및 고찰

항목 / 재료	외 관[1]	소금물에서의 부유상태[2]	계 수		난백의 상태[3]	pH	
			난 황	난 백		난 황	난 백
신선한 달걀							
7일 된 달걀							
15일 된 달걀							
30일 된 달걀							

* 달걀의 신선도 비교
1) 순위척도법 : 꺼칠꺼칠한 것부터
2) 묘사법 및 순위척도법
3) 묘사법

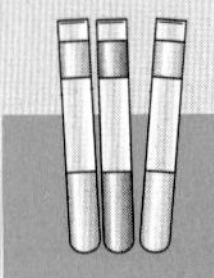

실험 2 달걀의 가열온도와 시간에 따른 응고 상태

실험목적

가열에 의한 난백과 난황의 응고, 온도와의 관계 및 가열조건의 차이가 난백과 난황의 응고상태에 어떠한 영향을 미치는지 관찰하고 난황의 녹변형성 여부를 관찰한다.

실험방법

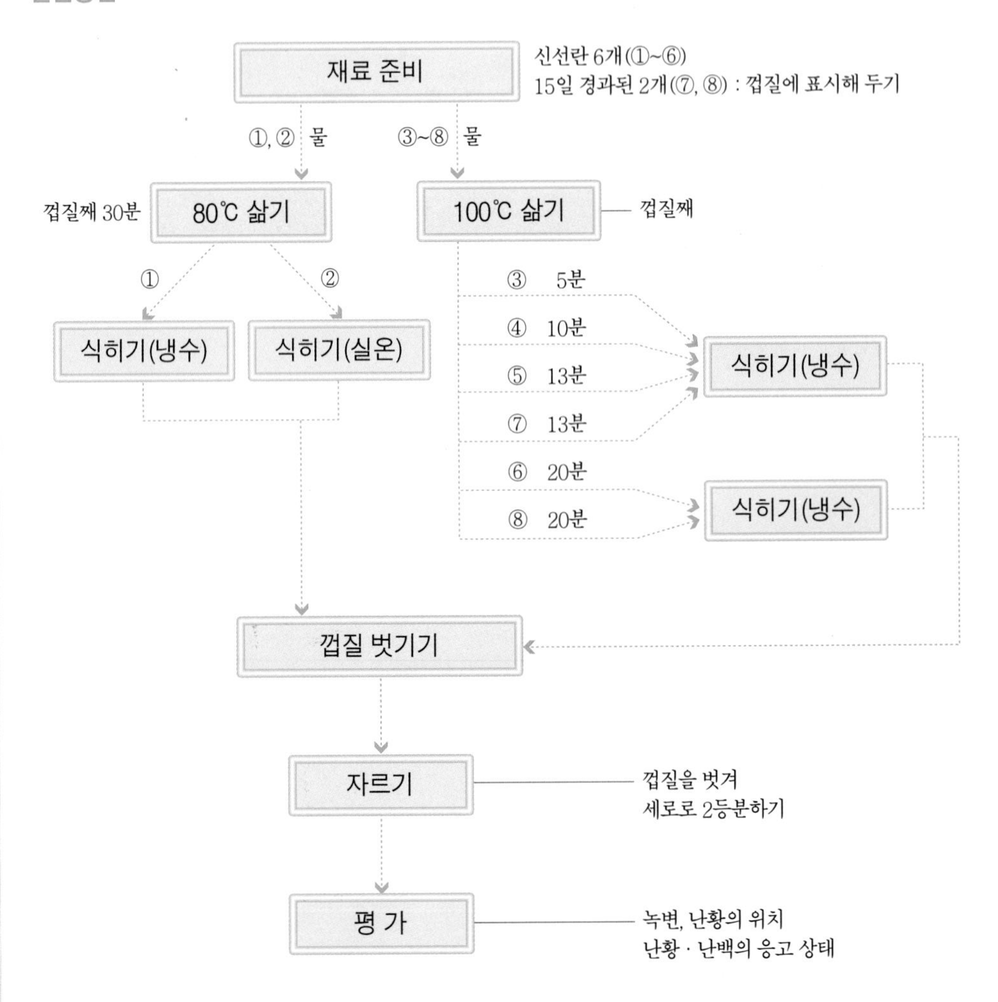

재료 및 분량

달걀 6개 (신선도와 크기가 비슷한 달걀)	(①~⑥)	15일 된 달걀	2개(⑦, ⑧)

*달걀은 동일한 품종을 동시에 구입하여 냉장보관한다.

기구 및 기기

온도계 · 타이머 · 서포트 스탠드(support stand) · 일반 조리기구

결과 및 고찰

가열 온도(℃)	시간(분) \ 항목	냉각방법	난 황[1]	난 백[2]	녹변형성 여부[3]	비 고
80	30 ①					
	30 ②					
100	5 ③					
	10 ④					
	13 ⑤					
	13 ⑦					
	20 ⑥					
	20 ⑧					

* 비고란에는 절반으로 자른 달걀의 모양과 색을 그려 넣는다.
1), 2) 묘사법 : 난백과 난황의 위치나 응고상태를 묘사
3) 순위척도법 : 많은 것부터

- 80℃에서 30분간 가열한 달걀과 100℃에서 13분간 가열한 달걀의 응고상태는 어떠한 차이가 있는가?
- 실온에서 식힌 달걀과 냉수에서 식힌 달걀은 어떠한 차이가 있는가?
- 15일간 방치한 달걀의 응고상태는 어떠하며 난황 표면의 녹변형성 여부를 비교하면 어떠한가?

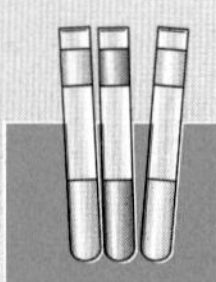

실험 3 조리수의 pH 변화에 따른 수란의 품질 비교

실험목적

조리수의 pH를 달리하여 수란(poached egg)을 만들어 그 결과를 비교하고 가장 적당한 조리수의 pH와 그 원인을 알아본다.

실험방법

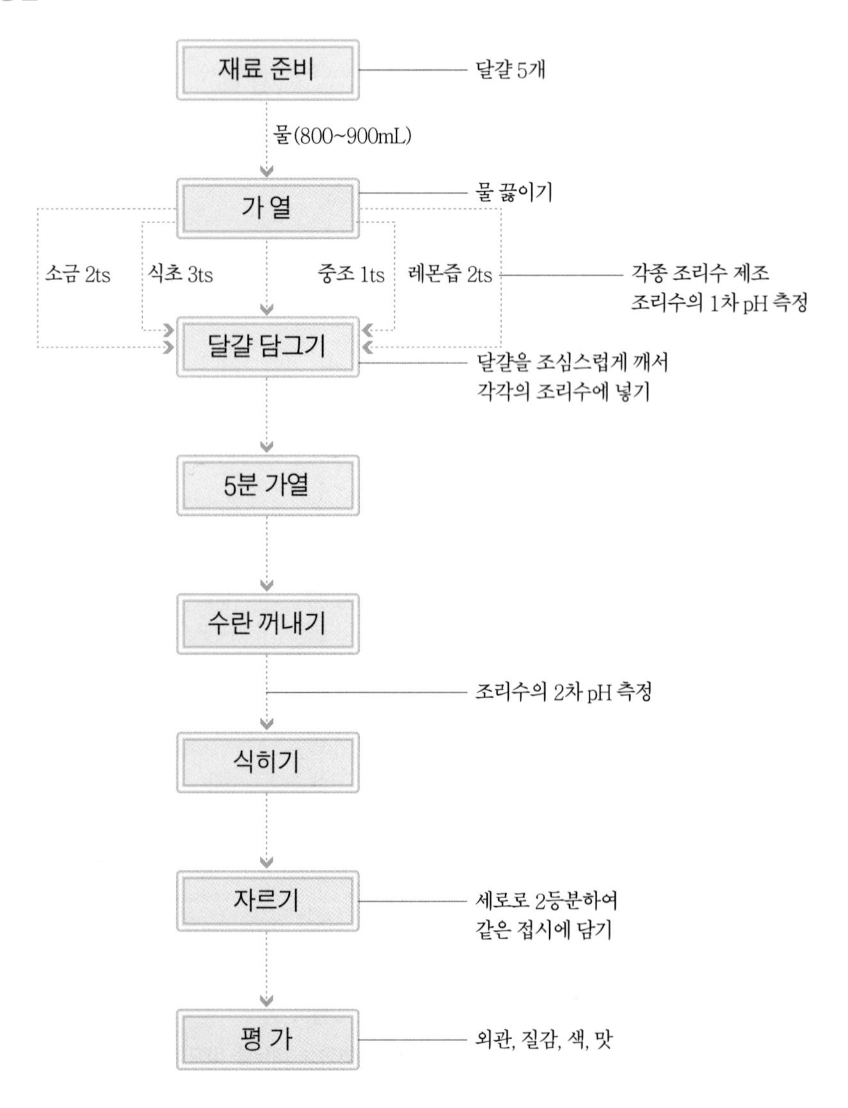

재료 및 분량

기본 재료	
달걀	5개

첨가물			
식초	3ts	레몬즙	2ts
중조($NaHCO_3$)	1ts	소금	2ts

기구 및 기기

계량컵 · 계량스푼 · 타이머 · pH 미터 또는 pH 시험지 · 일반 조리기구

결과 및 고찰

항 목 / 재 료	물의 pH		외 관[1]	질 감[2]	색[3]	맛[4]
	전	후				
달 걀						
달걀 + 식초						
달걀 + 중조						
달걀 + 레몬즙						
달걀 + 소금						

* 1), 4) 묘사법
2) 순위척도법 : 부드러운 것부터
3) 순위척도법 : 진한 것부터

TIP

수란은 흰자가 완전히 난황 주변을 감싸면서 부드럽게 응고되고 난황은 약간 반숙상태이며 가운데가 볼록한 것이 잘 된 것이다.

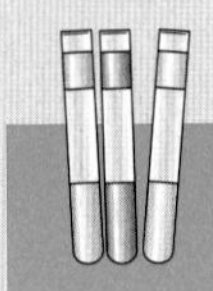

실험 4 사용기구와 재료배합에 따른 달걀찜의 비교

실험목적

달걀의 열 응고성을 이용한 대표적인 음식의 하나인 달걀찜을 만들 때 난액의 농도와 조리기구가 외관, 경도, 색, 맛 등 달걀찜의 품질에 미치는 영향을 이해한다.

실험방법

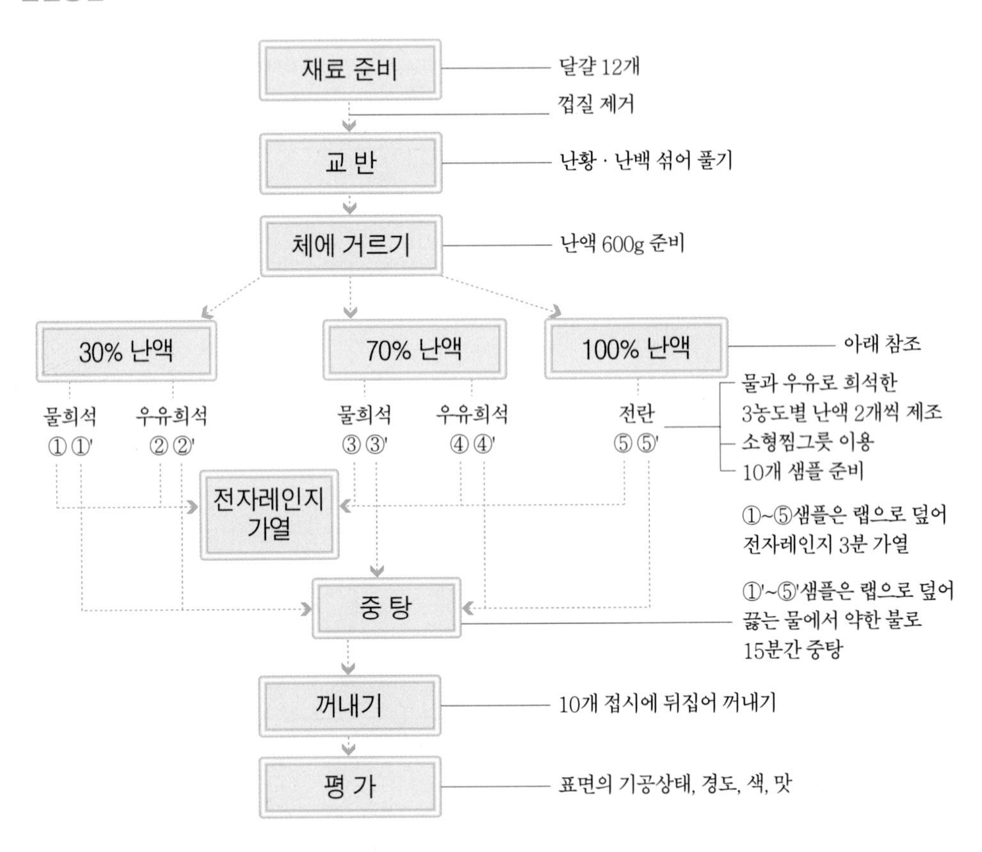

- 30% 난액 : ①①′ 전란 30g + 물 70g + 소금 1/4ts
  ②②′ 전란 30g + 우유 70g + 소금 1/4ts
- 70% 난액 : ③③′ 전란 70g + 물 30g + 소금 1/4ts
  ④④′ 전란 70g + 우유 30g + 소금 1/4ts
- 100% 난액 : ⑤⑤′ 전란 100g + 소금 1/4ts

재료 및 분량

달걀	12개(300g×2)	소금	1/4ts×10
우유	200g(100g×2)	물	200g(100g×2)

기구 및 기기

전자레인지 · 저울 · 타이머 · 계량스푼 · 일반 조리기구(공기, 접시, 냄비)

결과 및 고찰

농도 \ 항목		조리방법	표면의 기공 상태[1]	부드러운 정도[2]	달걀찜의 색[3]	맛[4]
30% 난액	물 희석	중탕①				
		전자레인지①′				
	우유 희석	중탕②				
		전자레인지②′				
70% 난액	물 희석	중탕③				
		전자레인지③′				
	우유 희석	중탕④				
		전자레인지④′				
100% 난액	전란	중탕⑤				
		전자레인지⑤′				

* 1) 묘사법
  2) 순위척도법 : 부드러운 것부터
  3) 묘사법
  4) 순위척도법 : 좋은 것부터

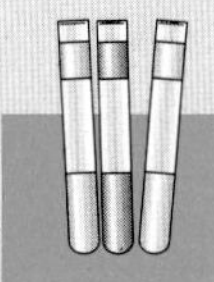

실험 5 첨가물에 따른 난백 거품의 안정성

실험목적

난백에 여러 가지 첨가물을 가하여 거품을 내고, 난백 기포의 용적, 유출액량, 외관의 변화 양상 등을 관찰하여 첨가물이 난백 기포형성의 안정성에 미치는 영향을 이해한다.

실험방법

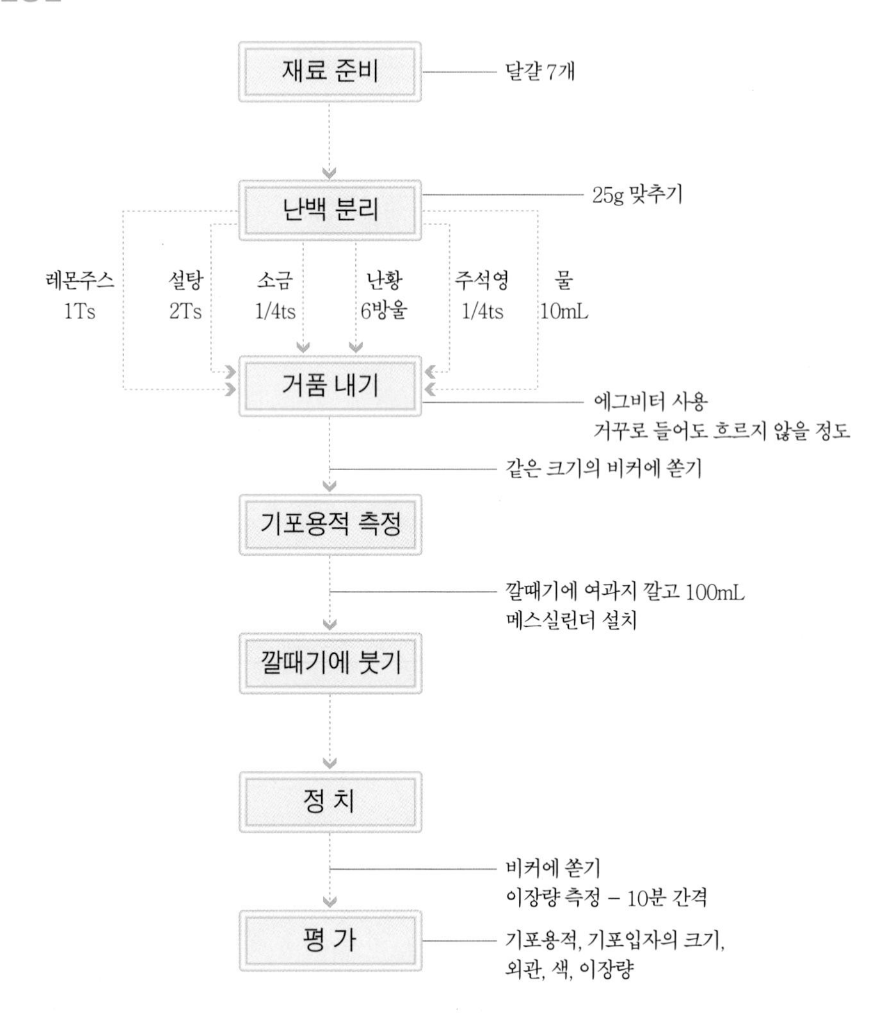

재료 및 분량

기본 재료	
달걀	7개

첨가물	
소금	1/4ts
난황	6방울
설탕	2Ts
주석영(cream of tartar)	1/4ts
레몬주스	1Ts
물	10mL

기구 및 기기

에그비터(egg beater) · 메스실린더 7개 · 비커 · 깔때기 7개 · 계량스푼 · 여과지 · 볼(유리, 사기 또는 플라스틱)

결과 및 고찰

항 목 / 첨가물	교반 직후의 기포 용적[1]	기포입자의 크기[2]	외 관[3]	색[4]
기 본				
소금 1/4ts				
난황 6방울				
설탕 2Ts				
주석영 1/4ts				
레몬주스 1Ts				
물 10mL				

* 1) 순위척도법 : 양이 많은 것부터
2) 묘사법 : 부드럽다, 거칠다, 약간 부드럽다, 약간 거칠다, 아주 부드럽다 등
3) 묘사법
4) 순위척도법 : 진한 것부터

시간(분) / 양(mL)	10	20	30	40	50	60
기 본						

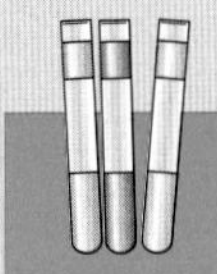

실험 6 머랭 제조 시 설탕 첨가량에 따른 품질 비교

실험목적

머랭(meringues) 제조 시 설탕 첨가량을 달리하여 머랭의 품질을 비교 · 관찰한다.

실험방법

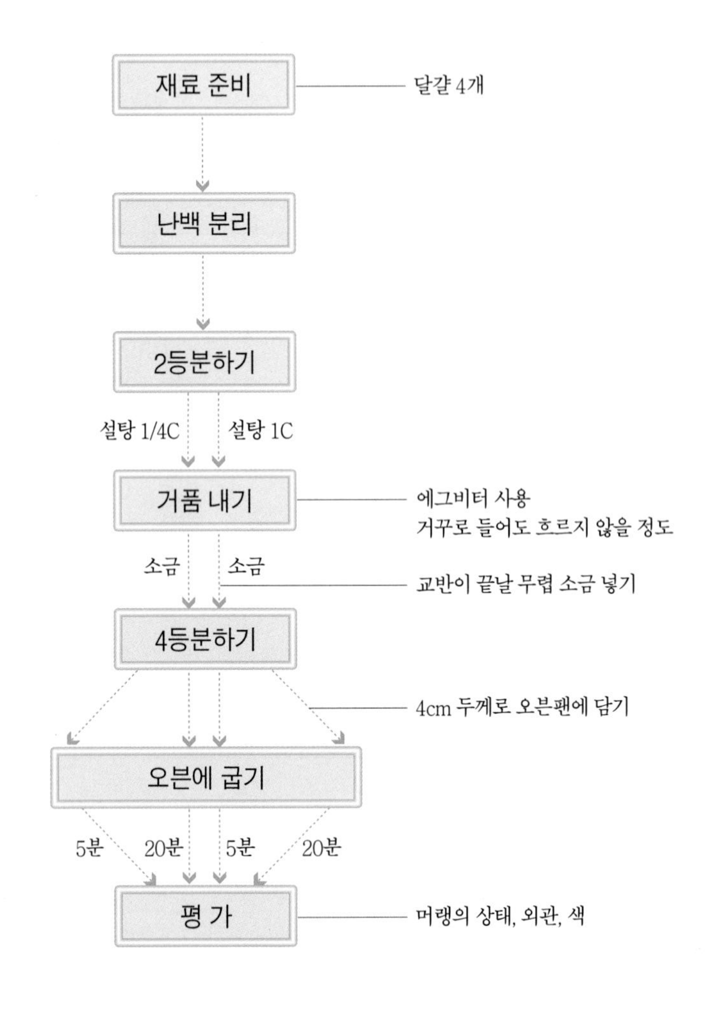

재료 및 분량

달걀	4개	설탕	$1^1/4$C	소금	약간

기구 및 기기

계량스푼 · 에그비터(egg beater) · 오븐 · 일반 조리기구(체, 볼)

결과 및 고찰

재료 \ 시간 \ 항목		외 관[1]	색[2]	머랭의 상태[3]
설탕 1/4C	5분			
	20분			
설탕 1C	5분			
	20분			

* 1) 묘사법
2) 순위척도법 : 옅은 색부터
3) 묘사법

Chapter 9

한천과 젤라틴

Chapter 9

한천과 젤라틴

한천과 젤라틴의 성질

한천과 젤라틴은 단독으로는 식품 가치가 없으나 다른 식품에 응고제로서 식품의 질감을 좋게 하며 먹기가 용이하여 환자식이나 노인영양식 등에 이용되고 있다.

한 천

한천(寒天, agar-agar)은 세포벽 구성성분이 점질성(粘質性) 다당류로 된 홍조류(紅藻類)인 우뭇가사리의 열수추출액(熱水抽出液)의 응고물인 우무를 얼려 말린 해조가공품으로, 우뭇가사리를 물로 추출하여 정제한 후 최종 제품의 형태에 따라 실 한천과 분말 한천으로 만든다. 여름에 얼음을 띄운 콩국에 말아 먹는 청량음식으로 또는 우무채, 우무장아찌 등의 반찬에 쓰이며, 양갱 등의 과자원료, 식품산업에서 젤리 · 푸딩 · 양갱 등의 겔화제, 아이스크림 · 요구르트 · 샐러드드레싱 등 유제품이나 청량음료의 안정제(安定劑), 점증제, 떡 등의 노화방지제, 의약품 원료나 미생물 배양의 한천 배양기로 쓰이는 등 이용 범위가 넓다.

한천의 주성분은 친수성 콜로이드인 70%의 아가로오스(agarose)와 30%의 아가로펙틴(agaropectin)의 두 가지 다당류로 혼합되어 있으며, 소화 · 흡수가 잘 되지 않아 저에너지 식품으로 이용된다.

팽윤한 한천을 가열하면 80～100℃의 온도에서 녹는다. 이때 한천의 농도가 낮을수록 빨리 녹고 농도가 2% 이상이면 녹기 힘들다. 한천의 사용 농도는 1～2%로서 이보다 낮은 농도에서는 겔화하더라도 형태가 충분하지 않다. 한천 농도는 증가함에 따라 견고성이 증가되나 입에서의 느낌이 나쁘다. 용해된 한천액을 냉각하면 응고하여 30℃ 부근에서 탄성 있

표 9-1 한천과 젤라틴 겔의 성질 비교

성 질 / 분 류	한 천	젤라틴
물 흡수량	• 20배	• 6~10배(분말은 5분, 판상은 20~30분)
가열온도	• 80~100℃	• 35~60℃
응고온도	• 30℃	• 3~15℃(10℃ 이하)
사용 농도	• 0.8~1.5%(1~2%)	• 2~10%(3~4%)
첨가물	• 설탕 : 60%까지는 겔 강도 높다 • 과즙 : 방해 • 우유, 난백, 팥앙금 : 방해	• 설탕, 브로멜린(bromelin) : 방해 • 산 : 약간 사용할 때 부드러운 응고물 • 염류 : 단단한 응고물 형성

한 천

자연한천(自然寒天)과 공업한천(工業寒天) 두 가지로 구별하고 있으며 공정상 큰 차이점은 우무의 탈수방법에 있다. 자연한천은 순도(純度)가 낮지만 점성(粘性)이 강한 반면에 공업한천은 순도가 높으나 점성이 약하다.

는 겔이 된다. 한천의 용해온도는 농도에 따라 달라진다. 즉, 농도가 높을수록 용해온도가 높고 높은 온도에서 빨리 응고할 수 있으며 겔의 강도도 크다.

한천에 설탕을 첨가하면 점성과 탄성이 증가하고 투명감도 증가한다. 또 설탕 농도가 높을수록 겔의 강도가 증가한다. 한천에 과즙이나 우유, 팥앙금 등을 넣을 때 첨가량이 많으면 겔 강도는 저하한다. 과즙을 넣고 가열하면 과즙의 유기산에 의해서 가수분해를 일으켜 겔이 약화되므로 한천 용액을 60℃ 정도로 가열하여 과즙을 첨가하도록 한다.

젤라틴

젤라틴(gelatin)은 동물의 가죽, 힘줄, 연골 등에서 얻어지는 콜라겐(교원질)에서 추출하는 천연 고분자 단백질 구성체로서 35~40℃에서 용해하므로 따뜻한 물로 처리했을 때 얻어지는 유도 단백질의 일종이다. 젤라틴은 입 안에서 쉽게 녹는 성질, 적당한 탄력성과 매끈한 맛을 지니고 있어 식품산업에서 겔화제 · 증점제 · 안정제 · 유화제 등으로 이용되고, 물질을 결합시키고 막을 형성하며, 공기를 통하게 하는 등 젤리, 초콜릿, 껌, 디저트에 여러 가지

콜라겐(collagen)

동물의 뼈 · 연골 · 이 · 건(腱) · 피부 외에 물고기의 비늘 등을 구성하는 경단백질(硬蛋白質)로서 교원질(膠原質)이라고도 한다.

로 넓게 이용된다. 조리 시 사용하는 젤라틴의 농도는 3~4% 정도가 적당하다.

찬물에서는 팽창만 하지만 온수에는 녹아서 졸(sol)이 되고, 2~3% 이상의 농도에서는 실온(室溫)에서 탄성이 있는 겔이 된다. 이 상태가 된 것을 젤리라고 하며, 그 응고성(凝固性)을 이용하여 모양이나 단단함을 갖추기 위한 음식물에 널리 이용된다. 겔은 가열하면 다시 졸로 돌아온다. 동물의 뼈, 근육 등을 푹 고았을 때 우러나오는(연골성분) 국물을 정제한 것을 젤라틴이라 하며 동물성 단백질이라서 상온에서도 쫄깃쫄깃한 성질을 유지한다. 부드럽고 젤리 같은 질감의 반죽을 만들 때 굳히는 역할을 하기도 한다.

젤라틴 겔의 열변성은 그것의 전형적인 탄성질감과 결합하여 입 안에서 녹는 성질과 풍부한 향으로 다른 겔보다 더 특이한 질감과 감각적인 느낌을 준다.

첨가물에 의한 영향

한천과 젤라틴은 설탕, 산, 효소 및 소금 등의 첨가물에 영향을 받는다.

한 천

- 난백을 첨가하면 난백 거품 비중이 가볍기 때문에 위에 떠서 분리될 우려가 있으므로 난백에 설탕을 첨가하면 거품도 안정되고 분리되는 것을 방지할 수 있다.
- 우유를 첨가하면 적은 양은 문제가 되지 않으나 많은 양을 첨가할 경우 겔 구조에 방해를 받기 때문에 젤리의 강도가 약해지므로 한천의 농도를 높여 주어야 한다.
- 팥앙금을 첨가할 경우 겔의 강도를 약하게 하며 비중이 무겁기 때문에 가라앉기 쉬우므로 응고시킬 때의 온도를 40℃ 정도로 높여서 응고시킨다.

젤라틴

- 다량의 설탕은 겔의 강도를 감소시켜서 부드러운 젤리를 형성하는데, 이는 설탕이 젤라틴 분자의 망상구조 형성을 방해하기 때문에 20~25% 정도가 적당한 첨가량이다.
- 과일즙, 식초 등의 산은 소량의 경우 젤리를 부드럽게 하지만 많은 양은 젤라틴의 응고를 방해한다. 신맛이 강한 과즙을 첨가한 경우에는 젤라틴 액과 함께 가열하기보다는 젤라틴 액을 가열하여 식힌 다음 과즙을 혼합하는 것이 산에 의한 젤라틴의 가수분해를 방지할 수 있다.
- 단백질 분해효소는 불완전 단백질인 젤라틴을 분해하여 겔화되는 능력을 저하시키므로 통조림을 사용하거나 과즙을 미리 가열하여 효소를 불활성화시킨 후에 사용하는 것이 좋다.
- 소금은 물의 흡수를 막아서 겔의 강도를 높이므로 무기질 함량이 높은 물로 만드는 것이 더 좋다.

젤라틴 응고에 영향을 주는 인자

용해된 젤라틴을 냉각시키면 응고된다. 이러한 응고는 여러 가지 조건에 따라 현상이 다르게 나타난다. 응고에 관계하는 조건은 표 9-2와 같다.

표 9-2 젤라틴의 응고에 관계하는 조건

종 류	특 성
온 도	• 일반적으로 3~15℃에서 응고함 • 온도가 낮을수록 빨리 응고하므로 빨리 응고시키고자 할 때는 냉장고나 얼음물 등을 사용
농 도	• 농도가 높을수록 빨리 응고됨 • 흔히 이용하는 젤라틴의 농도는 2%인데, 여름에는 2배 정도 농도를 높여야 함 • 30℃ 온도가 되면 냉장고에서 응고되었던 겔이 다시 용해되기 쉬움
시 간	• 농도 및 온도에 따라 응고시간이 다르며 온도가 낮을수록 빨리 최대의 경도에 도달함
산	• 과일즙, 토마토주스, 레몬주스, 식초 등을 첨가하면 젤라틴 응고를 방해함 • 산을 약간 사용할 경우 응고물이 부드러워지나 지나치게 사용하면 응고가 방해되고 심하면 전혀 응고 되지 않음
염 류	• 응고물을 단단하게 해 줌 • 물의 흡수를 막아 겔의 견고도를 높임 • 우유를 첨가하면 우유 중의 염류(Ca)가 응고를 도와줌
설 탕	• 겔의 강도를 감소시키며 설탕의 농도가 증가할수록 더욱 감소됨
효 소	• 파인애플에 포함된 브로멜린은 젤라틴을 분해하여 응고 방해 • 생 파인애플을 사용할 경우에는 2분 정도 가열한 후에 사용해야 함
수크로오스	• 다량의 수크로오스(sucrose)는 겔의 강도를 감소시키며 그 농도가 증가할수록 겔의 강도는 감소됨

젤라틴의 이용 및 조리

젤라틴은 조리 시에 응고제, 유화제, 결정방해물질 등으로 이용된다. 젤라틴 젤리는 한천 젤리보다 접착력이 강하다. 질이 좋은 젤라틴은 맛과 냄새가 없어야 하며, 조리 시에 응고제로 사용하면 용적을 증가시킬 수 있으므로 저열량 식품에 이용하며, 그 제품은 특별한 조직과 질감을 갖게 된다. 젤라틴을 사용할 때에는 먼저 젤라틴을 어느 정도 불리고 소량의 뜨거운 물을 부어 완전히 용해시킨 후 나머지 물을 붓고 어느 정도 굳으려 할 때 다른 첨가물을 넣는다. 첨가물이 가용성일 때는 나머지 물을 첨가할 때 녹여 섞어서 틀(mold)에 넣고 굳힌다.

한천과 젤라틴을 이용한 음식

젤리는 펙틴, 젤라틴, 한천(寒天), 알긴산 등의 교질분을 재료로 응고시킨 식품을 말한다. 젤라틴과 한천 등을 응고시킨 냉과나 냉제요리 및 과즙에 설탕을 넣어 조려서 젤리 상태로 된 잼 종류를 포함한다.

과일 요구르트 젤리

재료 : 한천 20g, 요구르트 1C, 우유 1/2C, 키위 2개, 파인애플 2쪽, 체리 5개, 설탕 3Ts

만드는 법

① 녹여 체에 거른 한천에 우유, 설탕, 요구르트를 넣고 잘 저어 섞는다.
② 키위, 파인애플, 체리를 각각 모양대로 썰어 준비한다.
③ 틀 가운데에 원형으로 썬 키위를 놓고 그 둘레에 반달 모양의 키위와 체리를 번갈아 놓고 한천을 부어 굳힌다.

한천은 너무 오래 끓이면 조직이 파괴되어 응고력이 떨어지므로 녹으면 바로 불에서 내린다. 설탕은 한천이 충분히 녹은 다음에 넣어야 잘 굳는다. 반면 요구르트와 같이 다른 첨가물을 혼합하고자 할 때는 한천 물이 50~70% 정도로 굳은 다음에 넣는다. 그러나 너무 굳은 상태에서 한천 물을 넣으면 둘이 서로 분리되기 쉽다.

와인 젤리

재료 : 한천 8g, 물 340mL, 설탕 40g, 와인 120cc

만드는 법

① 한천을 깨끗이 씻어 물에 불린 후 잘게 찢는다.
② 찬물에 한천을 넣고 저으면서 약 2분간 끓인다.
③ ②에 설탕을 넣어 녹인 후 불을 끈다(40℃까지 식힌다).
④ ③에 와인을 넣고 유리잔에 부어 굳힌다.

젤로 디저트

재료 : 젤라틴 1/2C, 끓는 물 1 1/2C, 꿀 1/3C, 소금 2Ts, 레몬주스 3Ts, 레몬 껍질 간 것 1개, 크림 1C, 비스킷 조각 2C

만드는 법

① 끓는 물에 젤라틴을 넣어 녹인 후 꿀, 소금, 레몬주스, 레몬 껍질 간 것을 넣고 섞어 냉장고에 넣어 둔다.
② 크림은 거품을 내어 약간 엉긴 젤라틴 혼합물과 섞는다.
③ 평평한 팬에 곱게 부스러뜨린 과자 부스러기 1C을 아래에 깔고 ②를 쏟아 넣고 나머지 과자 부스러기로 덮은 후 냉장고에 넣어 굳힌다.
④ 직사각형으로 썰어 낸다.

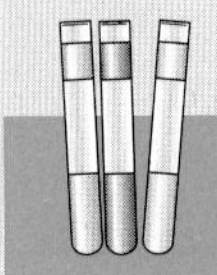

실험 1 한천과 젤라틴의 특성 비교

실험목적

한천과 젤라틴의 용해, 응고온도를 조사하고 젤리의 강도를 측정하여 한천과 젤라틴의 특성을 알아본다.

실험방법

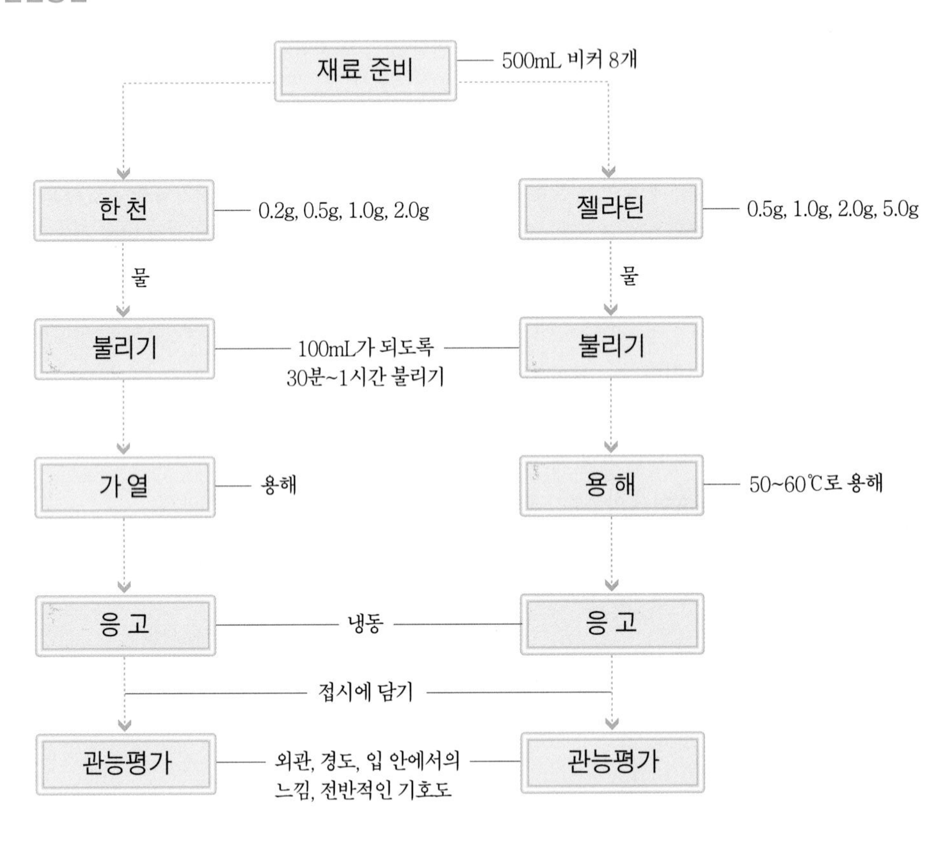

재료 및 분량

한천(분말)	3.7g : A, B, C, D(0.2%, 0.5%, 1.0%, 2.0% 농도)
젤라틴(분말)	8.5g : A', B', C', D'(0.5%, 1.0%, 2.0%, 5.0% 농도)
물	800mL

기구 및 기기

비커(500mL) 8개 · 메스실린더(500mL) · 온도계 · 유리봉 · 저울 · 일반 조리기구

결과 및 고찰

재 료	농도(%)	외 관[1]	단단한 정도[2]	입 안에서의 느낌[3]	전반적인 기호도[4]
한 천	A				
	B				
	C				
	D				
젤라틴	A′				
	B′				
	C′				
	D′				

1), 4) 순위척도법 : 좋은 것부터
2) 순위척도법 : 단단한 것부터
3) 순위척도법 : 부드러운 것부터

TIP

한천과 젤라틴의 농도에 따른 응고 및 용해온도

시 료	농도(%)	응고온도(℃)	용해온도(℃)
한 천	0.1	28.0	77.7
	1.0	32.5	78.7
	1.5	34.1	80.5
	2.0	35.0	81.3
젤라틴	2.0	3.0	20.0
	3.0	8.0	23.5
	4.0	10.5	25.0
	5.0	14.5	26.5

출처 : 山琦清子(1992), 調理科學講座

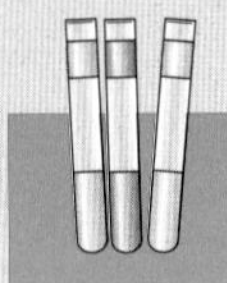

실험 2 가열방법 및 가열시간을 달리하여 제조한 한천젤리의 상태

실험목적

가열방법과 가열시간을 달리하여 제조한 한천젤리의 투명도, 경도, 맛, 질감을 관찰한다.

실험방법

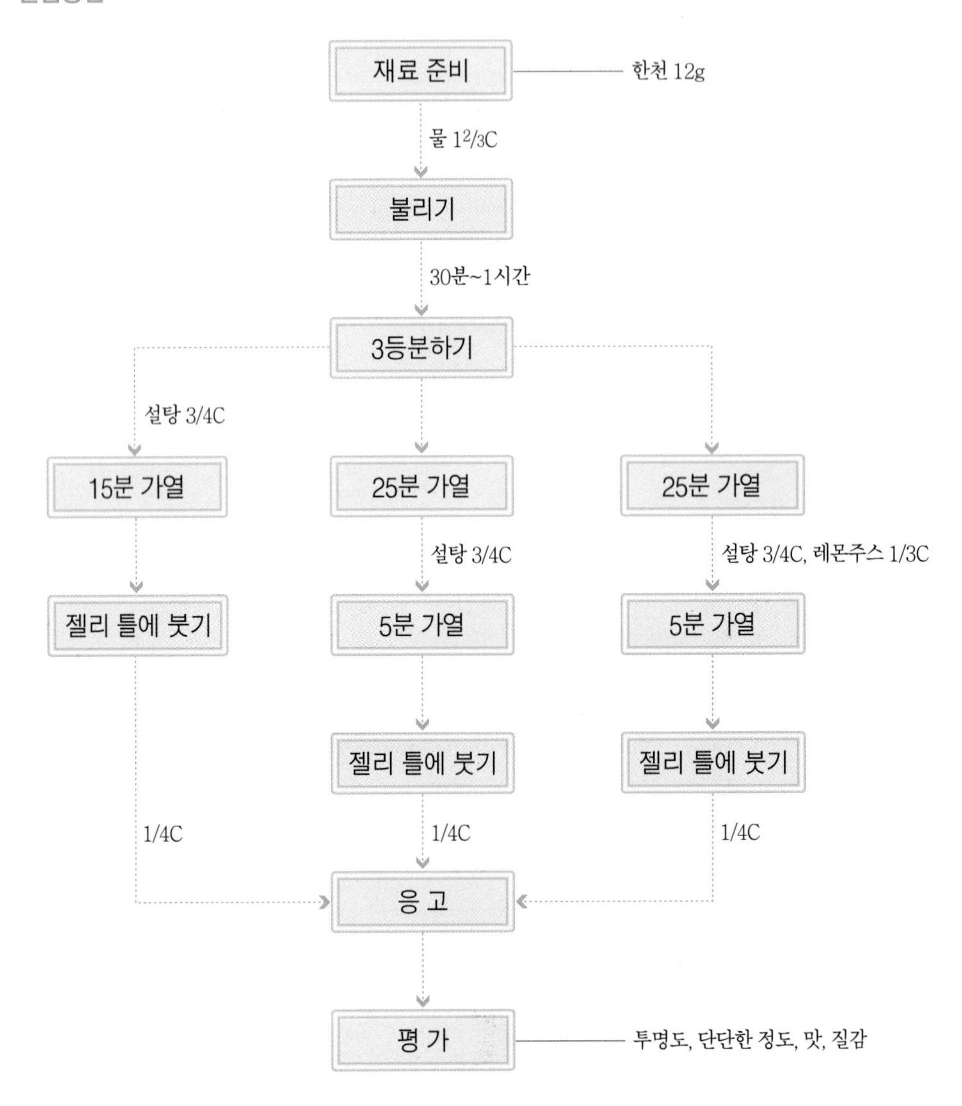

재료 및 분량

한천	12g(4g×3)	설탕	$2\frac{1}{4}$C($\frac{3}{4}$C×3)	레몬주스	1/3C

기구 및 기기

비커(500mL) 8개 · 메스실린더(500mL) · 유리봉 · 저울 · 일반 조리기구

결과 및 고찰

조리 조건 \ 항 목		응고시간(분)	투명도[1]	단단한 정도[2]	맛[3]	질 감[4]
A	설탕 넣고 끓이는 기본방법					
B	가열 후 설탕 넣고 다시 가열하는 방법					
C	레몬주스를 첨가하는 방법					

* 1) 순위척도법 : 맑은 것부터
 2) 순위척도법 : 단단한 것부터
 3) 순위척도법 : 좋은 것부터
 4) 묘사법

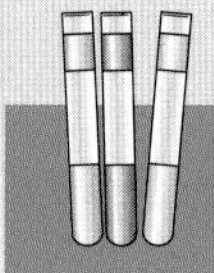

실험 3 설탕의 첨가량이 팥양갱 질감에 미치는 영향

실험목적

설탕 첨가량에 따른 팥양갱의 품질변화를 비교 · 실험한다.

실험방법

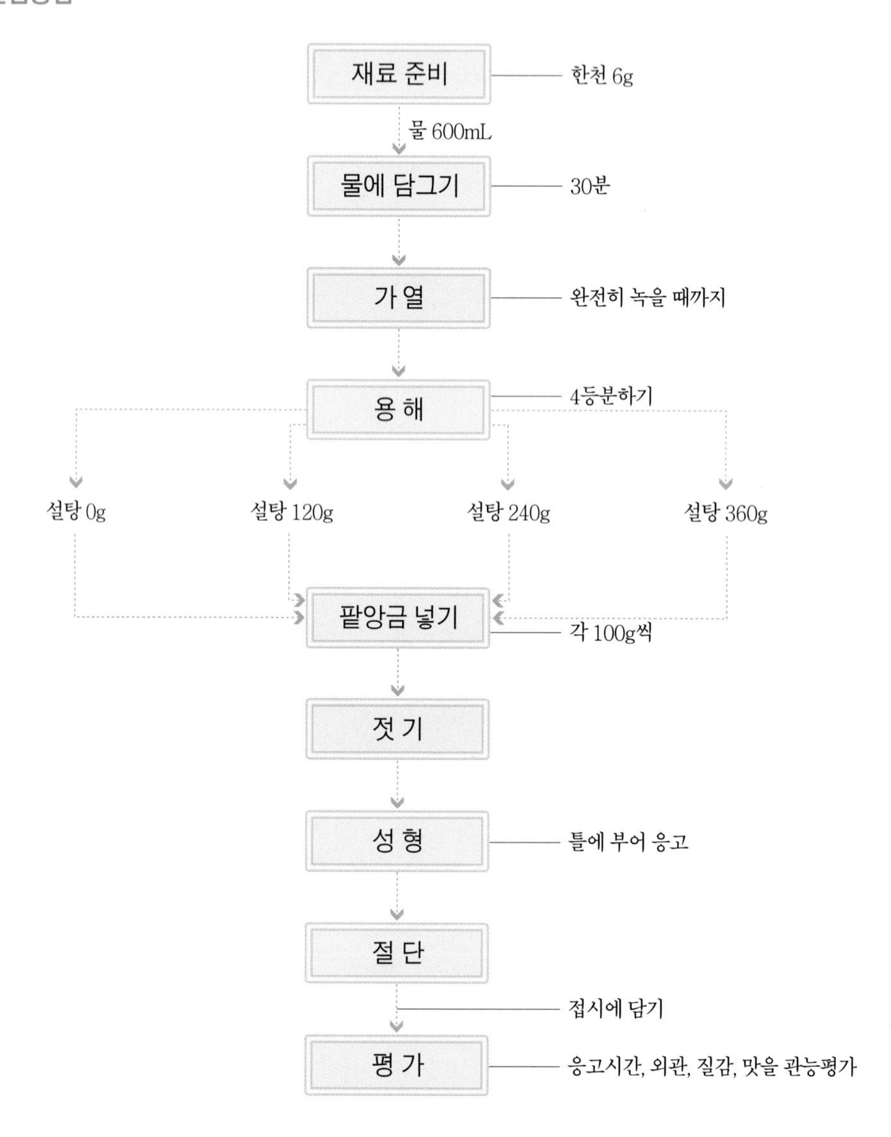

재료 및 분량

팥앙금	400g	설탕	720g	물	600mL
(팥 200g, 물 400mL, 중조 0.04g)		한천	6g		

기구 및 기기

저울 · 체 · 일반 조리기구

결과 및 고찰

항목 / 설탕첨가량(g)	응고시간(분)	외 관[1]	질 감[2]	맛[3]	비 고
0					
120					
240					
360					

* 1), 3) 순위척도법 : 좋은 것부터
 2) 순위척도법 : 단단한 것부터

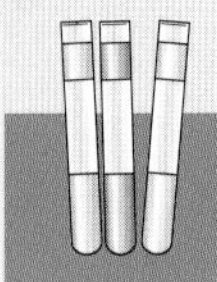

실험 4 과즙 종류에 따른 한천젤리의 품질 비교

실험목적

과즙 종류를 달리하여 제조한 한천젤리의 투명도, 단단한 정도, 맛, 질감을 관찰한다.

실험방법

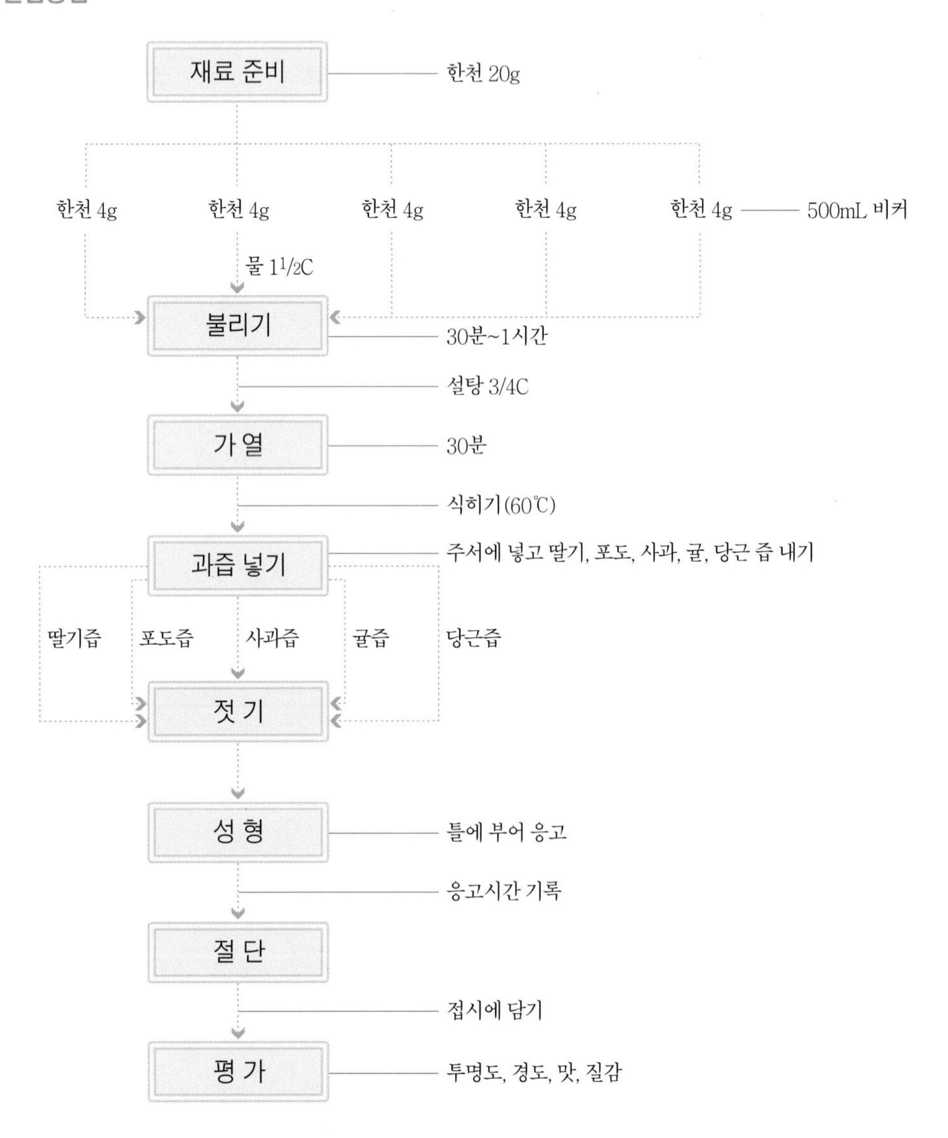

재료 및 분량

한천(분말)	20g(4g×5)	과즙	$3^{1}/_{3}$C(2/3C×5)	물	$7^{1}/_{2}$C($1^{1}/_{2}$C×5)
		(딸기, 포도, 사과, 귤, 당근)		설탕	$3^{3}/_{4}$C(3/4C×5)

기구 및 기기

계량컵 · 비커(500mL) · 메스실린더(500mL) · 저울 · 주서 · 젤리 틀 · 일반 조리기구

결과 및 고찰

항 목 / 설탕첨가량(g)	응고시간(분)	투명도[1]	경 도[2]	맛[3]	질 감[4]
딸기즙					
포도즙					
사과즙					
귤 즙					
당근즙					

* 1) 순위척도법 : 맑은 것부터
2) 순위척도법 : 단단한 것부터
3) 순위척도법 : 좋은 것부터
4) 묘사법

응용조리 편

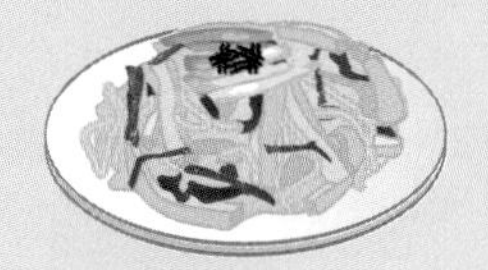

약식

재 료

찹쌀 2C
갈색 소스
  흑설탕 3Ts
  물 1/2Ts
더운물 1/2Ts
흑설탕 1/2C
참기름 3Ts
간장 2Ts
계핏가루 1/4ts
밤 5개
대추 10개
잣 1Ts

만드는 법

1 찹쌀은 깨끗하게 씻어 물에 5시간 이상 충분히 불린 후 건져 낸다. 찜통에 행주를 깔고 40분 정도 찌는데, 도중에 물을 한 번 뿌린 후 나무주걱으로 위아래를 두세 번 고루 섞어 준다.

2 흑설탕과 물을 냄비에 담아 불에 올려둔다. 끓어오르면서 전체가 갈색이 나면 더운물을 넣어, 굳지 않도록 하여 갈색 소스를 만든다.

3 밤은 속껍질까지 벗기고 대추는 씨를 발라내어 각각 2~3조각내고, 잣은 고깔을 딴다.

4 ①의 찐 찹쌀을 뜨거울 때 큰 그릇에 쏟아 먼저 흑설탕을 섞고, 참기름, 간장, 갈색 소스를 차례로 넣어 고루 섞는다. 다음으로 밤, 대추를 섞고 계핏가루를 뿌려 섞은 뒤 1시간 정도 놓아 두어 밥알에 간이 배도록 한 후 찜통에 보를 깔고 다시 1시간 정도 찐다.

5 ④를 불에서 내린 후 잣을 섞어 그릇에 담는다.

6 뜨거울 때 편편하게 모양을 만들어서 식힌다.

도 넛

재 료

밀가루(중력, 박력) 200g
베이킹파우더 5g
달걀 2개
버터 30g
설탕 100g
튀김기름 2C

만드는 법

1 밀가루와 베이킹파우더를 섞은 후 체에 친다.
2 달걀 2개를 그릇에 풀어 놓는다.
3 버터를 실온에서 부드럽게 녹여 설탕을 넣어가며 마구 빨리 젓는다.
4 ③에 달걀 푼 것을 2~3번에 나눠 넣고 재빨리 섞는다.
5 ④에 ①을 넣고 재빨리 살살 섞어 반죽한 후 10분간 냉장고에 넣어 휴지시킨다.
6 반죽을 꺼내어 밀대로 0.7~0.9cm 두께로 밀어 모양을 찍어낸다.
7 170℃의 기름에 앞뒷면 한 번씩 뒤집어서 튀긴다.
8 종이타월에 올려놓고 기름을 뺀다.

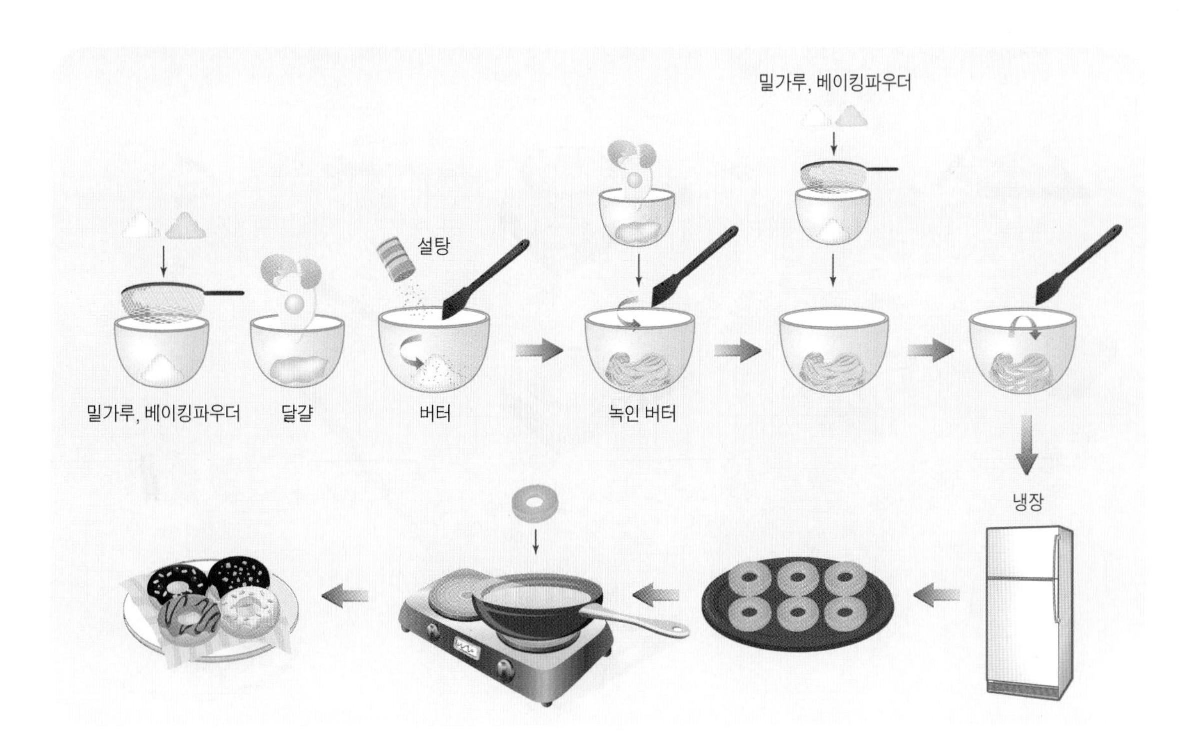

탕평채

청포묵(7cm) 200g
소금, 참기름 조금
쇠고기(5cm) 100g
양념장
간장 1Ts
설탕 1ts
다진 파 1ts
다진 마늘 1/2ts
깨소금·참기름·후춧가루 조금
숙주 50g
미나리 50g
달걀 1개
김 1/2장

만드는 법

1 청포묵은 두께와 폭 0.4cm, 길이 7cm로 썰어 끓는 물에 데친 후 소금, 참기름으로 양념한다.
2 숙주는 거두절미하고, 미나리도 줄기 부분만 다듬어 끓는 물에 소금 약간 넣고 데쳐서 헹군 다음 5cm 길이로 자른다.
3 쇠고기는 두께와 폭 0.3cm, 길이 5cm로 채 썰어 양념장으로 버무린 후 볶는다.
4 달걀은 황 · 백으로 지단을 부쳐서 4cm 길이로 채 썰고, 김은 구워서 부순다.
5 준비한 재료를 합하여 무쳐 그릇에 담고 그 위에 김과 황 · 백 지단을 얹는다.

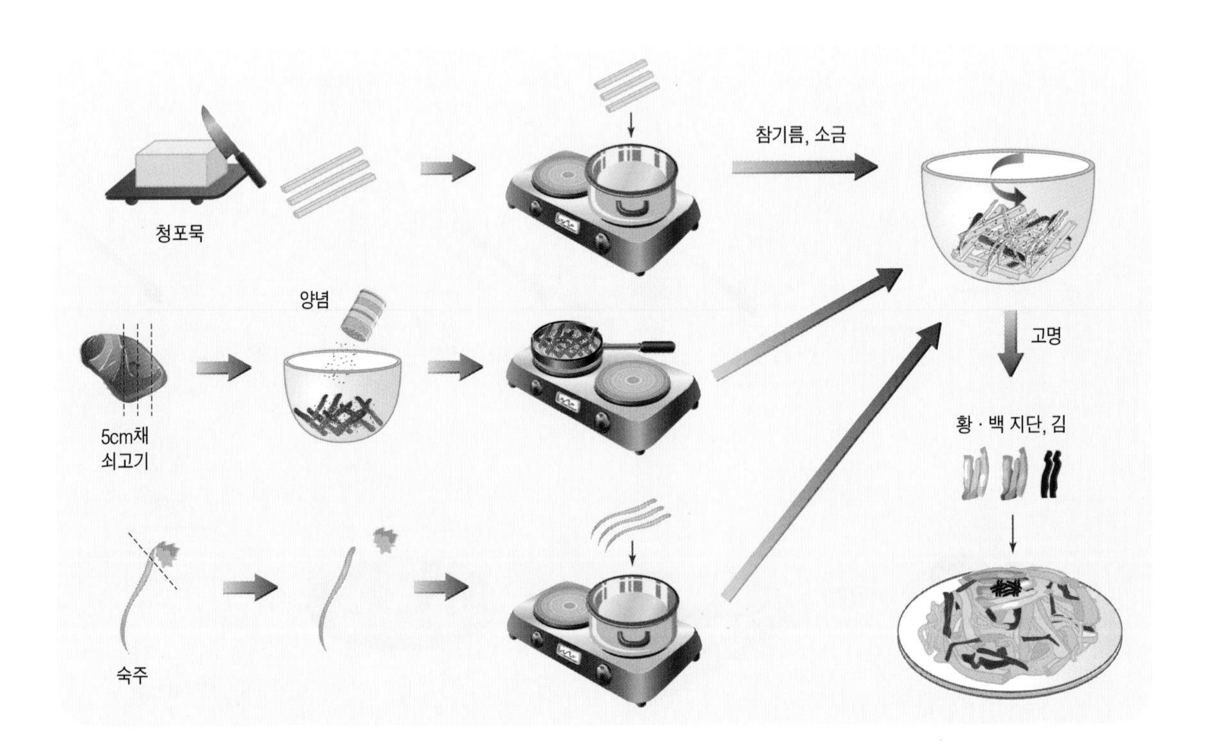

비빔국수

재 료

마른국수(소면) 180g
- 간장 1Ts
- 설탕 1ts
- 참기름 1Ts

오이(5cm) 100g
쇠고기(6cm) 100g
표고버섯 3장
달걀 1개
실고추 · 소금 · 식용유 조금
쇠고기 · 표고버섯 양념
- 간장 1Ts
- 설탕 1ts
- 다진 파 · 마늘 조금
- 깨소금 · 참기름 · 후춧가루 조금

만드는 법

1 오이는 소금으로 문질러 씻어 5cm 길이로 돌려 깎기하여 두께와 폭 0.2cm로 채 썰어 소금에 절였다가 물기를 짠다.
2 쇠고기는 두께와 폭 0.3cm, 길이 6cm로 썰어 양념한다.
3 표고버섯도 물에 불려 쇠고기와 같은 크기로 채 썰어 양념한다.
4 달걀은 황 · 백으로 나누어 지단을 부쳐 두께와 폭 0.2cm, 길이 5cm로 채 썬다.
5 프라이팬에 기름을 두르고 오이, 쇠고기, 표고버섯 순서로 볶아낸다.
6 국수를 삶아서 찬물에 헹구어 물기를 빼고 간장, 설탕, 참기름으로 밑간을 한 다음 오이, 쇠고기, 표고버섯을 넣고 살살 비벼 그릇에 담는다. 황 · 백 지단, 실고추를 고명으로 얹는다.

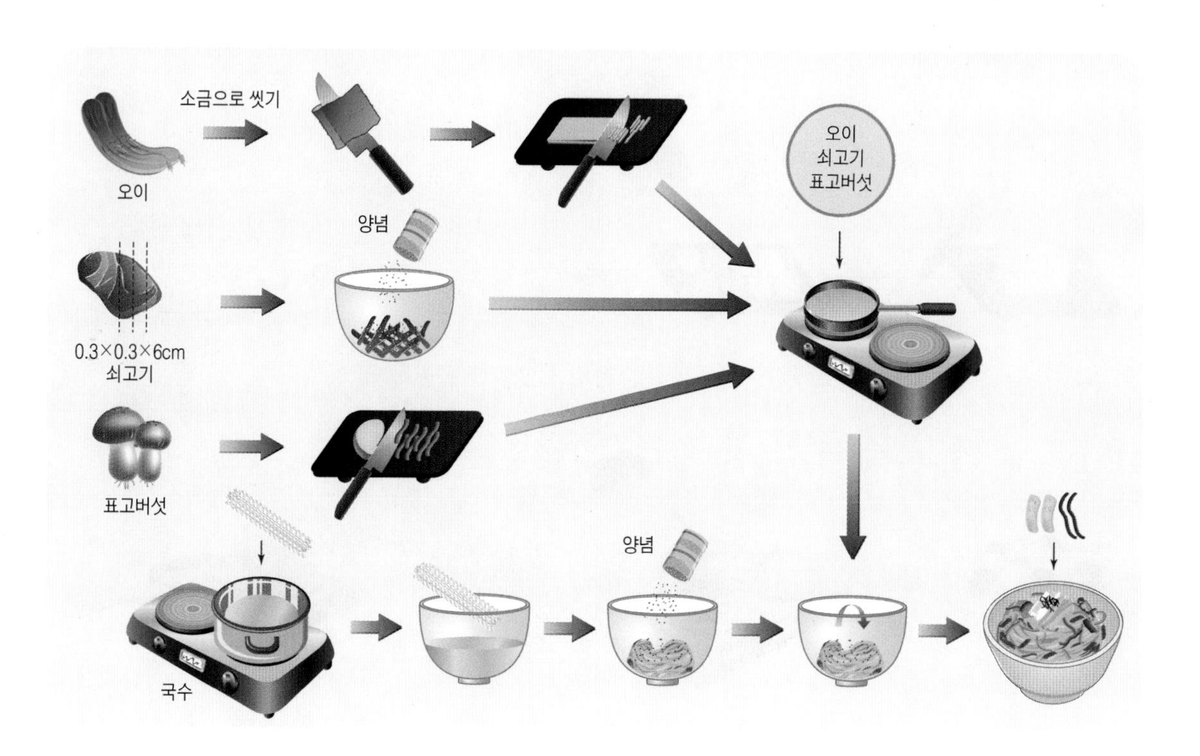

두부강정

재 료

두부(250g) 1모
소금 조금
후춧가루 조금
전분 3Ts
튀김기름 1C
조림장
  간장 3Ts
  설탕 1/2Ts
  맛술 1Ts
  후춧가루 조금
  생강즙 1/2ts
  참기름 1Ts
브로콜리 1송이
통깨 조금

만드는 법

1 두부를 사방 2cm 길이로 깍둑썰기한 후 소금, 후춧가루로 밑간한다.
2 두부의 물기를 종이타월로 잘 닦아낸 후 전분을 골고루 묻힌다.
3 끓는 기름에 전분을 묻힌 두부를 튀긴 후 기름을 뺀다.
4 간장, 설탕, 맛술, 후춧가루, 생강즙, 참기름을 섞어 끓여서 조림장을 만든다.
5 조림장이 끓어오르면 튀겨놓은 두부와 브로콜리를 조림장에 조려낸다.
6 통깨를 뿌린다.

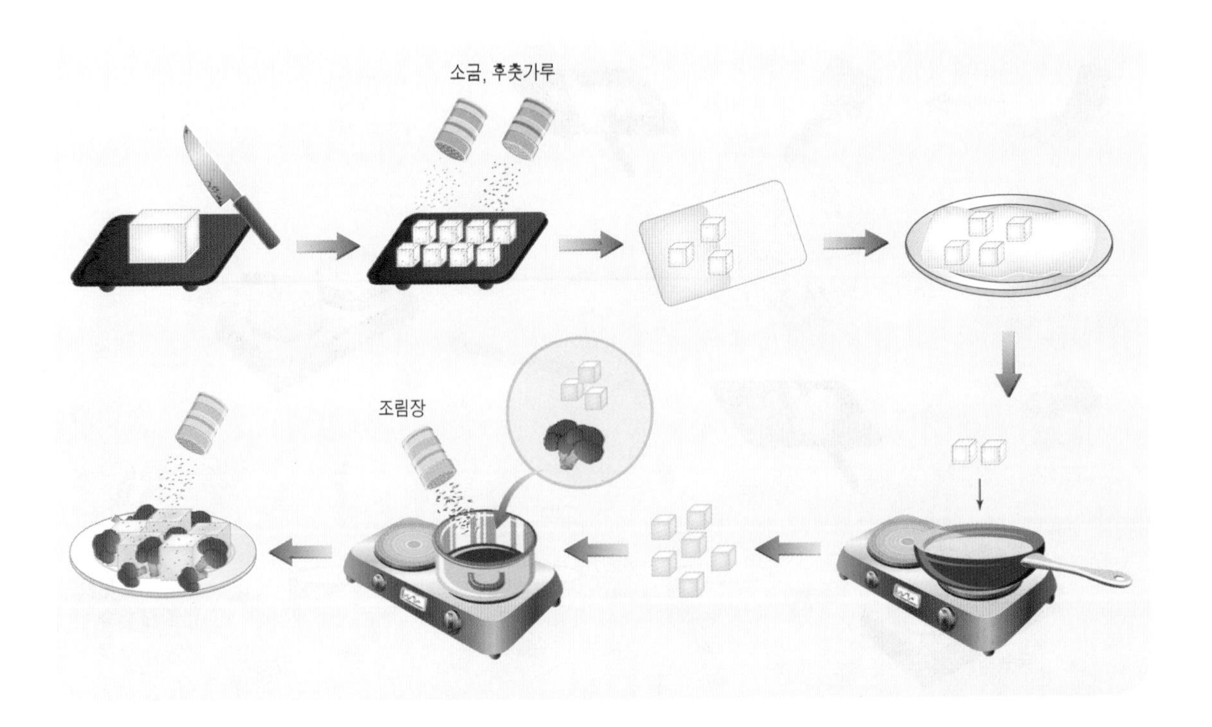

감자 팬케이크

재 료

감자 2개
양파 1개
모차렐라 치즈 100g
달걀 2개
소금 약간
식용유 적당량

만드는 법

1. 감자는 껍질을 벗긴 후 얇게 썰어 놓는다.
2. 끓는 물에 소금을 넣고 ①을 넣어 삶아낸 뒤 물기를 뺀다.
3. 달걀은 풀어서 소금으로 간한다.
4. 프라이팬에 식용유를 두른 후 감자를 깔고 그 위에 양파를 올린 다음 모차렐라 치즈를 올린다.
5. 감자와 양파를 위로 층층이 올리고 달걀을 골고루 뿌려준다.
6. 앞뒷면을 노릇노릇하게 잘 구워준다.

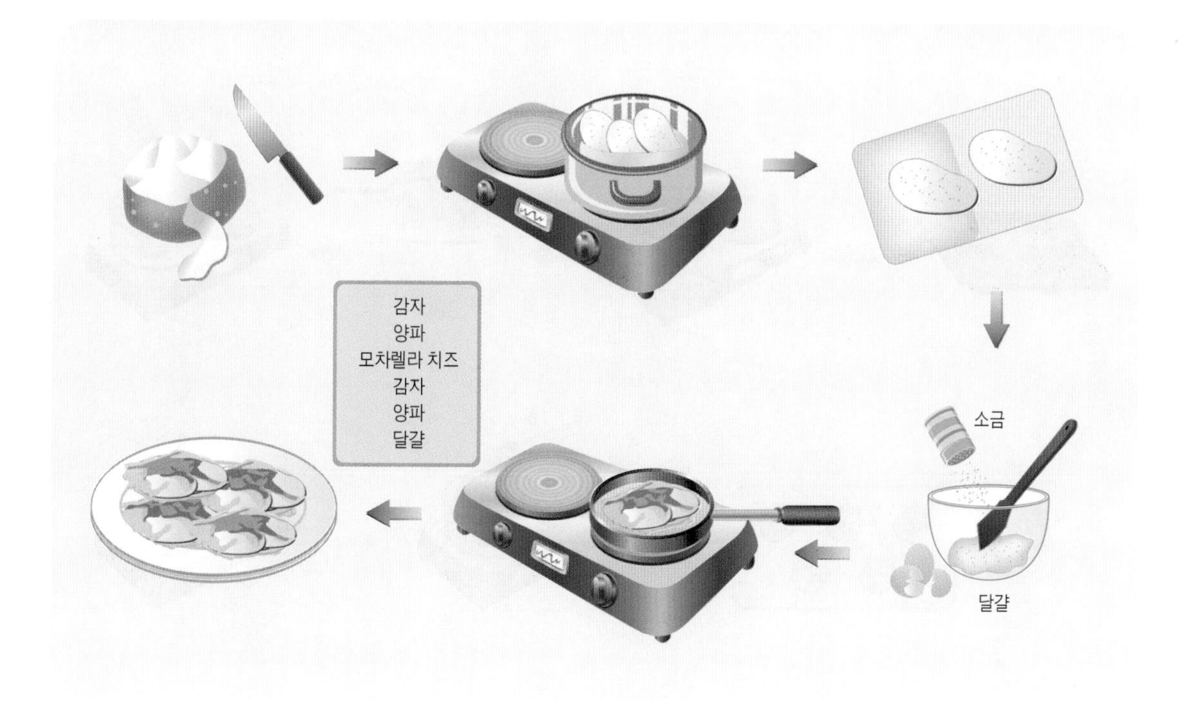

연근정과

재 료

연근 200g
물 2C
식초 1Ts
조림장
　물 3C
　설탕 100g
　소금 1/2ts
꿀 2Ts

만드는 법

1. 연근은 지름 4cm 정도의 가는 것으로 껍질을 벗기고 깨끗이 씻어 두께 0.7cm 통으로 썰어 놓는다
2. 끓는 물에 식초를 넣고 살짝 데친 후 체에 걸러 물기를 뺀다.
3. 물에 설탕, 소금을 넣고 끓이다가 데친 연근을 넣고 약한 불로 젓지 않고 조린다.
4. 물이 1/3 정도 남았을 때 꿀이나 조청을 넣어 약한 불에서 윤기가 나도록 조린 후 서로 붙지 않게 식힌다.

율란

재 료

밤 20개
물 $1^{1}/_{2}$C
꿀 3Ts
계핏가루 조금

만드는 법

1 밤은 씻어서 물을 부어 삶는다.
2 밤이 충분히 무르게 익으면 껍질을 벗겨 뜨거울 때 체에 밭쳐서 보슬보슬한 가루를 만든다.
3 밤가루에 꿀과 계핏가루를 넣어 고루 섞어서 한데 뭉쳐 반죽한다.
4 밤 반죽을 밤톨 모양으로 하나씩 빚어 한쪽 끝에 계핏가루를 묻힌다.

대추초

재 료

대추 20개
잣 2Ts
꿀 3Ts

만드는 법

1 대추는 젖은 행주로 깨끗이 닦은 후 씨를 발라내고 찜통에 5분 정도 찐다.
2 잣은 고깔을 따고 대추씨 뺀 자리에 서너 개씩 채워 꿀을 발라서 원래 대추 모양으로 만든다.
3 냄비에 ②와 꿀을 담아 약한 불에서 나무주걱으로 저으면서 서서히 조린다.
4 대추초를 하나씩 떼어 잣을 박은 쪽이 위로 가도록 그릇에 담는다.

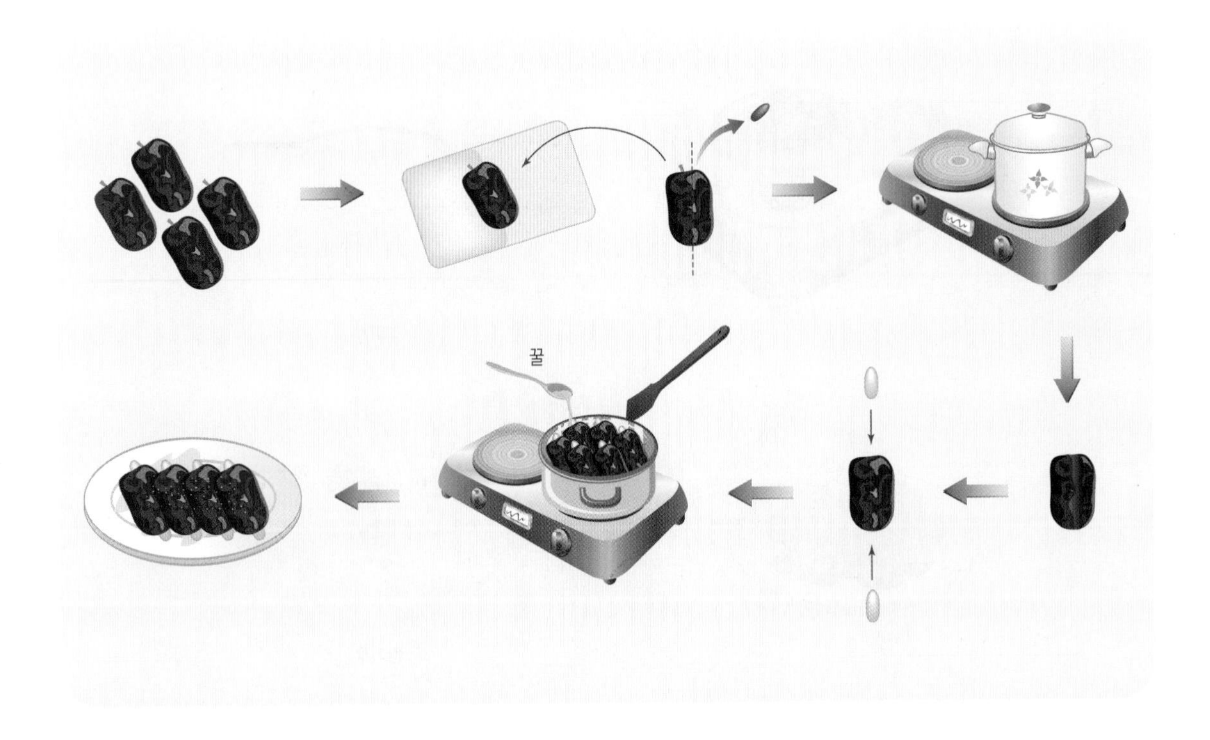

갈비찜

재 료

갈비 600g
설탕 4Ts
무 300g
표고버섯 4개
양념간장
　간장 4Ts
　다진 파 4Ts
　다진 마늘 4Ts
　깨소금 2Ts
　참기름 2Ts
　후춧가루 1ts
달걀 50g
잣 2Ts

만드는 법

1 갈비는 5cm로 토막 내어 찬물에 담가 핏물을 빼고 건져낸다.
2 냄비에 물 4컵을 붓고 ①을 넣어 살짝 익을 정도로 삶아 내고 국물은 육수로 쓴다.
3 삶은 갈비는 기름을 떼고 앞뒤로 칼집을 넣어 손질한 후 설탕을 뿌려 주물러 놓는다.
4 무는 3cm 크기의 네모로 썰고, 표고버섯 큰 것은 반으로 자른다.
5 간장, 다진 파, 다진 마늘, 깨소금, 참기름, 후춧가루를 넣어 양념간장을 만든다.
6 양념간장 2/3에 갈비를 재워 냄비에 무, 표고버섯과 함께 담는다.
7 갈비가 잠길 정도의 육수를 붓고 뭉근히 끓인 뒤 나머지 1/3의 양념간장을 넣는다.
8 국물이 없어질 때까지 서서히 끓여 그릇에 담고 달걀 지단과 잣을 고명으로 올린다.

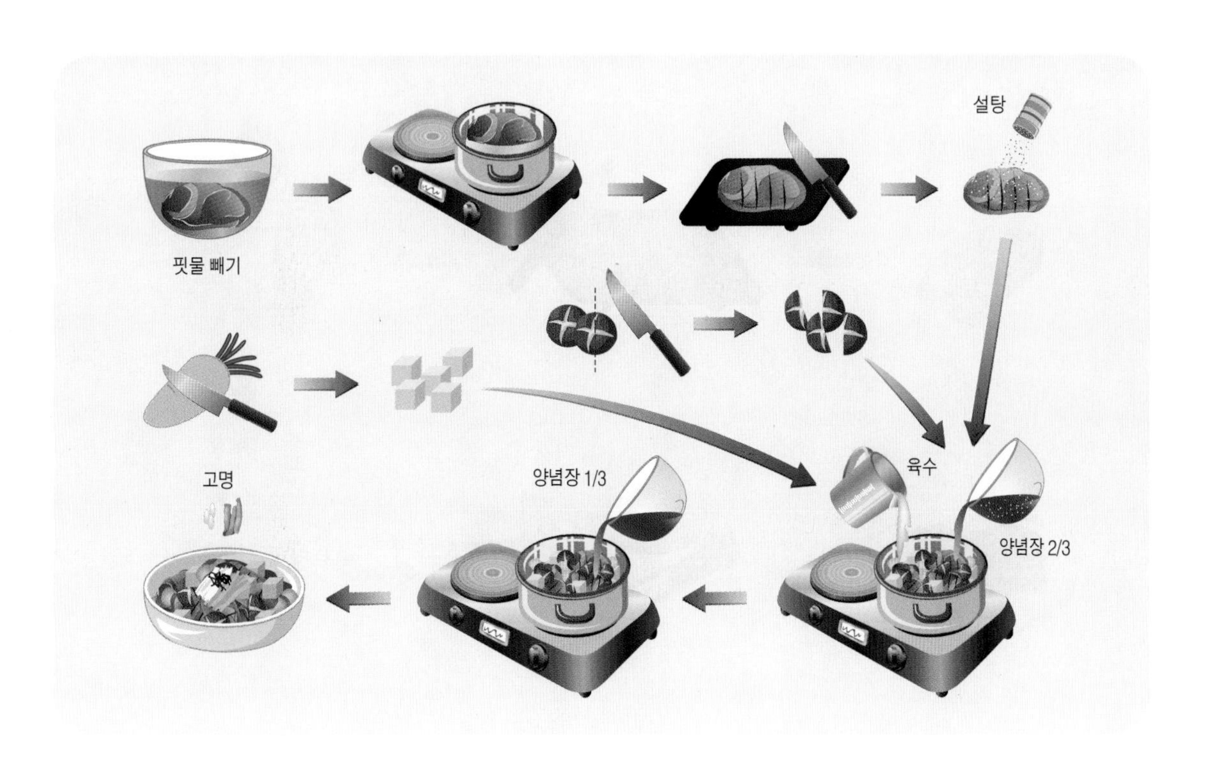

너비아니구이

재 료

쇠고기 300g
배 1/4개
양념장
- 간장 3Ts
- 설탕 $1^{1}/_{2}$Ts
- 다진 파 1Ts
- 다진 마늘 1ts
- 깨소금 1ts
- 참기름 1/2ts
- 후춧가루 조금

만드는 법

1. 쇠고기는 힘줄과 기름을 제거한 후 5cm×6cm×0.4cm 크기로 썰어 앞뒤로 자근자근 두드린다.
2. 배는 즙을 내어 쇠고기에 뿌려 재워둔다.
3. 분량의 재료로 양념장을 만든다.
4. 양념장에 고기를 한 장씩 담가 고루 맛이 배도록 재워둔다.
5. 석쇠에 기름을 발라 달군 후 고기를 타지 않게 굽는다.

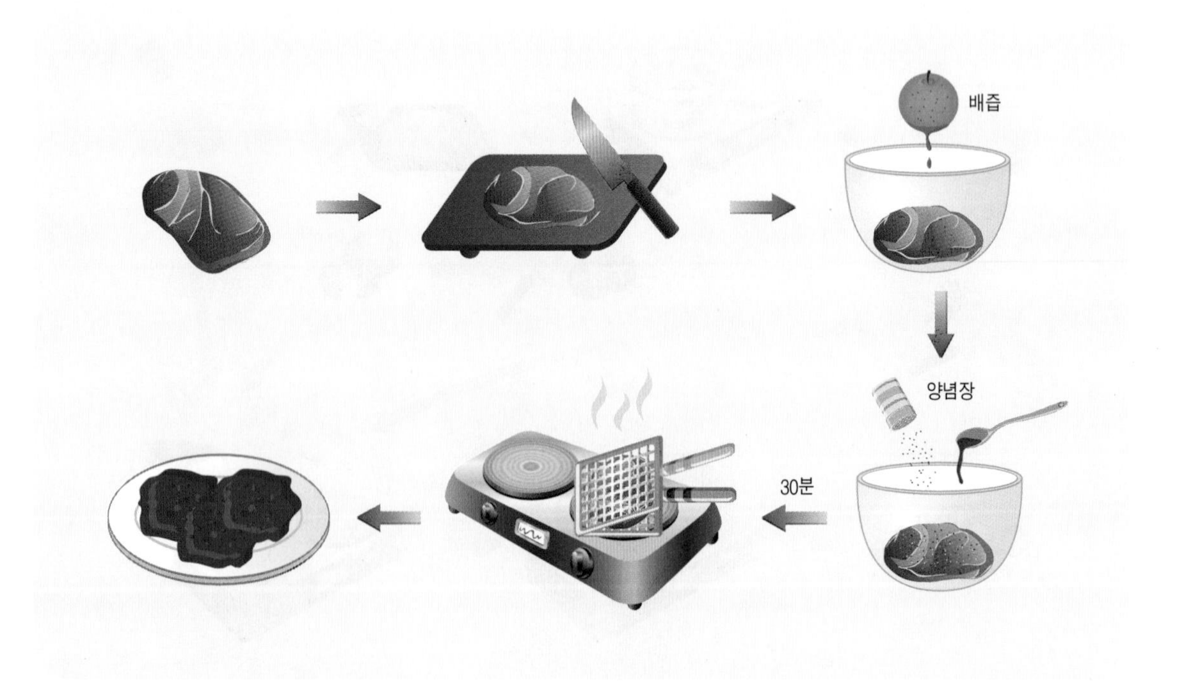

생선전유어

재 료

동태(껍질이 있고, 언 상태)
 1/2마리
 소금 1ts
 후춧가루 조금
달걀 1개
밀가루 조금
식용유 조금

만드는 법

1 얇게 저민 생선을 펴 놓고 소금과 후춧가루로 밑간을 한다.
2 간이 밴 후에 밀가루를 묻히고 달걀 푼 것을 입힌다.
3 팬에 기름을 두르고 뜨거워지면 달걀 입힌 생선을 넣고 노르스름하게 지져낸다.

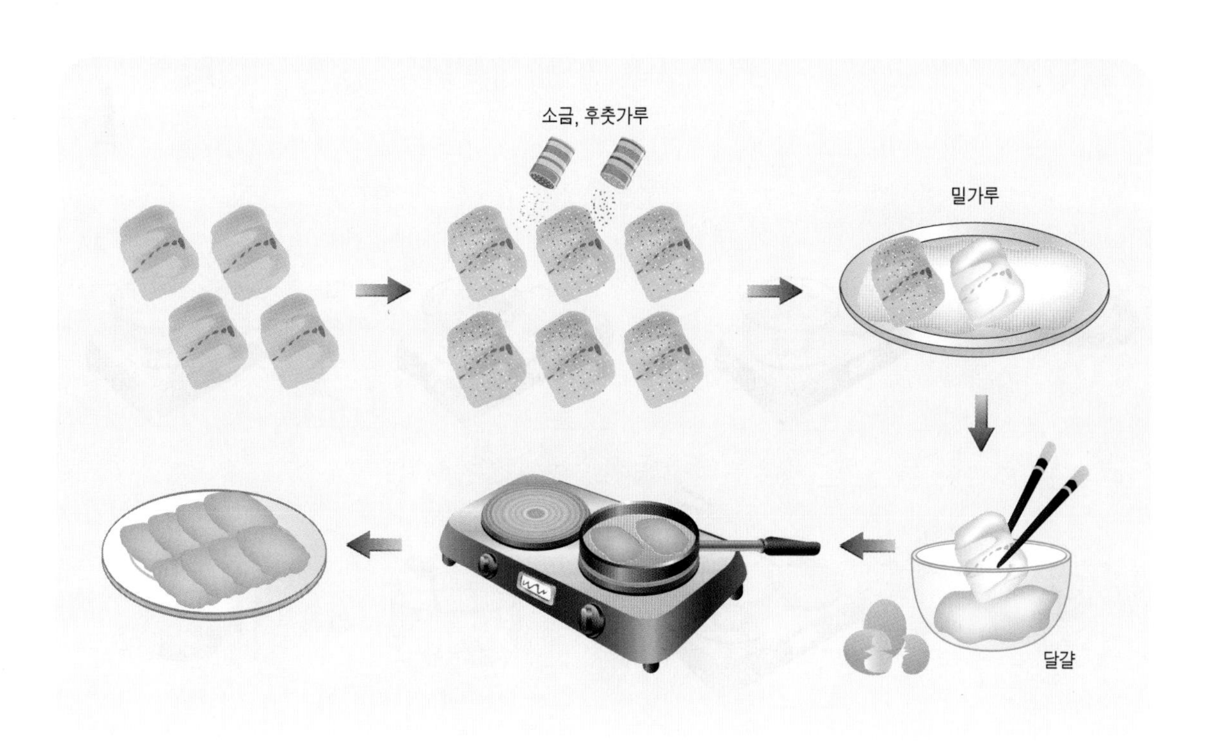

육개장

재 료

사태(양지머리) 300g
물 6C
파 1뿌리
마늘 3톨
양념장
  고춧가루 1ts
  참기름 1ts
  다진 마늘 1ts
  후춧가루 조금
간장(청장) 2Ts
파 50g

만드는 법

1 사태나 양지머리를 맑은 물에 씻는다.
2 냉수 6컵에 고기를 넣고, 끓기 시작하면 약한 불로 1~2시간 푹 무르게 삶는다.
3 도중에 파, 마늘을 넣고 위에 뜨는 거품과 기름을 걷어낸 다음 고기가 충분히 익으면 건져낸다(이때 육수는 버리지 말고 남겨둔다).
4 고기를 결대로 가늘게 찢거나 납작납작하게 썰어 고춧가루, 참기름, 다진 마늘, 후춧가루, 간장으로 양념한다.
5 양념한 고기를 끓는 국에 넣고 10cm 길이로 썬 파도 함께 넣어 10분간 맛이 어우러지게 끓인다.

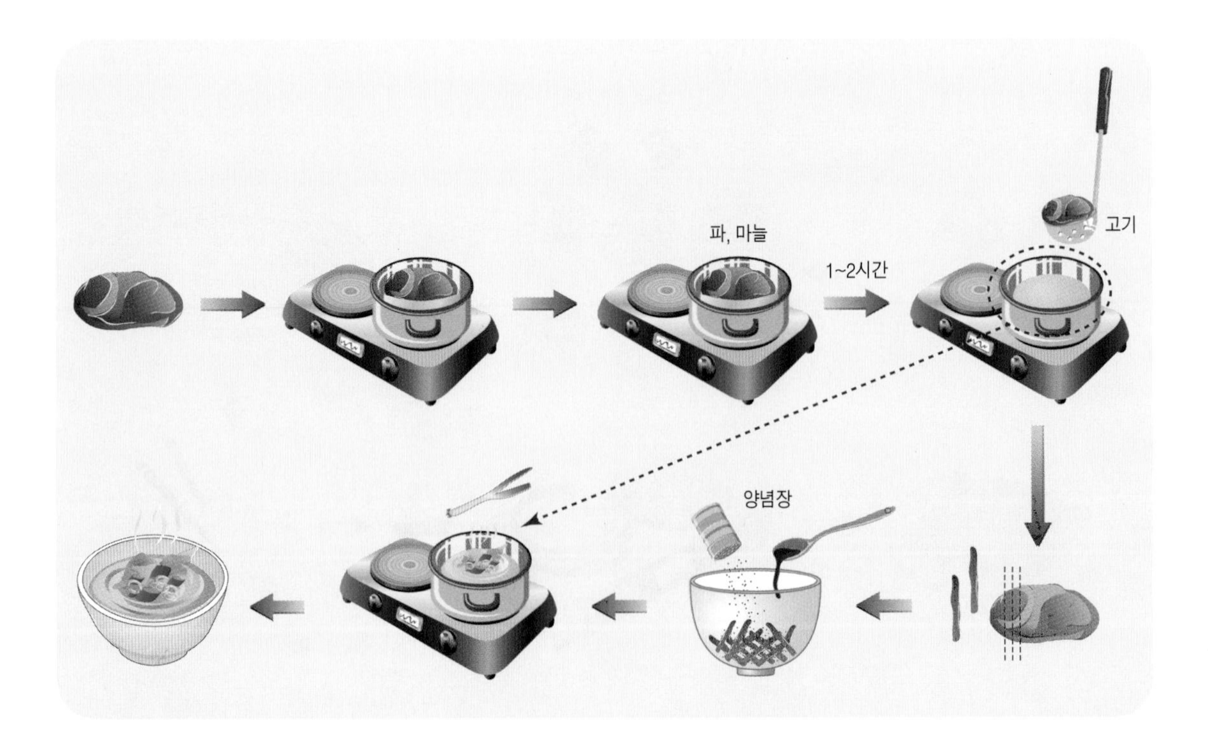

삼계탕

재 료

영계(1마리) 600g
찹쌀 1C
인삼 1뿌리
대추 3개
마늘 8톨
물 10C
소금 조금
후춧가루 조금

만드는 법

1 어린 닭의 내장을 제거하고 깨끗이 씻어 물기를 뺀다.
2 찹쌀을 씻어서 1시간 정도 불려서 물기를 뺀다.
3 닭의 내부에 불린 찹쌀, 인삼, 대추와 마늘을 넣어 실로 묶는다.
4 ③을 솥에 안치고 물을 부어 처음에는 센 불로 끓이다가 불을 낮추어 1시간 정도 더 끓인다.
5 찹쌀과 고기가 다 익으면 꺼내어 소금, 후춧가루와 함께 낸다.

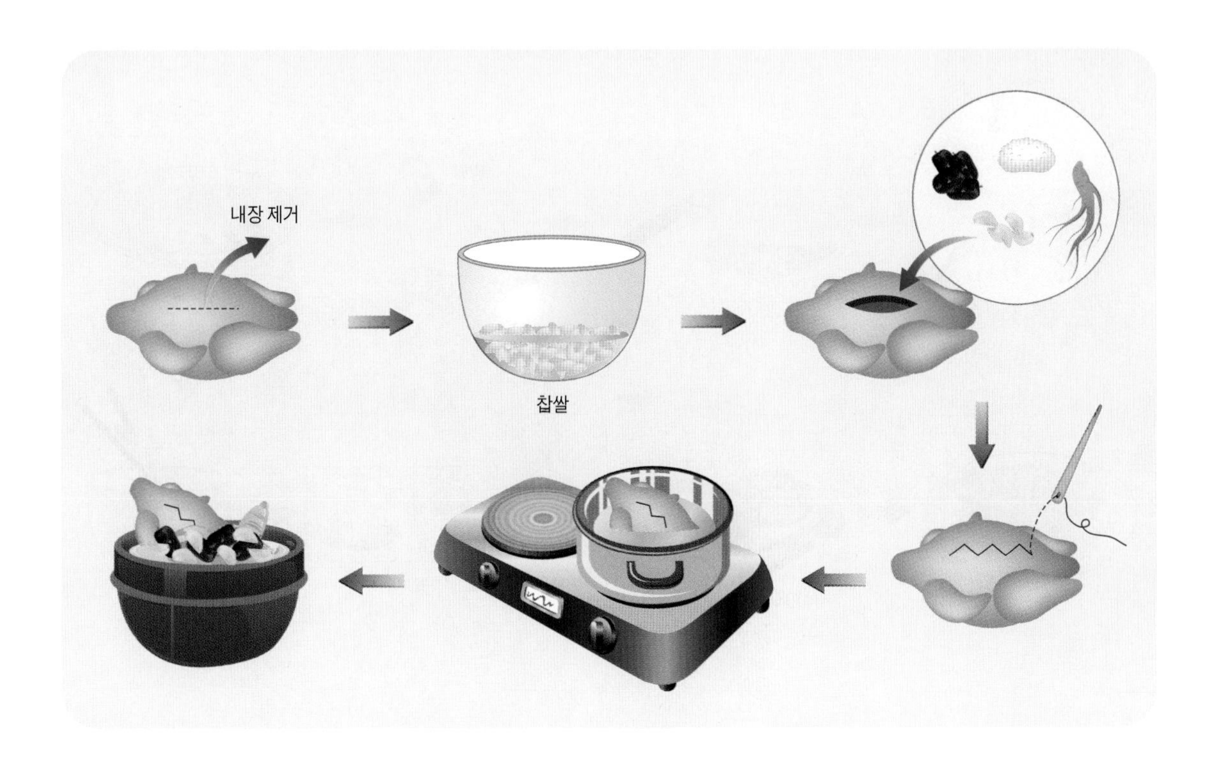

새우튀김

재 료

새우(대하) 4마리
양념
 소금 조금
 후춧가루 조금
 생강즙 조금
밀가루 2Ts
달걀 1개
빵가루 2Ts
튀김기름 2C

만드는 법

1 새우는 등 쪽의 내장을 가는 꼬챙이로 빼낸 후 꼬리 한 마디만 남기고 껍질을 벗긴다.
2 배 쪽에 칼집을 어슷하게 넣어 펴 놓는다.
3 ②에 소금, 후춧가루, 생강즙을 뿌려 밑간한다.
4 밑간한 새우를 꼬리 쪽만 남기고 밀가루와 달걀을 묻힌 다음 빵가루를 입혀 170℃ 기름에서 튀긴다.

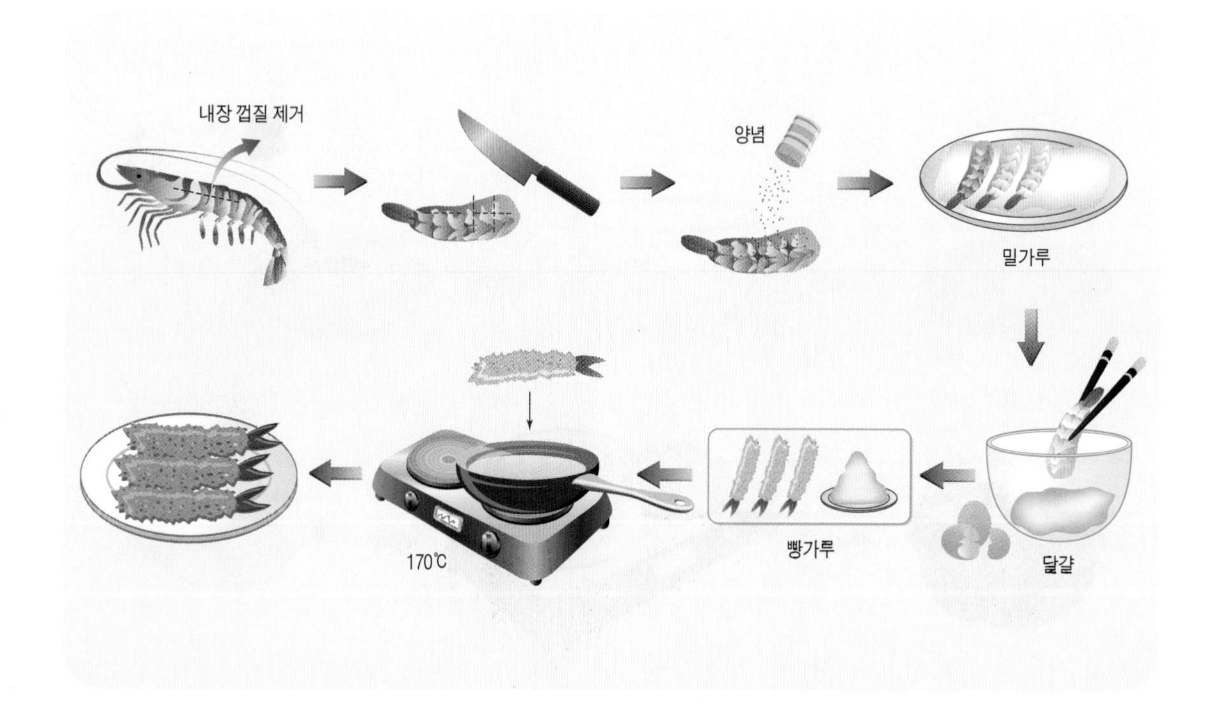

사과잼

재 료

사과 2kg
설탕 1kg

만드는 법

1 사과를 씻어 껍질을 벗기고 씨를 파낸 다음 얇게 썰어 두꺼운 냄비에 넣고 조린다.
2 설탕을 세 번에 나눠 넣는데, 마지막 설탕을 넣을 때 강한 불에서 저으면서 103℃ 정도가 될 때까지 조린다.
3 뜨거운 잼을 소독된 병에 담아 밀봉하여 거꾸로 세워 자연 상태에서 식힌다.

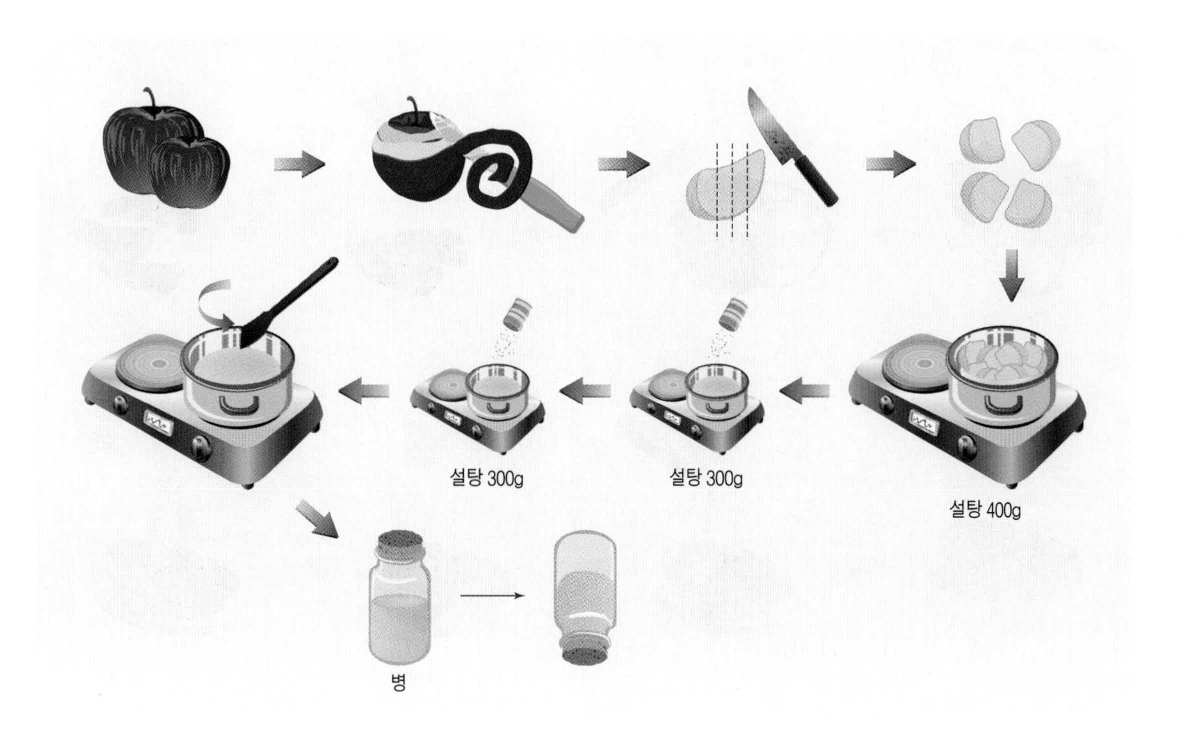

배추겉절이

재 료

배추속대 400g
소금 1Ts
고춧가루 2Ts
양념
- 설탕 1/2Ts
- 새우젓 1/2Ts
- 다진 파 1Ts
- 다진 마늘 1/2Ts
- 다진 생강 1/2ts
- 통깨 1Ts

참기름 2ts

만드는 법

1 배추를 씻은 후 길이 5cm, 폭 3cm 크기로 잘라 소금에 절인다.
2 절인 배추를 씻어 물기를 빼고 고춧가루를 넣고 주물러 고추 색이 배게 한다.
3 참기름을 제외한 모든 양념을 넣고 고루 버무린다.
4 마지막에 참기름을 넣고 다시 한 번 버무린다.

무생채

재 료

무 300g

양념

고춧가루 2ts

설탕 · 식초 1Ts

소금 1Ts

다진 파 1Ts

다진 마늘 1/2Ts

다진 생강 1/2ts

참기름 1/2Ts

깨소금 1/2Ts

만드는 법

1 무의 껍질을 벗겨 5cm 길이로 가늘게 채친다.

2 ①에 고춧가루를 넣고 주물러 고추 색이 배게 한다.

3 ②에 나머지 양념을 넣고 버무린다.

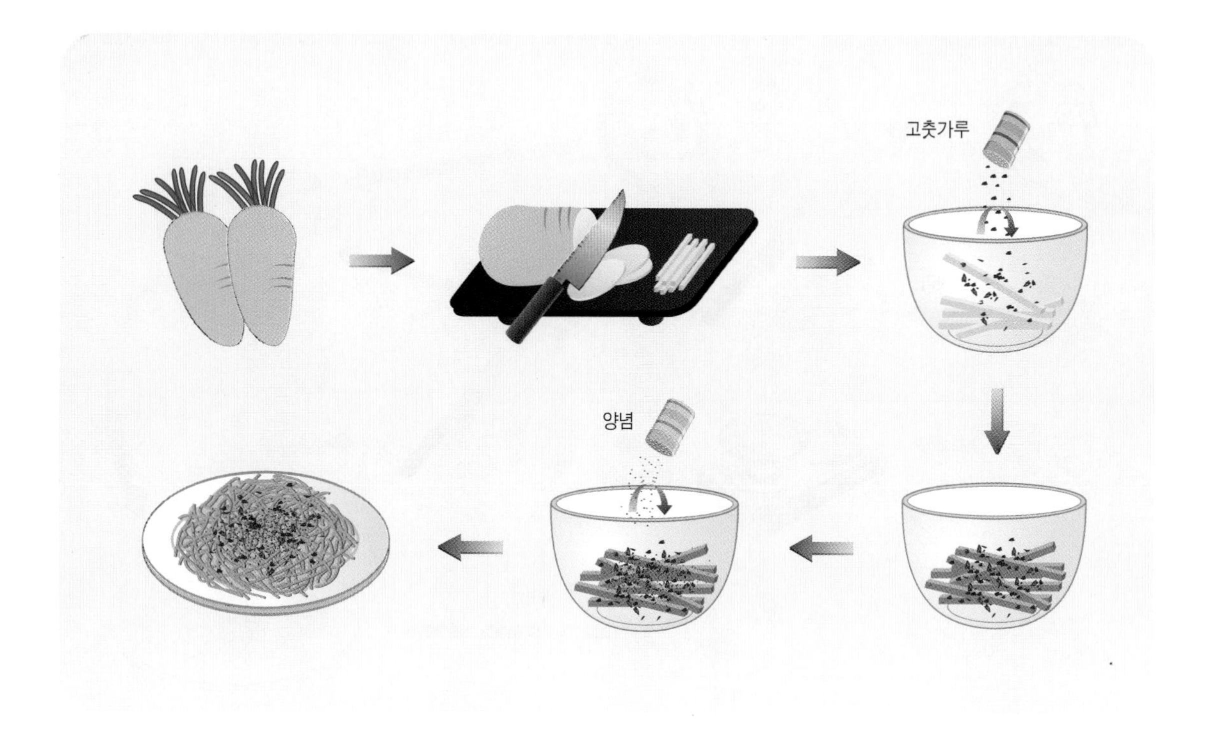

양상추샐러드

재 료

양상추 200g
양파 120g
삶은 달걀 2개
드레싱
식초 2Ts
식용유 4Ts
소금 1ts

만드는 법

1 양상추를 깨끗이 씻어 손으로 뜯어 샐러드 볼에 담는다.
2 양파는 껍질을 벗겨 씻은 후 2mm 두께로 썰어 ①에 넣는다.
3 달걀은 완숙으로 삶아 2mm 두께로 썰어 ①에 넣는다.
4 식초, 식용유, 소금을 작은 병에 넣고 잘 흔들어 섞은 후 뿌려준다.

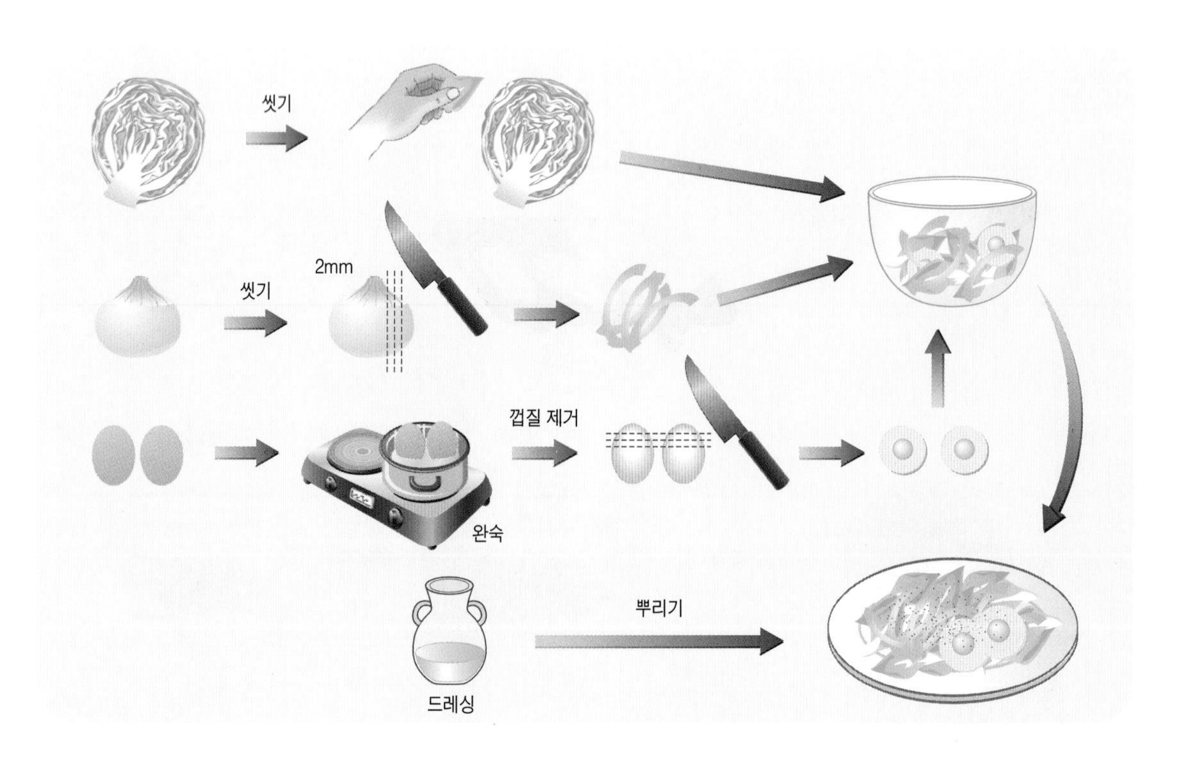

시금치나물

재 료

시금치 300g
소금 조금
양념
　간장 $1^1/_2$Ts
　설탕 1ts
　다진 파 1Ts
　다진 마늘 1Ts
　참기름 1/2Ts
　깨소금 1/2Ts

만드는 법

1 시금치를 다듬어 깨끗이 씻는다.
2 채소 무게 5배 정도의 끓는 물에 소금을 조금 넣고 뚜껑을 연 채 시금치를 데친다.
3 데친 시금치를 바로 찬물에 헹구어 물기를 뺀다.
4 ③을 가지런히 모아 4cm 길이로 썬다.
5 ④에 모든 양념을 넣고 무친 후 접시에 담고 깨소금을 뿌린다.

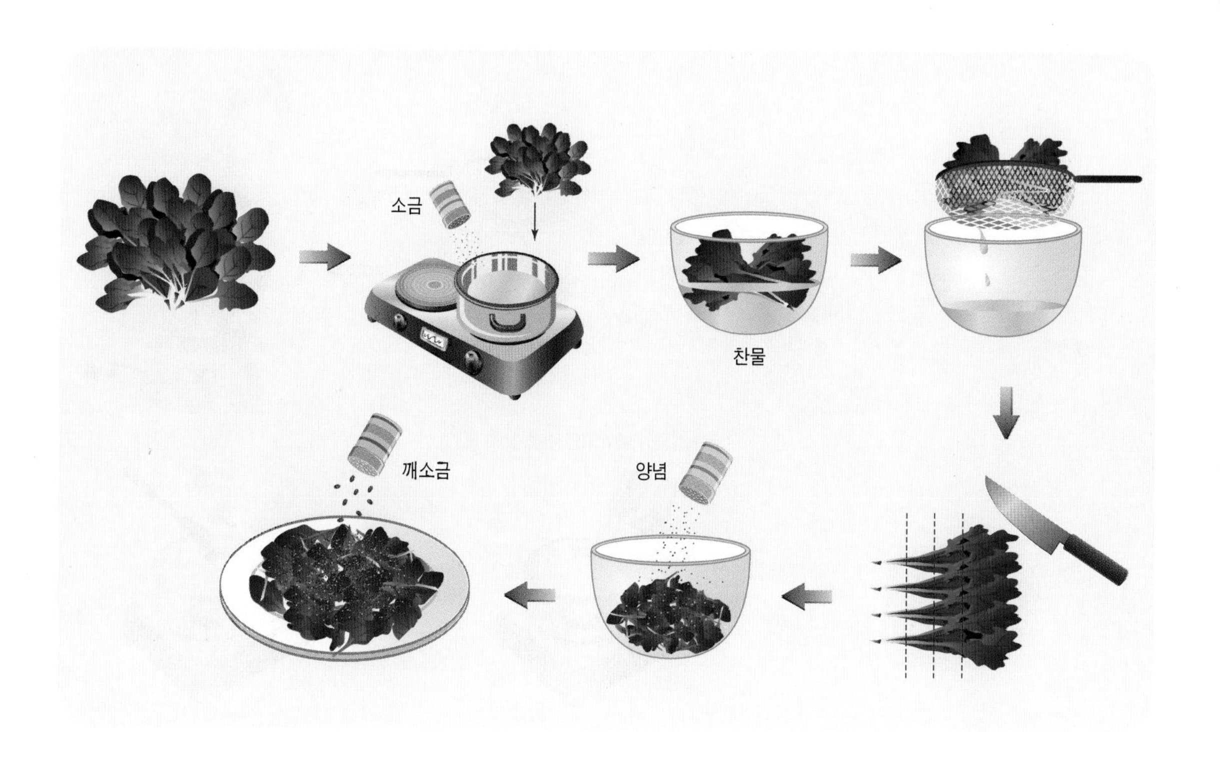

타락죽

재 료

쌀 1C
물 3C
우유 3C
소금 1/2ts

만드는 법

1 쌀은 씻어 2시간 이상 불린 다음 바구니에 건져 물기를 뺀다.
2 불린 쌀과 물 1컵을 블랜더에 넣고 곱게 간다.
3 밑이 두꺼운 냄비에 갈아 놓은 쌀과 물 3컵을 넣고 흰죽을 되게 끓인다.
4 우유를 조금씩 넣어가며 멍울이 생기지 않게 약한 불로 살짝 끓인다.
5 먹을 때 소금으로 간한다.

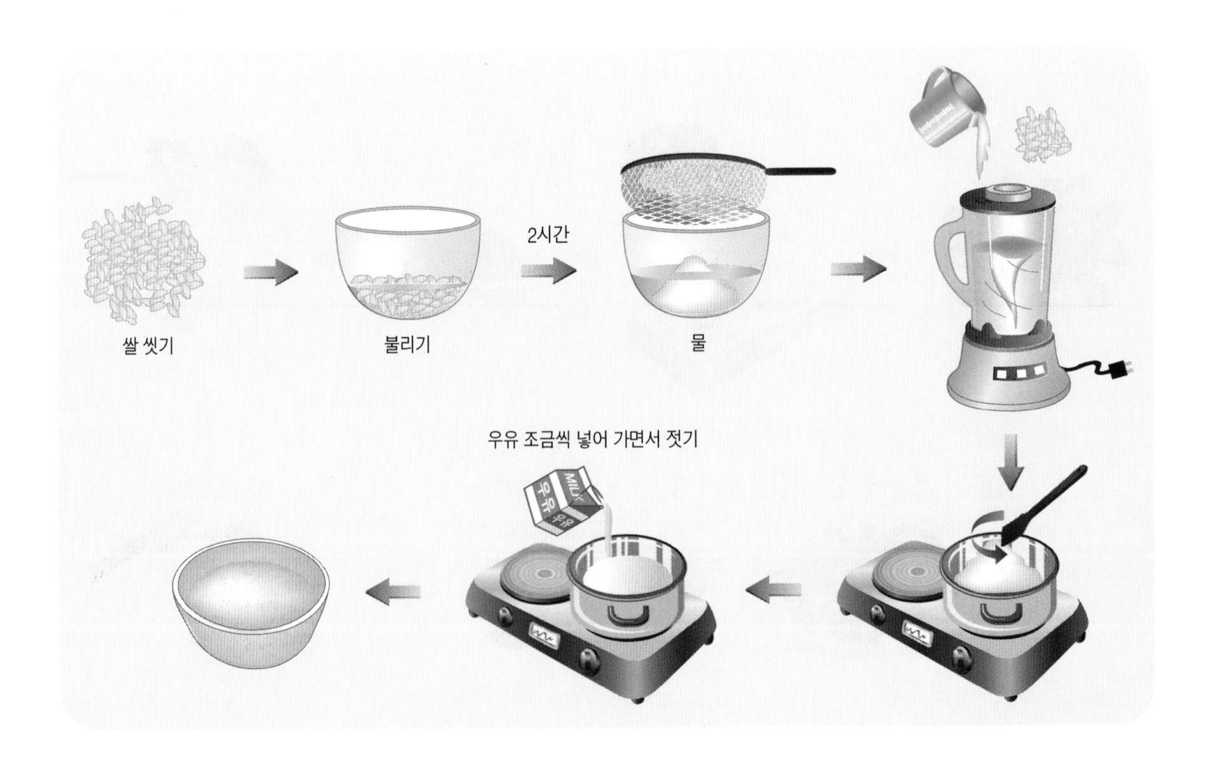

우유과일양갱

재 료

우유 1C
녹말가루 1Ts
젤라틴 12g
오렌지 1개
체리토마토 5개
멜론 1쪽
키위 2개
소금 약간

만드는 법

1 과일(오렌지, 체리토마토, 멜론, 키위 등)은 한 입 크기로 깍둑썰기 한다.

2 젤라틴이나 한천을 준비한다.

3 냄비에 우유, 젤라틴, 녹말가루를 넣고 젤라틴이 녹을 정도로 끓인다.

4 젤라틴이 녹으면 소금으로 간하여 한김 식힌다.

5 틀에 과일을 담고 끓인 ③의 우유액을 담는다.

6 냉장실에 굳혀 한 입 크기로 썬다.

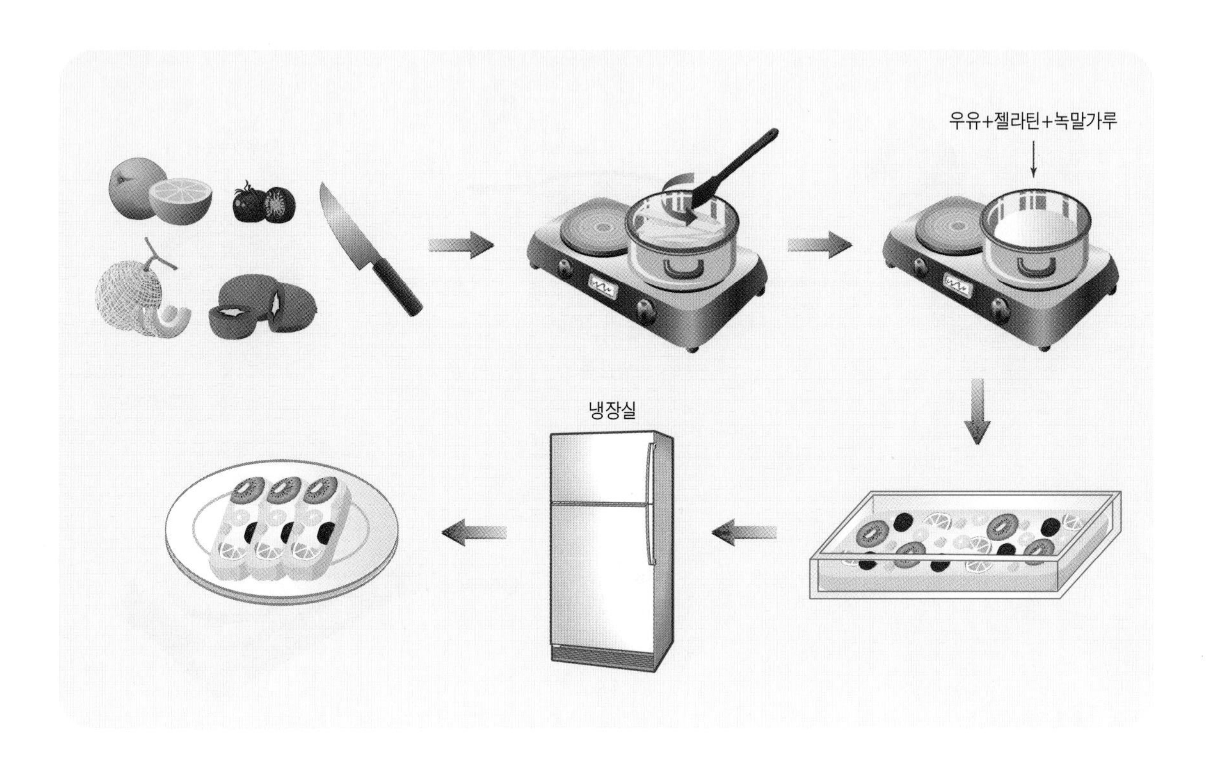

알찜

재 료

달걀 1개
　물(달걀의 약 2배)
　새우젓 1ts
　소금 조금
실파(잎 부분) 1뿌리
실고추 조금

만드는 법

1 달걀을 풀어 알끈을 제거하고 물(달걀의 약 2배)에 잘 섞은 후 체에 걸러 거품을 없앤다.
2 새우젓 국물과 소금으로 간을 맞추고 찜 그릇에 담아 뚜껑을 덮은 채 15분 정도(중불에서 약불로 조절) 찐다.
3 실파는 가늘게 1cm로 썰고 실고추는 짧게 잘라 놓는다.
4 ②가 익으면 실파, 실고추를 올려서 다시 살짝 김을 올린 후 낸다.

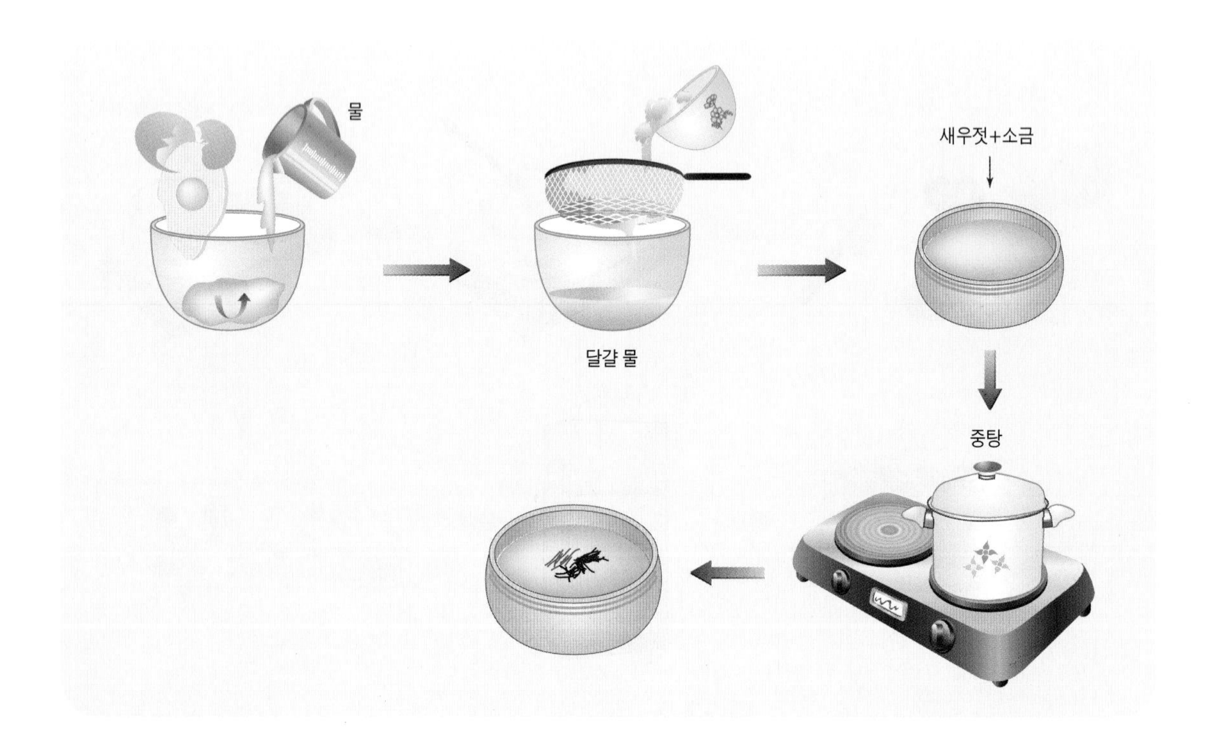

치즈오믈렛

재 료

달걀 3개
가공 치즈 1장
식용유 2Ts
생크림 20g

만드는 법

1 달걀은 잘 풀어서 고운체에 내린다.

2 치즈는 0.5cm×0.5cm 크기로 잘라 절반은 생크림과 함께 달걀 푼 물에 넣어 섞는다.

3 오믈렛 팬에 식용유를 두르고 달구어지면 달걀 혼합물을 넣고 나무젓가락으로 휘저어 스크램블드에그를 만든다.

4 달걀이 반쯤 익어 부드러운 상태가 되면 남은 가공 치즈 조각을 중심 안쪽에 올린다.

5 오믈렛 팬을 기울여 달걀 중간쯤이 접히도록 덮고 다시 나머지 달걀을 포개어 접히게 만든 후 재빨리 뒤집어 타원형(럭비공) 모양으로 완성시킨다.

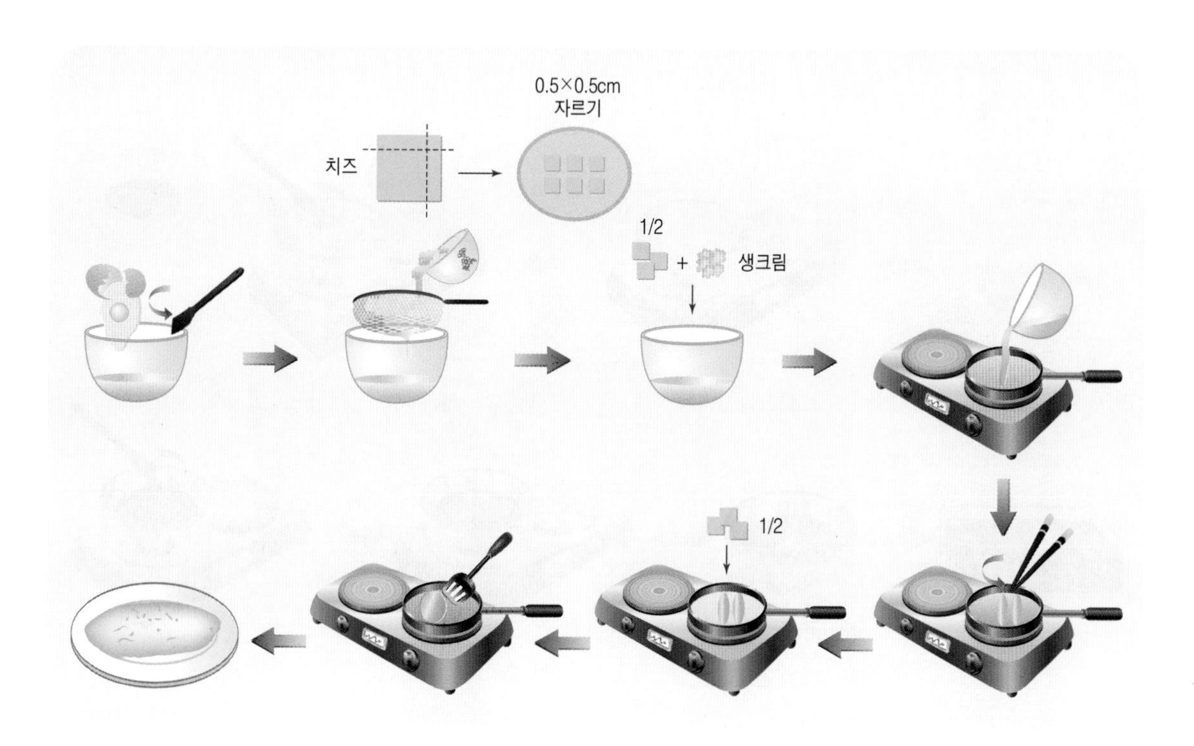

양갱

재 료

한천 2g
물 1C
설탕 15g
적앙금 200g
소금 조금

만드는 법

1 하룻밤 물에 불려 놓은 한천을 건져내 냄비에 담고, 정량의 물을 부은 후 불에 올린다.
2 한천이 잘 녹으면 설탕을 넣고 녹인 뒤에 적앙금을 넣고 나무주걱으로 풀어주면서 타지 않게 저으며 끓인다.
3 ②의 내용물이 보글보글 끓어오르면 소금을 넣고 4~5분간 조린다.
4 ③을 40~50℃까지 식힌 후 양갱 틀에 넣고 굳혀 썬다.

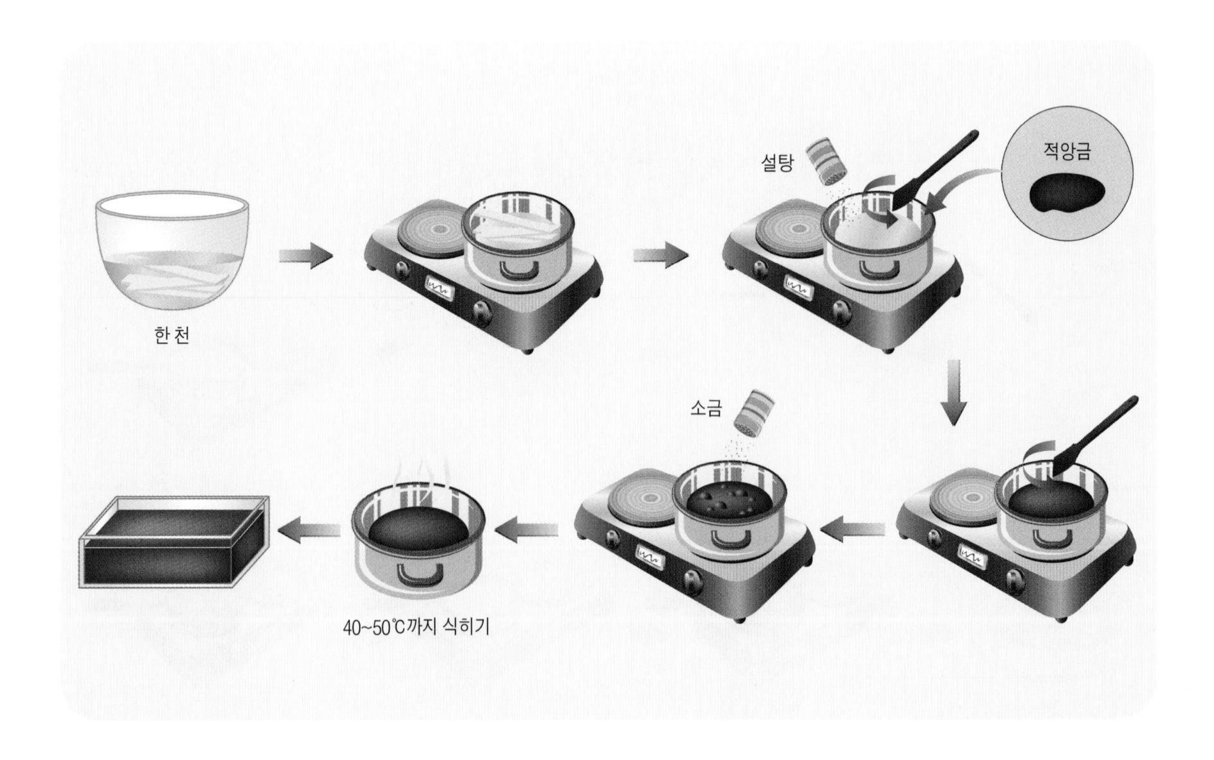

족 편

재 료

쇠족 1kg
사태 500g
파 2뿌리
마늘 4톨
생강 50g
달걀 1개
석이버섯 2장
실고추 조금
양념장
 간장 4Ts
 식초 2Ts
 물 1Ts
 설탕 1/2ts
 다진 파 1ts

만드는 법

1 쇠족은 털을 깎고 솔로 문질러 깨끗이 씻는다.
2 손질한 쇠족은 토막 내어 물에 담가 핏물을 빼낸다.
3 냄비에 물을 넉넉히 끓여 쇠족을 넣고 다시 끓어오르면 건져내어 깨끗이 씻는다.
4 데쳐낸 쇠족을 냄비에 담고 충분히 잠길 정도의 물을 부어 삶는다. 다시 끓어오르면 파, 마늘, 생강을 저며 넣고, 거품을 걷어내며 약한 불에서 서서히 끓인다.
5 사태는 쇠족이 반 정도 물렀을 때 넣고, 쇠족의 골수가 쉽게 빠질 정도까지 끓여 뼈를 추린다. 체에 밭쳐 국물은 받고 고기 건지는 곱게 다진다.
6 다진 고기와 국물을 다시 냄비에 담고 양념장을 넣어서 약한 불에 서서히 끓인다.
7 달걀은 황 · 백으로 얇게 지단 부쳐 채 썰고, 석이버섯은 가늘게 손질하여 채 썬다. 실고추는 3cm 길이로 자른다.
8 네모진 틀에 물을 고루 묻히고 끓인 족의 국물을 쏟아 부어 식힌다. 윗면이 식어서 약간 굳으면 지단, 석이채, 실고추를 고루 얹어 냉장고에서 굳힌다.
9 족편이 잘 굳으면 거꾸로 엎어서 4cm×3cm×1cm로 썰어서 담아낸다.

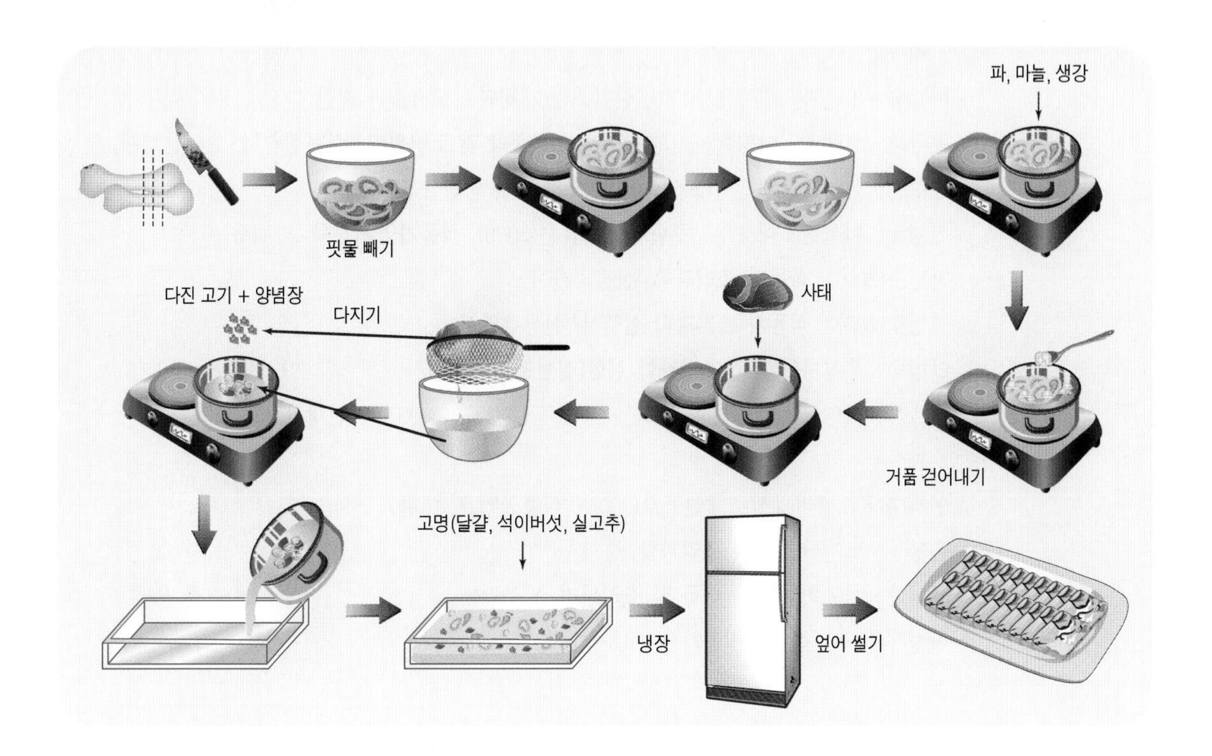

참고문헌

국내문헌

강옥주 · 이미경 · 이영옥 · 고대희(2002). **조리원리**. 삼광출판사.

강인희 외(1999). **한국의 상차림**. 효일문화사.

계수경(2000). **식품조리과학**. 효일출판사.

김광옥 · 김상숙 · 성내경 · 이영춘(1993). **관능검사 방법 및 응용**. 신광출판사.

김기숙(1995). **조리방법별 조리과학 실험**. 교학연구사.

김기숙 · 김향숙 · 오명숙 · 황인경(1998). **조리과학(이론과 실험실습)**. 수학사.

김기숙 · 김향숙 · 오명숙 · 황인경(2005). **조리과학**. 수학사.

김덕희(2006). **떡 · 한과 · 음청류**. 백산출판사.

남궁석(2001). **도해 식품학**. 광문각.

모수미 · 이혜수 · 현기순 · 홍성야(2000). **조리학**. 교문사.

문수재 · 손경희(2000). **식품학 및 조리원리**. 수학사.

박일화(1986). **조리원리 실험**. 수학사.

박춘란 · 이영옥 · 김윤선 · 이상아(2002). **실험조리**. 삼광출판사.

박춘란 · 한경선(1999). **조리원리**. 문운당.

배영희 · 박혜원 · 박희옥 · 정혜정 · 최은정 · 채인숙(2003). **조리응용을 위한 식품과 조리과학**. 교문사.

서정숙 · 정은자 · 김옥경(2000). **실험조리(개정판)**. 도서출판 효일.

손경희 · 오혜숙 · 이명희 · 이영미(1994). **식품학 및 조리원리-실험실습서**. 효일문화사.

송주은 · 현영희 · 변진원(2001). **최신 조리원리**. 백산출판사.

신성균 · 이석원 · 이수정 · 주난영 · 최남순(2008). **식품가공저장학**. 파워북.

안명수(2001). **식품과 조리과학**. 신광출판사.

안명수(2003). **식품과 조리과학 실험서**. 신광출판사.

안명수 · 우경자(2000). **조리과학 실험(실험조리)**. 수학사.

양태석 · 서영규 · 박계영 · 전효진 · 민경천 · 최광수(2008). **최신개정 서양조리**. 백산출판사.

연세대학교 생리활성소재연구소(2003). **식품공업Ⅱ**. 대한교과서.

유영상 · 노정미(2006). **조리과학**. 수학사.

유영상 · 이윤희(1997). **식품 및 조리원리**. 광문각.

이성우(1985). **한국요리문화사**. 교문사.

이진순 · 정은자 · 김동희 · 최진영(2000). **새로운 조리원리**. 지구문화사.
이혜수 외(2006). **조리과학**. 교문사.
이혜수 · 조영(2003). **조리원리**. 교문사.
장명숙(1999). **식품과 조리원리**. 효일문화사.
장수경 · 김영순 · 오성자 · 이송단(1998). **식품조리학**. 백산출판사.
전희정(1995). **실험조리**. 교문사.
정은자 · 조경련 · 김동희(2008). **조리과학**. 도서출판 진로.
정현숙(2003). **조리과학**. 지구문화사.
정현숙 · 정회숙(1997). **새로운 조리과학**. 지구문화사.
조신호 · 임희수 · 정낙원 · 이진영 · 조경련(2003). **한국음식**. 교문사.
조신호 · 조경련 · 강명수 · 송미란 · 주난영(2008). **식품학**. 교문사.
조재선 · 황성연(1997). **식품학**. 광일문화사.
최혜미 · 배명숙(1980). 튀김재료가 튀김기름의 변화와 튀김산물에 미치는 영향. **대한가정학회지**, **18**(1).
하귀연 · 이진순 · 김미경 · 김영순 · 김정숙(1997). **새로운 실험조리**. 지구문화사.
한국대학식품영양관련학과 교수협의회(2007). **조리원리**. 교문사.
한국식품영양학회 편(1997). **식품재료사전**. 한국사전연구소.
한재숙 외(2000). **실험조리**. 형설출판사.
현영희 외(2003). **영양분석 및 실험조리**. 지구문화사.
홍진숙 · 박혜원 · 박란숙 · 명춘옥 · 신미혜 · 최은정 · 정혜정(2006). **식품재료학**. 교문사.
황혜성 · 한복려 · 한복진(2000). **한국의 전통음식**. 교문사.

국외문헌

山埼清子(1992). 調理科學講座. 朝倉書店.
Bennion, M.(1995). *Introductory foods* (10th ed.). Prentice Hall.
Bennion, M.(1990). *Introductory foods* (9th ed.). Macmillan.
Campbell, Penfield, Griswold(1976). *The Experimental study of Food* (2nd ed.).
Ceserani et al.(1990). *Practical Cookery*. Hodder & Stoughton.
Chang, P. K., Powrie, W. D., & Fennema, O.(1977). Studies on the gelation of egg yolk and

plasma upon freezing and thawing. *J. Food Sci.*, *42*, 1658.

deMan, J. M.(1999). *Principles of Food Chemistry*. Van Nostrand Reinhold.

Haighton, A. J.(1976). Blending, chilling and tempering of margarines and shortenings. *J. Amer. Oil Chem. Soc.*, *53*, 397.

Hale, K. K., Jr. and Britton, W. M.(1974). Peeling hard cooked eggs by rapid cooling and heating. *Poultry Sci.*, *53*, 1069.

Hanning, F.(1945). Effect of sugar or salt upon denaturation produced by beating and upon the ease of formation and the stability of egg white foams. *Iowa state college, Journal of Science*, *20*, 10.

Irmite, T. F., Dawson L. E., & Reagan J. G.(1980). Methods of preparing hard cooked eggs. *Poultry Science*. *49*, 1232.

Owen R. Fennema(1996). *Food Chemistry* (3rd ed.). Marcel Dekker.

Parsons, A. H.(1982). Structure of the eggshell. *Poultry Science*. *61*, 2013.

Penfield, M. P., & Campbell, A. M.(1990). *Leavening Agents in "Experimental Food Science"* (3rd ed.). Academic Press.

Pomeranz, Y.(1985). *Functional Properties of Food Components*. Academic Press.

Stadelman, W. J., & Cutterill, O. J., Eds.(1973). *Egg Science and Technology*. Avi Publishing, Westport, CT.

Vickie, A. Vaclavik.(1988). *Essentials of Food Science*. Champan & Hall.

Woodward, S. A., & Cotterill, O. J.(1986). Texture and microstructure of heat-formed egg white gels. *J. Food Sci.* *51(2)*, 333.

http://nutrition119.hihome.com

http://nutrition119.hihome.com/0_home/main/지질.html

(ㄱ)

(ㄴ)

(ㄷ)

(ㅅ)

(ㅇ)

(ㅈ)

(ㅊ)

(ㅋ)

(ㅌ)

(ㅍ)

(ㅎ)

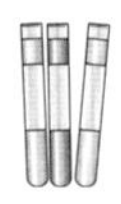

저자 소개

조경련
한양여자대학 식품영양과 교수

조신호
부천대학 식품영양과 교수

김영순
고려대학교 보건과학대학 식품영양학과 교수

주난영
배화여자대학 전통조리과 교수

정현숙
계명문화대학 식품영양조리과 교수

송미란
전주기전대학 식품영양과 교수

Flow Chart와 함께하는 **실험조리과학**

2009년 8월 29일 초판 발행
2019년 7월 30일 7쇄 발행

지은이 조경련 · 조신호 · 김영순 · 주난영 · 정현숙 · 송미란
펴낸이 류원식
펴낸곳 **교문사**

편집부장 모은영
책임편집 윤정선
본문디자인 이연순
표지디자인 반미현
영업 정용섭 · 송기윤 · 진경민

주소 (10881)경기도 파주시 문발로 116
전화 031-955-6111(代)
FAX 031-955-0955
등록 1960. 10. 28. 제406-2006-000035호

홈페이지 www.gyomoon.com
E-mail genie@gyomoon.com
ISBN 978-89-363-1005-9 (93590)

값 18,000원
*잘못된 책은 바꿔 드립니다.